"十三五"
国家重点图书

新型城镇化　规划与设计丛书

新型城镇园林景观设计

骆中钊　韩春平　庄　耿　等编著

化学工业出版社
·北京·

城镇园林景观建设是营造优美舒适的生活环境和特色的重要途径。城镇园林景观是农村与城市景观的过渡与纽带，城镇的园林景观建设必须与住区、住宅、街道、广场、公共建筑和生产性建筑的建设紧密配合，形成统一和谐、各具特色的城镇风貌。做好城镇园林景观建设是社会进步的展现，是城镇统筹发展的需要，是城市人回归自然的追崇，是广大群众的强烈愿望。因此，城镇建设是时代赋予我们的历史职责。

本书是《新型城镇化 规划与设计丛书》中的一个分册，书中系统地介绍了城镇园林景观建设的特点及发展趋势；阐述了世界园林景观探异；探讨了传统聚落乡村园林的弘扬与发展；深入地分析了城镇园林景观设计的指导思想与设计原则，提出了城镇园林景观设计的主要模式和设计要素；着重探析了城镇园林景观中住宅小区、道路、街旁绿地、水系、山地等与自然景观紧密结合的城镇园林景观的设计方法与设计要点以及城镇园林景观建设的管理；并分章推荐了一些规划设计实例，以便于读者阅读参考。可供从事城镇建设规划设计和管理的建筑师、规划师、园林景观设计师和管理人员参考，也可供大专院校相关专业师生教学参考。还可作为对从事城镇建设的管理人员进行培训的教材。

图书在版编目（CIP）数据

新型城镇园林景观设计/骆中钊等编著 . —北京：化学工业出版社，2017.3
（新型城镇化 规划与设计丛书）
ISBN 978-7-122-24777-3

Ⅰ.①新… Ⅱ.①骆… Ⅲ.①景观-园林设计 Ⅳ.
①TU986.2

中国版本图书馆 CIP 数据核字（2015）第 181332 号

责任编辑：刘兴春 卢萌萌 　　　　　　　装帧设计：史利平
责任校对：宋 玮

出版发行：化学工业出版社（北京市东城区青年湖南街 13 号 邮政编码 100011）
印 　装：大厂聚鑫印刷有限责任公司
787mm×1092mm 1/16 印张 23¾ 字数 582 千字 2017 年 3 月北京第 1 版第 1 次印刷

购书咨询：010-64518888（传真：010-64519686） 　　售后服务：010-64518899
网 　　址：http://www.cip.com.cn
凡购买本书，如有缺损质量问题，本社销售中心负责调换。

定 　价：88.00 元

丛 书 前 言

从 20 世纪 80 年代费孝通提出"小城镇，大问题"到国家层面的"小城镇，大战略"，尤其是改革开放以来，以专业镇、重点镇、中心镇等为主要表现形式的特色镇，其发展壮大、联城进村，越来越成为做强镇域经济，壮大县区域经济，建设社会主义新农村，推动工业化、信息化、城镇化、农业现代化同步发展的重要力量。特色镇是大中小城市和小城镇协调发展的重要核心，对联城进村起着重要作用，是城市发展的重要梯度增长空间，是小城镇发展最显活力与竞争力的表现形态，是以"万镇千城"为主要内容的新型城镇化发展的关键节点，已成为城镇经济最具代表性的核心竞争力，是我国数万个镇形成县区城经济增长的最佳平台。特色与创新是新型城镇可持续发展的核心动力，生态文明、科学发展是中国新型城镇永恒的主题。发展中国新型城镇化是坚持和发展中国特色社会主义的具体实践。建设美丽新型城镇是推进城镇化、推动城乡发展一体化的重要载体与平台，是丰富美丽中国内涵的重要内容，是实现"中国梦"的基础元素。新型城镇的建设与发展，对于积极扩大国内有效需求，大力发展服务业，开发和培育信息消费、医疗、养老、文化等新的消费热点，增强消费的拉动作用，夯实农业基础，着力保障和改善民生，深化改革开放等方面，都会产生现实的积极意义。而对新型城镇的发展规律、建设路径等展开学术探讨与研究，必将对解决城镇发展的模式转变、建设新型城镇化、打造中国经济的升级版，起着实践、探索、提升、影响的重大作用。

随着社会进步和经济发展，城镇规模不断扩大，城镇化进程日益加快。党的十五届三中全会明确提出："发展小城镇，是带动农村经济和社会发展的一个大战略"。党的十六届五中全会通过的《中共中央关于制定国民经济和社会发展第十一个五年规划的建议》中明确提出了建设社会主义新农村的重大历史任务。2012 年 11 月党的十八大第一次明确提出了"新型城镇化"概念，新型城镇化是以城乡统筹、城乡一体、产城互动、节约集约、生态宜居、和谐发展为基本特征的城镇化，是大中小城市、小城镇、新型农村社区协调发展、互促共进的城镇化。2013 年党的十八届三中全会则进一步阐明新型城镇化的内涵和目标，即"坚持走中国特色新型城镇化道路，推进以人为核心的城镇化，推动大中小城市和小城镇协调发展"。稳步推进新型城镇化建设，实现新型城镇的可持续发展，其社会经济发展必须要与自然生态环境相协调，必须重视新型城镇的环境保护工作。

中共十八大明确提出坚持走中国特色的新型工业化、信息化、城镇化、农业现代化道路，推动信息化和工业化的深度融合、工业化和城镇化的良性互动、城镇化和农业现代化的相互协调，促进工业化、信息化、城镇化、农业现代化同步发展。以改善需求结构、优化结构、促进区域协调发展、推进城镇化为重点，科学规划城市群规模和布局，增强中小城市和小城镇产业发展、公共服务、吸纳就业、人口集聚功能，推动城乡发展一体化。

城镇化对任何国家来说，都是实现现代化进程中不可跨越的环节，没有城镇化就不可能有现代化。城镇化水平是一个国家或地区经济发展的重要标志，也是衡量一个国家或地区社会组织强度和管理水平的标志，城镇化综合体现一国或地区的发展水平。

十八届三中全会审议通过的《中共中央关于全面深化改革若干重大问题的决定》中，明确提出完善城镇化体制机制，坚持走中国特色新型城镇化道路，推进以人为核心的城镇化，成为中国新一轮持续发展的新形势下全面深化改革的纲领性文件。发展中国新型城镇也是全面深化改革不可缺少的内容之一。正如习近平同志所指出的"当前城镇化的重点应该放在使中小城市、小城镇得到良性的、健康的、较快的发展上"，由"小城镇，大战略"到"新型城镇化"，发展中国新型城镇是坚持和发展中国特色社会主义的具体实践，中国新型城镇的发展已成为推动中国特色的新型工业化、信息化、城镇化、农业现代化同步发展的核心力量之一。建设美丽新型城镇是推动城镇化、推动城乡一体化的重要载体与平台，是丰富美丽中国内涵的重要内容，是实现"中国梦"的基础元素。实现中国梦，需要走中国道路、弘扬中国精神、凝聚中国力量，更需要中国行动与中国实践。建设、发展中国新型城镇，就是实现中国梦最直接的中国行动与中国实践。

2013 年 12 月 12～13 日，中央城镇化工作会议在北京举行。在本次会议上，中央对新型城镇化工作方向和内容做了很大调整，在城镇化的核心目标、主要任务、实现路径、城镇化特色、城镇体系布局、空间规划等多个方面，都有很多新的提法。新型城镇化成为未来我国城镇化发展的主要方向和战略。

新型城镇化指农村人口不断向城镇转移，第二、第三产业不断向城镇聚集，从而使城镇数量增加，城镇规模扩大的一种历史过程，它主要表现为随着一个国家或地区社会生产力的发展、科学技术的进步以及产业结构的调整，其农村人口居住地点向城镇的迁移和农村劳动力从事职业向城镇第二、第三产业的转移。城镇化的过程也是各个国家在实现工业化、现代化过程中所经历社会变迁的一种反映。新型城镇化的核心在于不以牺牲农业和粮食、生态和环境为代价，着眼农民，涵盖农村，实现城乡基础设施一体化和公共服务均等化，促进经济社会发展，实现共同富裕。

2015 年 12 月 20～21 日，中央城市工作会议提出：要提升规划水平，增强城市规划的科学性和权威性，促进"多规合一"，全面开展城市设计，完善新时期建筑方针，科学谋划城市"成长坐标"。2016 年 2 月 21 日，新华社发布了与中央城市工作会议配套文件《中共中央　国务院关于进一步加强城市规划建设管理工作的若干意见》，在第三节以"塑造城市特色风貌"为题目，提出了"提高城市设计水平、加强建筑设计管理、保护历史文化风貌"三条内容，其中关于提高城市设计水平提出"城市设计是落实城市规划、指导建筑设计、塑造城市特色风貌的有效手段。"

在化学工业出版社支持下，特组织专家、学者编写了《新型城镇化　规划与设计丛书》（共 6 个分册）。丛书的编写坚持 3 个原则。

（1）弘扬传统文化　中华文明是世界四大文明中唯一没有中断而且至今依然生机勃勃的人类文明，是中华民族的精神纽带和凝聚力所在。中华文化中的"天人合一"思想，是最传统的生态哲学思想。丛书各分册开篇都优先介绍了我国优秀传统建筑文化中的精华，并以科学历史的态度和辩证唯物主义的观点来认识和对待，取其精华，去其糟粕，运用到城镇生态建设中。

（2）突出实用技术　城镇化涉及广大人民群众的切身利益，城镇规划和建设必须让群众得到好处，才能得以顺利实施。丛书各分册注重实用技术的筛选和介绍，力争通过简单的理论介绍说明原理，通过详实的案例和分析指导城镇的规划和建设。

（3）注重文化创意　随着城镇化建设的突飞猛进，我国不少城镇建设不约而同地大拆大建，缺乏对自然历史文化遗产的保护，形成"千城一面"的局面。但我国幅员辽阔，区域气候、地形、资源、文化乃至传统差异大，社会经济发展不平衡，城镇化建设必须因地制宜，分类实施。丛书各分册注重城镇建设中的区域差异，突出因地制宜原则，充分运用当地的资源、风俗、传统文化等，给出不同的建设规划与设计实用技术。

发展新型城镇化是面向 21 世纪国家的重要发展战略，要建设好城镇，规划是龙头。城镇规划涉及政治、经济、文化、建筑、技术、艺术、生态、环境和管理等诸多领域，是一个正在发展的综合性、实践性很强的学科。建设管理即是规划编制、设计、审批、建设及经营等管理的统称，是城镇建设全过程顺利实施的有效保证。新型城镇化建设目标要清晰、特色要突出，这就要求规划观念要新、起点要高。在《新型城镇建设总体规划》中，提出了繁荣新农村，积极推进新型城镇化建设；系统地阐述了城镇与城镇规划、城镇镇域体系规划、城镇建设规划的各项规划的基本原理、原则、依据和内容；针对当前城镇建设中亟待解决的问题特辟专章对城镇的城市设计规划、历史文化名镇（村）的保护与发展规划以及城镇特色风貌规划进行探讨，并介绍了城镇建设管理。同时还编入规划案例。

住宅是人类赖以生存的基本条件之一，住宅必然成为一个人类关心的永恒话题。城镇有着规模小、贴近自然、人际关系密切、传统文化深厚的特点，使得城镇居民对住宅的要求是一般的城市住宅远不能满足的，也是城市住宅所不能替代的。新型城镇化建设目标要清晰、特色要突出，这就要求城镇住宅的建筑设计观念要新、起点要高。《新型城镇住宅建筑设计》一书，在分析城镇住宅的建设概况和发展趋向中，重点阐明了弘扬中华建筑家居环境文化的重要意义；深入地对城镇住宅的设计理念、城镇住宅的分类和城镇住宅的建筑设计进行了系统的探索；编入城镇住宅的生态设计，并特辟专章介绍城镇低层、多层、中高层、高层住宅的设计实例。

住宅小区规划是城镇详细规划的主要组成部分，是实现城镇总体规划的重要步骤。现在人们已经开始追求适应小康生活的居住水平，这不仅要求住宅的建设必须适应可持续发展的需要，同时还要求必须具备与其相配套的居住环境，城镇的住宅建设必然趋向于小区开放化。在《新型城镇住宅小区规划》中，扼要地介绍了城镇住宅小区的演变和发展趋向，综述了弘扬优秀传统融于自然的聚落布局意境的意义；分章详细地阐明了城镇住宅小区的规划原则和指导思想、城镇住宅小区住宅用地的规划布局、城镇公共服务设施的规划布局、城镇住宅小区道路交通规划和城镇住宅小区绿化景观设计；特辟专章探述了城镇生态住区的规划与设计，并精选历史文化名镇中的住宅小区、城镇小康住宅小区和福建省村镇住宅小区规划实例以及住宅小区规划设计范例进行介绍。

城镇的街道和广场，作为最能直接展现新型城镇化特色风貌的具体形象，在城镇建设的规划设计中必须引起足够的重视，不但要使各项设施布局合理，为居民创造方便、合理的生产、生活条件，同时亦应使它具有优美的景观，给人们提供整洁、文明、舒适的居住环境。在《新型城镇街道广场设计》中，试图针对城镇街道和广场设计的理念和方法进行探讨，以期能够对新型城镇化建设中的街道和广场设计有所帮助。书中阐述了我国传统聚落街道和广场的历史演变和作用，分析了传统聚落街道和广场的空间特点；在剖析当代城镇街道和广场的发展现状和主要问题的基础上，结合当代城镇环境空间设计的相关理论，提出了现代城镇街道和广场的设计理念；分别对城镇的街道和广场设计进行了系统阐述，分析了城镇街道和广场的功能和作用，街道和广场设计的影响因素以及相应的设计要点；针对我国城镇中的历史文化街区的保护与发展做了深入的探讨，以引导传统城镇在新型城镇化建设中进行较为合理地保护与更新；同时分类对城镇街道和广场环境设施设计做了介绍。为了方便读者参考，还分别编入历史文化街区保护、城镇广场和城镇街道道路设计实例。

城镇园林景观建设是营造优美舒适的生活环境和特色的重要途径。城镇园林景观是农村与城市景观的过渡与纽带，城镇的园林景观建设必须与住区、住宅、街道、广场、公共建筑和生产性建筑的建设紧密配合，形成统一和谐、各具特色的城镇风貌。做好城镇园林景观建设是社会进步的展现，是城镇统筹发展的需要，是城市人回归自然的追崇，是广大群众的强烈愿望。在《新型城镇园林景观设计》中，系统地介绍了城镇园林景观建设的特点及发展趋势；阐述了世界园林景观探异；探述了传统聚落乡村园林的弘扬与发展；深入地分析了城镇园林景观设计的指导思想与设计原则、提出了城镇园林景观设计的主要模式和设计要素；着重地探析了城镇园林景观中住宅小区、道路、街旁绿地、水系、山地等与自然景观紧密结合的城镇园林景观的设计方法与设计要点以及城镇园林景观建设的管理；并分章推荐了一些规划设计实例。

新型城镇生态环境保护是城镇可持续发展的前提条件和重要保障。因此，在城镇建设规划中，应充分利用环境要素和资源循环利用规律，科学设计水资源保护、能源利用、交通、建筑、景观和固废处置的基础设施，力求城镇生态环境建设做到科学和自然人文特色的完整结合。在《新型城镇生态环保设计》中，明确了城镇的定义和范围，介绍了国内外的城镇生态环保建设概况；分章阐述了城镇生态建设的理论基础、城镇生态功能区划、可持续生态城镇的指标体系和城镇生态环境建设；系统探述了城镇环境保护规划与环境基础设施建设、城镇水资源保护与合理利用以及城镇能源系统规划与建设。该书亮点在于，从实用技术角度出发，以理论结合生动的实例，集中介绍了城镇化建设过程中，如何从水、能源、交通、建筑、景观和固废处置等具体环节实现污染防治和资源高效利用的双赢目标，从而保证新型城镇化建设的可持续发展。

《新型城镇化　规划与设计丛书》的编写，得到很多领导、专家、学者的关心和指导，借此特致以衷心的感谢！

《新型城镇化　规划与设计丛书》编委会

2016 年夏于北京

前言

FOREWORD

　　新中国成立以来，城镇得到前所未有的发展，数量从 1954 年的 5400 个增加到 2008 年的 19234 个，成为繁荣经济、转移农村劳动力和提供公共服务的重要载体。 特别是改革开放的这三十年，是我国城镇发展和建设的最快时期，在中央"统筹城乡协调发展"及"城镇，大战略"的方针指导下，政府出台了各种各样的政策来推进城镇化的发展。 城镇在我国的社会经济发展和城镇化进程中起着越来越重要的作用。 城镇的园林景观建设是城镇生态建设和环境建设的关键途径，是营造城镇特色风貌的重要组成部分，对提高城镇的生活环境质量，促进城镇的统筹发展有着至关重要的作用。

　　随着城镇经济的飞速发展，我国的城镇园林景观建设也取得了可喜的成果。 但是由于种种原因，仍然存在着对城镇园林景观建设的认识不足，出现了很多令人遗憾的缺点。 一些城镇园林景观的特色和标志遭到破坏，造成了"千镇一面，百城同貌"的现象。 这些问题已严重阻碍了城镇的健康发展，深刻的教训使得人们逐渐认识到，搞好城镇园林景观建设是促进城镇健康发展的重要保证。

　　十八届三中全会审议通过的《中共中央关于全面深化改革若干重大问题的决定》中，明确提出完善城镇化体制机制，坚持走中国特色新型城镇化道路，推进以人为核心的城镇化。 2013 年12 月 12 日至 13 日，中央城镇化工作会议在北京举行。 在本次会议上，中央对新型城镇化工作方向和内容做了很大调整，在城镇化的核心目标、主要任务、实现路径、城镇化特色、城镇体系布局、空间规划等多个方面，都有很多新的提法。 新型城镇化成为未来我国城镇化发展的主要方向和战略。

　　新型城镇化是指农村人口不断向城镇转移，第二、第三产业不断向城镇聚集，从而使城镇数量增加，城镇规模扩大的一种历史过程，它主要表现为随着一个国家或地区社会生产力的发展、科学技术的进步以及产业结构的调整，其农村人口居住地点向城镇的迁移和农村劳动力从事职业向城镇第二、第三产业的转移。 城镇化的过程也是各个国家在实现工业化、现代化过程中所经历社会变迁的一种反映。 新型城镇化则是以城乡统筹、城乡一体、产城互动、节约集约、生态宜居、和谐发展为基本特征的城镇化，是大中小城市、小城镇、新型农村社区协调发展、互促共进的城镇化。 新型城镇化的核心在于不以牺牲农业和粮食、生态和环境为代价，着眼农民，涵盖农村，实现城乡基础设施一体化和公共服务均等化，促进经济社会发展，实现共同富裕。

　　人与自然和谐相处是人类永恒的追求，也是中华民族崇尚自然的最高境界，这是我国传统的优秀建筑文化，是中华文明"和合文化"的具体表现之一，再三强调人的一切活动要顺应自然的发展。 传统建筑文化认为，良好的家居环境不仅有利于人类的身体健康，而且还为人们的大脑智力发育提供了条件。 现代科学研究指出，良好的环境可使脑效率提高 15%～35%，这极好地证明了"人杰地灵"的深刻内涵。

在居住环境的营造中,传统建筑文化鲜明地指出,包括自然环境和人文环境的室外家居环境是"干",室内家居环境是"枝"。随着研究的深入,人们也发现家居环境对人健康的影响是多层次的。在现代社会中,人们心理上对健康的需求在很多时候显得比生理上的健康需求更重要。因此,对生活环境的内涵也逐步扩展到了心理和社会需求方面,也就是对生活环境的要求已经从"无损健康"向"有益健康"的方向发展,从单一改善生活环境的物理和化学质量,逐步向注重服务设施的改善,人际交往的密切和环境景观的塑造方向发展,绿化景观建设对人们心理健康培育和呵护的重要作用重新又引起了人们的高度重视。

工业革命的发展引起了城市与城镇形态的重大变革,出现了前所未有的大片工业区、商贸区、住宅区以及仓储区等不同的功能区划,城镇结构和规模的急剧变化,带来的是密集的钢筋混凝土高楼大厦丛林难见一点绿,交通喧嚣,尘埃密布,生态环境惨遭破坏,人们的生命健康受到威胁。当人们领悟到这种灾难的痛苦后,纷纷渴望回归自然,向往着能够带给人们温馨、安全、健康、舒适的生活环境。城镇所拥有的得天独厚的自然资源、地理优势和保存较为完好的人文景观,在新型城镇化发展过程中,通过合理的开发利用自然资源,避免生态破坏和环境污染。同时,应该以乡村园林景观为依托,弘扬我国优秀的乡村园林传统文化,提炼乡村景观特质,保留乡村田园风貌,营造城镇返璞归真、回归自然、与自然和谐相处的环境景观。城镇园林景观建设是营造优美舒适的生活环境和特色的重要途径。城镇园林景观是农村与城市景观的过渡与纽带,城镇的园林景观建设必须与住区、住宅、街道、广场、公共建筑和生产性建筑的建设紧密配合,形成统一和谐、各具特色的城镇风貌。做好城镇园林景观建设是社会进步的展现,是城镇统筹发展的需要,是城市人回归自然的追崇,是广大群众的强烈愿望。因此,是时代赋予我们的历史职责。

在城镇园林景观规划设计中,我们对颇富中国传统文化内涵的乡村园林进行了一些有益的探讨,并在实践中加以运用,得到深刻的启迪。近几年来,又对如何弘扬我国优秀建筑文化中的造园艺术的意境拓展进行了探讨,着重以弘扬乡村园林,开发创意性生态农业文化,创建城镇乡村公园,发展现代人所向往的乡村休闲度假产业做了较为详细的探讨。特将其进行总结,作为本书的一部分,旨在抛砖引玉,以期各级领导和专家、学者、同行以及广大群众共同关注,更希望批评指正。

本书是《新型城镇化 规划与设计丛书》中的一册,书中系统地介绍了城镇园林景观建设的特点及发展趋势,阐述了世界园林景观探异,探讨了传统聚落乡村园林的弘扬与发展;深入地分析了城镇园林景观设计的指导思想与设计原则,提出了城镇园林景观设计的主要模式和设计要素;着重地探析了城镇园林景观中住宅小区、道路、街旁绿地、水系、山地等与自然景观紧密结合的城镇园林景观的设计方法与设计要点,以及城镇园林景观建设的管理;并分章推荐了一些规划设计实例,以便于读者阅读参考。书中内容丰富、观念新颖,具有通俗易懂和实用性、文化性、可读性强的特点,是一本较为全面、系统地介绍新型城镇化园林景观设计的专业性实用读物。可供从事城镇建设规划设计和管理的建筑师、规划师、园林景观设计师和管理人员参考,也可供大专院校相关专业师生教学参考。还可作为从事城镇建设的管理人员进行培训的教材。

在本书的编写过程中,得到很多领导、专家、学者、同行的关心和指导,也参考并引用了很多专家、学者的著作、论文和资料,借此表示衷心的感谢。福建省加美园林设计工程有限公司、陕西省城乡规划设计研究院厦门分院、天津市城乡规划设计研究院厦门分院、福建省龙岩市规划局以及无界景观工作室张琦先生和北京市园林古建设计院李松梅高级园林设计师、北方工业大学 陈穗 教授、杨鑫博士等为本书的编著提供了宝贵的资料，特致深深的叩谢。

本书在编纂中得到许多领导、专家、学者的指导和支持；引用了许多专家、学者的专著、论文和资料；借此一并致以衷心的感谢。

限于水平，书中不足之处，敬请广大读者批评指正。

骆中钊
2016 年夏于北京什刹海畔滋善轩乡魂建筑研究学社

目录
CONTENTS

③ 传统聚落乡村园林的弘扬与发展   37

④ 城镇园林景观设计的指导思想与基本原则   147

❼ 城镇园林景观的规划设计　　243

8 **城镇园林景观建设的保证措施** **358**

参考文献 **364**

1

城镇园林景观的特点及发展趋势

1.1 城镇园林景观建设的特点

1.1.1 规模小，功能复合

城镇是指城区常住人口在 50 万以下和 2 万人以上的小城市，包括大多数县城和建制镇。城镇的人口规模及用地规模与城市相比都要小很多。然而"麻雀虽小，五脏齐全"，通常中大型城市拥有的功能，在城镇中都有可能出现，但各种功能不会像城市那样界定较为分明、独立性强，城镇往往表现为各种功能集中交叉、互补互存的特点。

城镇园林景观建设具有高度的综合性，它涉及景观生态学、乡村地理学、乡村社会学、建筑学、美学、农学等多方面领域。园林景观建设依托城镇的复合化功能，加之学科内的综合性，表现出比城市园林景观更加丰富多样的功能。但是，城镇园林景观建设同时也具有更强的地域特色，面临着比城市更鲜明的矛盾冲突。这些都决定了城镇园林景观建设是一项复合化的、多元化的综合性题目。

1.1.2 环境好，自然性强

城镇具备着介于城市与乡村之间的自然条件和地理特征，形成了城镇独特的城乡二元复合的自然因素和外在形态。

城镇依托于广大的农村，绿树农田将其环绕，田园风光近在咫尺。与大、中城市相比更加接近自然，山明、水美、绿树、蓝天和阡陌纵横的田野，更有利于创造优美、舒适、独具特色的城镇园林景观。江南城镇有"亲水"特点，因此，在进行城镇园林景观设计和建设时，应充分利用其一山一水、一草一木等自然条件，将它们有机地组织到城镇园林景观系统中去。山区丘陵地区应充分利用地形条件，依山就势布置道路，进行用地功能组织，形成多层次、生动活泼的城镇空间。而在水网交织的地方，应充分利用河、湖等水系的有利条件组织城镇园林景观系统，形成山、水、湖交相辉映的景象。

城镇园林景观建设不仅关注景观的"土地利用"以及人类生存活动的短期需求，也将景观作为整体生态系统的一个单元，其生态价值是不可低估的。城镇园林景观在保护城镇的生态利益的同时，还提供人们观赏自然的美学途径，为城镇及居住者带来长期的效益，在生态、文化与美学三者合一的基础上,体现人与自然和谐共生的关系(图 1-1 和图 1-2)。

图 1-1 徽州宏村民居与水系交相映衬

图 1-2 村庄与菜园

1.1.3 地域广,农耕为主

多数的城镇处于广阔的农村之中,以农耕为主。农业的发展,农民收入的增长,促进了城镇建设,而城镇的建设又带动了农业的发展,加快了农业现代化进程。城镇规模小,而且依托于广大的农村。因此,城镇的园林景观建设的服务对象就不仅是城镇居民,还要考虑到广大的农民,需满足这两方面的要求。农业现代化促进了生态农业文化的发展,为城镇园林景观建设带来了独特的景观风貌。因此,城镇的园林景观系统要与农村联网,促进城乡一体化的统筹发展。

城镇园林景观建设不仅保护特有的乡村景观资源,提供农产品,并在此基础上保护与维持城镇的生态系统的平衡,最后,还可作为一种重要的旅游观光资源带来经济效益。传统的农业仅仅能够体现生产性的功能,而现代的城镇园林景观以农业为依托,进一步发挥其生态与经济的功能(图 1-3 和图 1-4)。

图 1-3 乡村优美的稻田景观

图 1-4 意大利南部乡村

1.2 我国城镇园林景观建设的现状及存在的问题

1.2.1 现状

改革开放以来,中国城镇化的发展成功地走了一条以特大城市集聚与城镇分散化聚集相协调的道路。伴随着中国农村城镇化进程的不断加快，城镇建设得到了较快发展。党中央、国务院所提出的一系列方针政策，如《关于促进城镇健康发展的若干意见》及《国民经济和社会发展十五计划纲要》等，进一步把城镇化战略并入国家发展战略。据相关资料统计，从1978 年到 1998 年的 20 年间，按城镇总人口计算，城镇镇区人口占全国总人口的比重由 5.5% 上升到 13.6%，城镇对城市化的贡献率（镇人口占城镇总人口的比重）由 30.7% 上升到 44.78%。截至 2011 年底，我国共有三千个县和两万多建制镇。城镇规模结构和布局有所改善，辐射力和带动力增强。建制镇平均规模扩大，城镇开始从数量扩张向质量提高和规模成长转变，城镇经济体制改革全面展开，符合市场经济要求的城镇经济体制正在形成，城镇居民生活明显改善，各项社会事业蓬勃发展。

随着新农村建设的不断推进，城镇的发展也步入了一个繁荣的时期，并具有起点高、发展快、变化大的特点。城镇的发展繁荣了地方经济，但由于缺乏科学的规划设计、规划管理和景观设计，在取得巨大成就的同时，也存在很多的问题。我国城镇园林景观的发展在总体上较为无序，有效引导不够，没有一套完整规划与管理体系，对"推进城镇化"、"高起点"、"高标准"、"超前性"等缺乏全面准确的理解。城镇园林景观建设没有得到足够的重视，20 世纪 80 年代以来，我国城镇的发展明显显现出"数量扩张"的特征。全国各地城镇数量剧增的同时，城镇的面貌、功能没有发生实质性的变化，城镇园林景观建设严重滞后。

在城镇园林景观的整体布局上，呈现出全局较散，没有系统的景观结构，更没有整体化的绿地布局。而城镇局部的园林景观也以乱为主要特征，无论是公园、道路、还是住区的景观建设，都没有达到一定的水平，城镇整体环境较差。

另外，很多城镇园林景观的建设过分屈从于现实和眼前的利益，普遍重形象建设，轻功能建设，急功近利地做一些华而不实的表面文章，建超大规模的广场，修宽道路搞沿路两张皮，或铺设大面积草坪，并不考虑城镇园林景观的现状以及地域特色，追求时髦与创新，反而丢失了城镇固有的景观特色。同时也是浪费资源的一种表现，不仅不能改善整体环境，也不能为当地居民带来任何利益。在城镇园林景观建设的认识上存在问题，过于盲目地贪大求全，在学习外国经验时往往不顾国情、市情、县情、镇情，盲目照抄照搬，忽视民族文化、地域文化和乡土特色。

1.2.2 存在的问题

城镇园林景观设计主要存在以下几个方面的问题。

（1）基础差，现状绿化指标低

城镇园林景观建设基础比较差，与国家所确定的衡量城镇绿化水平的指标相比相差甚远。绿地率低，绿化覆盖率也低，人均公共绿地更少。不少城镇甚至无一处公共绿地。无论是质还是量，都远不能满足人民物质文化水平提高的需求。

（2）投资少，限制园林景观建设的发展

园林景观建设在我国普遍存在着投资少，缺口大的问题。而城镇由于经济发展所限，其资金不足的矛盾尤为突出，"先繁荣，后环境"的思想根深蒂固，这在很大程度上限制和影响了城镇园林景观建设的发展。

（3）缺特色，园林景观风格单调

我国城镇结构上存在明显的农业文化的印记，即农舍形态的城镇化，这是"千镇一面"现象的根源，加之不少城镇对待园林景观建设仅停留在"栽树"阶段。在规划设计中存在着系统性差，点、线、面系统结合生硬，新、旧区园林景观不协调的现象。再加上"短、平、快"的单纯绿化思想严重,对设计不重视,盲目追求一步到位,缺乏选择比较,绿地一大片,却没有特色和精品。片面模仿,造成雷同,很难从景观上去识别镇与镇之间的差别。

图 1-5　城镇生硬的水泥驳岸

另外,城镇特有的自然特色也常常在规划设计的过程中被破坏得消失殆尽。一些城镇为了满足外来人对自然风景区旅游观光的需求,在城镇内盲目地建设新奇的房子或随意加大游人对自然景观的干预。为了追求所谓的"大气"、"开阔",把山坡推平,树木砍光,河流填埋或用昂贵而生硬的水泥、花岗岩把河流护岸做成呆板的人工护岸。结果,绿地不成体系,河流变成小塘或单一的排水沟。走在城镇的小路上,不能享受"自然之美",不能欣赏到纯朴的"大地文化",城镇珍贵的自然景观特色被完全破坏(图 1-5 和图 1-6)。

图 1-6　超大尺度的广场

(4)总体发展与区域布局上缺乏科学的规划设计和规划管理,管理技术和管理人才严重不足。

在城镇园林景观规划和建设中,不少地方存在着明显的长官意志,领导者以个人的好恶进行决策,方案的确定不经过广泛、充分、科学的论证。

城镇园林景观建设由于缺乏专业技术人才和管理人才,树林只栽不管或基本上不管,养护水平低,更谈不上用植物造景。对建设的园林景观缺乏维护、对城镇居民缺乏宣传教育,未能形成爱绿护绿的良好习惯。

(5)生态系统失衡

从生态角度看,城镇园林景观主要由两类生态系统组成。一类是自然景观生态系统,另一类是人工景观生态系统。城镇园林景观不仅是一种人工形式美,而且表现为自然和人工景观生态系统良性循环富有生命本质的美。但目前某些城镇以牺牲环境为代价进行园林景观建设,建成了钢筋水泥的城镇丛林,而忽视生态型的园林景观,导致景观生态系统失衡,工业生产和城镇居民排放的大量废弃物,造成大量自然景观破坏,超过了城镇景观生态系统自身的调节能力。

随着经济建设速度的加快,我国步入加速城市化的时期,在社会经济结构和空间结构发生重大变化的同时,城镇和乡村景观遭受到了巨大的冲击。传统乡村景观中生物栖息地的多样性降低，乡村自然景观破碎化，使得城镇的生态效益遭受严重损害。另外，城镇的发展缺乏合理有效的规划管理，无论是政府、生产者还是居住者都比较偏重于城镇地域的生产和经济功能，甚至不惜以毁林、毁草和填湖为代价，对城镇园林景观的生态功能和文化美学内涵造成极大破坏。

（6）规划设计的无序性

我国历史文化悠久，幅员辽阔，具有很多独特景观风貌的历史城镇和村落，它们是各地传统文化、民俗风情、景观特征和建筑艺术的真实写照，记载了历史文化和社会发展的演变进程。2015 年，住房与城乡建设部出台《关于改革创新、全面有效推进乡村规划工作的指导意见》，提出要在 5 年内实现村庄规划的"全覆盖"，但目前总的看来，规划水平较低。城镇园林景观建设方面更是反映出了总体规划的无序性，绿地系统的总体布局大多千篇一律，有的采用城市居住区的布局模式，缺乏乡村的环境特征；有的形式单一，布局呆板，虽提高了土地利用率，但缺乏城镇乡村景观应有的自然氛围和特色。城镇建筑景观上也常常盲目模仿城市的住宅或别墅，形成了与城镇特有的自然环境不相融合的建筑景观。

城镇园林景观规划设计上的无序性也来源于规划设计人员对城镇自然环境特征的忽视。经常有设计师将只适用于城市环境的设计规范生搬硬套到城镇园林景观设计中去，缺乏对城镇居民的心理和行为的研究。

（7）城镇园林景观缺乏正确定位

随着经济的发展和生活方式现代化的冲击，城镇居民对其居住环境有着求新求变的心理。但往往缺乏乡村景观及生态环境保护的正确观念指导。同时，城市居住标准、价值观以及建筑风格等极大地误导了城镇园林景观的发展。很多发展中的城镇向城市看齐，把城市的一切看成现代文明的标志，大拆大建地使乡村呈现城市的景观。

对城镇园林景观建设中，缺乏对城镇性质、功能的正确定位，导致盲目模仿，求大求全的景观建造，模仿大城市的大广场、大草皮、宽马路，与城镇的空间形态格格不入，严重损坏了城镇的形象。特别是一些城镇在园林景观建设中，南北盲目模仿，而不考虑自然环境的差异，选用不适宜的绿化树种和花卉，造成极大浪费。

长期以来，由于我国农村集体土地产权主体不明晰，村镇建设缺乏科学的规划控制与指导，常常出现居住环境建设相对落后、布局不合理的现象，农户多在公路两旁建房经商，村落沿公路延伸，占尽路边良田，形成"马路村"。另外，城镇的居民自行拆旧建新，未经同意的景观规划，大量缺乏设计的建筑形式如雨后春笋般出现，造成城镇景观布局混乱的现象。最后，虽然有些城镇的发展有"见缝插绿，凡能绿化的地方都绿化"的意识，但却没有专业的景观规划设计，实施效果低，形象差。这些错误的定位与观念上的偏差都导致了城镇园林景观的低层次和畸形发展。

（8）忽视文化内涵

城镇的文化内涵能反映出该城镇的品位高低，城镇文化的落后与高度住处化社会形成强烈的反差，导致一些城镇居民对传统文化彻底否定，大拆大建，丢掉了传统文化和地方特色。有些地方，把文物的周围环境大加破坏，使文物脱离了文化氛围，也就失去文物固有的意义。

长期以来，人们只注意保护那些在历史上曾经闻名的单幢建筑物、古塔、古树、寺院、庙宇等，而那些反映当地文化特色或传统风貌的历史性街区、民居则被肆意地推平，代之以毫无特色的行列式住宅，使城镇老城区的传统民居环境遭到严重破坏，城镇的传统文化内涵越来越多地被淹没。

社会经济的发展，不可避免地影响到人们的生活方式。对外联系的增加，尤其是现代传媒的作用，使城镇中原有的乡土文化也逐步受到外来文化的影响和冲击，世界文化趋同性现象越来越明显，很多特色居民的原有生活方式发生了巨大的变化，旧有的具有民俗风情的人文景观逐步消失：民族服饰风格逐渐同一化；民间剪纸、雕刻、刺绣等民族艺术逐步被机械化生产取代；民间歌舞晚会也逐渐被电视传媒所代替；民族宗教信仰与图腾也在"崇尚科学"的口号下渐渐消失。

（9）对人工景观的错误认识

很多城镇园林景观的建设只是为了追求政绩而做出的纪念性表面文章，为建而建，将建筑和城市空间作为表演的舞台，忽视了人工的景观是为了居民休闲需求、生活需要和环境需要而存在的。例如近几年兴起的广场建设，广场面积方面盲目地和大城市做比较，以为广场建得越大气，越能反映当地的生活水准，人在广场上活动就越自由。结果空荡荡的广场上少有人烟，人在其上活动越发觉得自己的渺小。久而久之，大广场成了城镇景观中的摆设。

一些城镇园林景观的建设中，对景观设施和小品的认识不够，要么认为它是可有可无的装饰品，必要时对它进行简单的加工；要么将之摆在城镇景观的重要位置，花费心思，大加修缮。例如有些地方不注重建筑小品的建设，用厚重的砖墙将住区内部景观与外部空间断然隔开；或在沿街建筑两侧大张旗鼓地挂上醒目的广告招牌，以增添城镇的商业气息。而有些地方，为了利用小品营造环境氛围，大肆修建喷泉景观；或在城镇的不同地方放置这样或那样的雕塑以期丰富景观；或在广场上铺上华丽的花岗岩等。

为了城镇形象更加突出，过分关注城镇形象。但由于经济条件限制，在建设中只能大搞特搞城市外包装建设，对主要道路的两侧建筑、小品大加修缮，浓墨重彩做包装，进行"一层皮"开发，以求取得良好的外在形象。比如有些地方对那些脏、乱、差的地方投入大量的资金建围墙以阻挡人们视线。或在没有理解地方文化的前提下，盲目地认为江南的"小桥、流水、人家"就是最好的，认为欧洲的"大树、草坪、洋楼"就是最时尚的，机械地生搬硬抄，结果没有特定的大环境，这些"移植"过来的景观让人怎么看怎么觉得别扭（图1-7和图1-8）。

图1-7　空旷的城镇马路

图1-8　呆板单调的驳岸

1.3 城镇园林景观建设的发展趋势

新中国成立以来，城镇得到了前所未有的发展，建制镇的数量从1954年的5400个增加到2008年的19234个，成为繁荣经济、转移农村劳动力和提供公共服务的重要载体。特别是改革开放的这 30 年，是我国城镇发展和建设的最快时期，在中央"统筹城乡协调发展"及"小城镇，大战略"的方针指导下，政府出台了各种各样的政策来推进城镇化的发展。党的十五届三中全会通过的《中共中央关于农业和农村若干重大问题的决定》指出："发展城镇，是带动农村经济和社会发展的一个大战略"。党的十六大提出："全面繁荣农村经济，加快城镇化进程。统筹城乡经济社会发展，建设现代农业，发展农村经济，增加农民收入，是全面建设小康社会的重大任务。"2009 年 10 月中共中央又出台了《关于促进城镇健康发展的若干意见》，指出："当前，加快城镇化进程的时机和条件已经成熟。抓住机遇，适时引导城镇健康发展，应当作为当前和今后较长时期农村改革与发展的一项重要任务。"2015 年 12 月 20 日，中央城市工作会议提出："城市工作要把创造优良人居环境作为中心目标，努力把城市建设成为人与人、人与自然和谐共处的美丽家园。要增强城市内部布局的合理性，提升城市的通透性和微循环能力。城市建设要以自然为美，把好山好水好风光融入城市。"可见，城镇在我国的社会经济发展和城镇化进程中起着越来越重要的作用。其中，城镇园林景观的建设是城镇生态建设的根本保障。从城乡景观生态一体化的角度出发，应用景观生态学的基本原理进行城镇园林景观建设。

党和政府一再强调城镇建设的重要意义，十分重视城镇建设的引导。虽然经过这么多年的探索发展，城镇的建设发展取得了可喜的成果，但是由于种种原因，仍然存在着对城镇建设的认识不足，缺少思想准备的现象，也出现了很多令人担忧的问题。城镇园林景观形态的可感知性和可识别性越趋削弱，造成了"千镇一面，百城同貌"。这些问题已严重阻碍了城镇的健康发展，因此，搞好城镇园林景观建设，是促进城镇健康发展的重要保证。

另外，在城镇化发展过程中，由于不合理地开发利用自然资源，造成生态破坏和环境污染，人类生存的环境日趋恶劣，各种人居环境的不适和灾难逐渐降临，返璞归真、回归自然、与自然和谐相处成为人们的理想愿望。人们重新认识到城镇园林景观建设是营造优美舒适的居住环境和特色的重要因素之一。城镇园林景观是农村与城市景观的过渡与纽带，城镇的园林景观建设必须与城镇中的住区、住宅、街道、广场、公共建筑和生产性建筑的建设紧密配合，这些是营造城镇独特风貌的重要组成部分。城镇园林景观建设的发展具有如下趋势。

（1）以保护城镇生态环境为基础

在城镇化过程中，原本在大城市中存在的环境问题现在在城镇中也开始出现，而且有愈演愈烈之势，这其中包括空气污染、水污染、噪声污染等。城镇园林景观的建设将以提高城镇绿化覆盖率为基础，通过园林景观建设来创造良好的居住环境和生态环境。

（2）以美化城镇环境为最终目标

园林景观建设是美化城镇面貌，增加城镇的建筑艺术效果，丰富城镇景观的有效措施。城镇园林景观的建设将极大地加强城镇与大自然的联系。优美的园林景观建设将在心理上和精神上对城镇的居民起到有益的作用。

（3）与经济发展相结合

城镇园林景观拥有珍贵的自然资源，独特的乡村风光与自然山水是城镇园林景观区别于城市的最主要特征。城镇园林景观未来发展应该充分利用特有的乡村资源和农业资源，与旅游发展、产业发展相结合。城镇优美的景色能够吸引更多的旅游者，从而促进当地旅游业的发展，旅游业会带动经济的发展；同时优美的环境还会吸引更多的公司来这里发展，吸引更多人来这里工作生活，最终促进城镇整体经济向前发展。城镇园林景观建设还可以与农业产业相结合，发展农业公园、农业生产示范区等，扩大城镇产业的经营范围（图 1-9 和图 1-10）。

图 1-9　农业生态园

（4）突出地方特色，展现独特风貌

　　在城镇飞速发展的时期，国家出台各类政策以使城镇建设独具个性与特色。据北京《京华时报》报道，北京市将有一批城镇进行试点，或走园区经济强镇，或走旅游休闲名镇等特色路线。2016 年 4 月 13 日举行的北京市"十三五"城乡发展一体化整体规划新闻发布会上，市委农工委、市农委发言人李海平表示，本市将统筹推进通州、房山、大兴区国家级新型城镇化试点建设，研究一批新政策，加快郊区特色小城镇和新型农村社区建设。

图 1-10　无锡龙寺农业生态园

　　结合地方条件，突出地方特色的城镇园林景观建设结合地形，节约用地，考虑气候条件，节约能源，注重环境生态及景观塑造，以最小的花费塑造高品质的居住环境。除了物质建设，城镇园林景观建设更应该注重精神层面的地方特色。在一些古老的村落中，都会有公用的公共空间、场地、街道、包括祠堂等，它们是城镇居民的主要聚会交流场所，有助团体凝聚力和归属感的形成。同时，在城镇园林景观的规划设计过程中，应该反映当地居民的愿望，获得他们的理解，接受他们的参与，最大限度地打造适合当地生活方式的园林景观形式（图 1-11 和图 1-12）。

图 1-11　北京房山韩村河打造的特色城镇景观

图 1-12　韩村河优美的自然景观

1.4 城镇园林景观建设实例

1.4.1 温斯洛城镇的规划发展研究——传承地域乡村风格

（1）城镇发展研究背景

班布里奇岛（Bainbridge）上的温斯洛城镇（Winslow）在西雅图市的管辖范围之内，小镇人口仅约 3500 人，拥有非常优越的自然地理条件，周边都是农场和未开发的土地，但同时也面临着乡村地区普遍存在的问题，即城镇的发展如何才能延续乡村风貌，保留特色。对于温斯洛城镇来讲，幸运的是，它与西雅图城市之间有普吉特海湾相隔，所以城镇的发展并没有过多地受到城市蔓延的影响。同时，25 分钟的轮渡就可以到达西雅图市中心，与城市之间便利的联系也为温斯洛的发展提供了机遇。华盛顿州发展管理法案要求班布里奇岛做出一份总体规划，使小岛在未来 20 年内可以容纳至少 6000 个新居民，而温斯洛城镇至少要吸收增长人口的一半以上。

温斯洛的发展规划是由专业人士、居民代表以及华盛顿大学的学生共同参与，广泛吸收民众意见完成的研究项目，以使城镇能够在现代化发展的浪潮中，既满足城镇发展的需要，同时又能够最大限度地保留特有的地域乡村风貌（图 1-13 和图 1-14）。

图 1-13　温斯洛小镇的教堂 　　　　　　　　图 1-14　温斯洛城镇的自然景观

（2）城镇总体规划介绍

温斯洛城镇的总体规划通过强化核心区域之间的联系，加强中心区的承载能力，以便更好地保留城镇其他区域的田园风貌和自然风光。在城镇的中心区，鼓励进行高密度的居住开发，同时与零售商业联系起来，成为一个有机的开敞空间系统；为提高中心区的整体活力，建设新的市政厅和市政广场，以及班布里奇表演艺术中心，增加城镇中心区的复合化功能，使其吸引更多的人流；在现有的中心区宽大马路的基础上增建小规模、小尺度的人行街区，使城镇的尺度更加宜人，成为更适宜步行、居住、工作和购物的地方；保留以低层住宅为主的埃里克森历史街区，在核心区滨水公园的附近开发新的住宅项目，将现代与传统的街区景观有机联系，形成对话，同时容纳新增的人口（图 1-15 和图 1-16）。

（3）城镇规划发展总结

温斯洛的城镇规划将居民主要的活动地聚集在了城镇中心区，从而很好地保留了城镇大

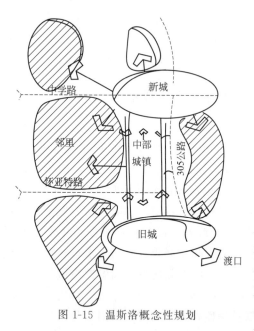

图 1-15 温斯洛概念性规划

面积的田园风光和乡村风貌。城镇中心区保留了原有的小溪及岸边的公园，并被规划为一个复合化功能，高密度，适宜步行，充满活力的区域，未来将成为一个健康发展的中心社区。城镇的规划通过恰当地控制开发建设的比例以及方式，不仅满足了新增人口的居住与现代生活的迫切需求，同时也最大限度地保留了城镇整体的地域特征和自然风貌。

温斯洛城镇是具有典型的海岸小渔村环境特色的区域，在城镇的三条主要大道——温斯洛路、埃里克森路和麦迪逊大道，两侧随处可见当地的艺术杰作，一些工艺精良、保存完好的建筑物向人们展示着独特的城镇风貌。城镇规划通过建设更小尺度的街区而使城镇的景观更加宜人，同时，以前的宽大马路也标志了完整的结构特征，这使得整个城市的景观意向连贯而清晰（图 1-17～图 1-19）。

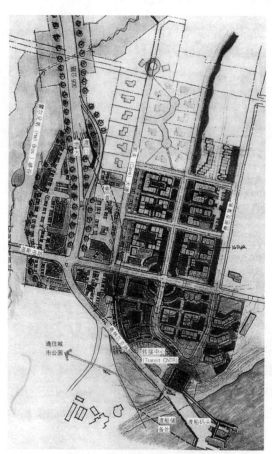

图 1-16 温斯洛城镇规划示意

图 1-17 温斯洛老城区的自然景观
被很好地保留下来

图 1-18 温斯洛城镇自然特征清晰可见

1.4.2 巴黎地区马恩拉瓦莱新城建设案例研究

（1）马恩拉瓦莱新城概况

马恩拉瓦莱新城（Marne la vallee）位于巴黎市区以东约 10km，由塞纳-马恩、塞纳-圣但尼和瓦勒德马恩三省的 26 个城镇共同组成，占地约 152km²，东西长 22km，南北宽 3～7km，是一处呈线形分布的区域，包括 4 个新城分区——巴黎之门、莫比埃谷、比西谷、欧洲谷。马恩拉

图 1-19　温斯洛城镇独具特色的住宅建筑

瓦莱新城是巴黎地区 5 座新城之中规模最大，发展最快的一个，是一个非常具有代表性的成功案例（图 1-20）。

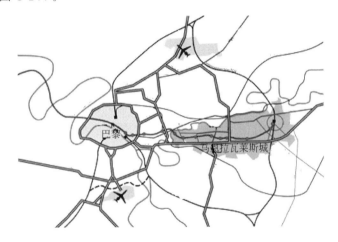

图 1-20　马恩拉瓦莱新城位置图

（2）马恩拉瓦莱新城的总体规划

马恩拉瓦莱新城具有区位、交通、环境、人文等诸多方面的优势，它地处从半城市化郊区向传统农业地带过渡的区域，北枕马恩河，南倚大片森林，西抵台地之麓，东临大莫林河谷，区内地势平坦，河流蜿蜒纵横，水塘林地点缀其间，植物生长非常茂盛，自然环境优越，是人们接触自然，放松身心，进行户外活动的最佳场所。马恩拉瓦莱新城所在的区域不仅地理条件优越，人文资源也极为丰富，境内拥有大量的历史文化遗产，自然公园、城堡古建筑赋予了这一地区浓郁的文化气息与个性。

马恩拉瓦莱新城所处的马恩河谷是巴黎地区传统的农业地带，城市化进程较慢，由于其是新城的东部地区，保留着大量的农业生产用地，这在一定程度上为城镇的发展提供了充足的空间，同时也成为新城规划需要考虑的重要因素。总体的规划建设力求保护区域内的自然空间和人文景观，让城镇的生活与自然产生紧密的联系，以形成舒适宜人的活动空间（图 1-21 和图 1-22）。

由于自然资源的限制，乡村风光的保留，以及对于城市快速增长现实需求的考虑，马恩拉瓦莱新城最终大胆地尝试了以城镇为优先发展轴、葡萄串式不连续地建成空间、含有等级

图 1-21　马恩拉瓦莱新城农业地带　　　　　图 1-22　马恩拉瓦莱新城居住区

化交通体系和具有凝聚力的城市组团为特征的空间发展模式，在短短的 30 年间，新城健康的发展充分证明了这种规划模式的合理性。

　　首先，新城北部的马恩河以及南部的森林地区都是严格需要保护的自然资源，这就决定了城镇的建设必须在两者之间呈线形的布局展开。得到保护的森林和水系资源成为了人们在城镇中享受自然空间的重要途径。

　　在新城发展的主轴线上，自然空间穿插其间。基于保护自然，将形成自然与生活相互融合的规划理念，总体规划沿轴线形成了葡萄串式的不连续建成空间，在这些空间区域内是密集的住区和商业区，它们被自然空间包围着，成为一个个独立的组团，以轴线为基础相互联系，又被自然植被、水系、农田相互分隔，既为城镇的发展提供了潜力，又形成了舒适的绿色空间。

　　在每一个城镇的组团内，建设密度和人口密度由中心向外缘逐渐降低，其间是自然的林地、植被、水系穿插交错，林荫道和河流形成了绿色的网络，渗入城镇组团之中，极大地提升了城镇园林景观环境的质量（图 1-23 和图 1-24）。

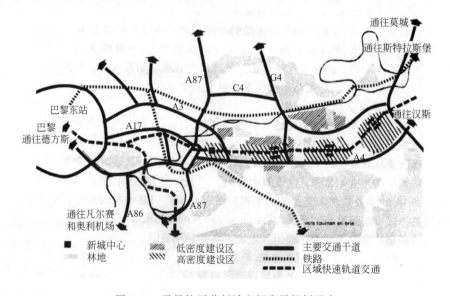

图 1-23　马恩拉瓦莱新城空间发展规划示意

（3）不同分区的城镇景观建设

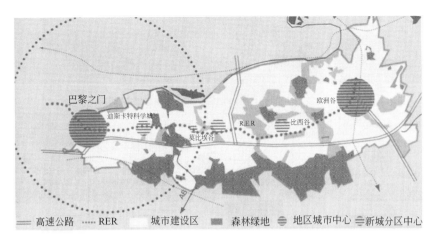

图 1-24　马恩拉瓦莱新城的 4 个分区

① 巴黎之门　巴黎之门是马恩拉瓦莱新城建设的第一个分区，包括商业、办公、教育、体育等公共服务设施以及住宅和城市公园。区内第三产业发展迅速，有巴黎地区商业活动最活跃的购物中心和著名的办公机构，是巴黎郊区的第三大发展中心（图 1-25 和图 1-26）。

图 1-25　马恩拉瓦莱新城的第一个分区

图 1-26　马恩河畔

② 莫比埃谷　莫比埃谷作为第二分区，充分利用了当地优越的自然条件，以林地、河流、植被形成了遍布区域内的绿色脉络，创造出舒适宜人的居住环境，吸引了大批的外来居民。区域内以综合性发展为目的，开拓了新型的城市功能空间，迪斯卡特科学城的建设是区域开发的重要步骤之一，相继建设的马恩拉瓦莱建筑学院、法国城市规划学院等机构，使区域迅速成为了具有国际影响力的科研和培训中心（图 1-27 和图 1-28）。

③ 比西谷　比西谷是马恩拉瓦莱新城中最大的一个分区，其中依托原有城镇中心发展起来的比西圣乔治新区具有典型的规划特征。城镇内的公共空间设计具有法国古典主义园林

图 1-27　莫比埃谷区域内的公园景观

图 1-28　莫比埃谷的河畔景观

的典型特征，不仅采用了大量的几何形路网结构，而且使用了很多古典主义园林的设计语言。在区域内引入更多的绿色空间，与建成的城镇空间相互融合，大量采用院落式的布局结构使自然渗入生活之中（图 1-29 和图 1-30）。

图 1-29　比西谷区域内的街道景观

图 1-30　比西圣乔治新区

图 1-31　欧洲谷发展展望

图 1-32　巴黎迪士尼主题乐园

④ 欧洲谷　作为新城的第四个分区，欧洲谷以巴黎迪士尼主题乐园而闻名。该区域以主题公园的建设为依托，打造了集旅游、娱乐、商务、居住于一体的城镇综合体，发展势头十分强劲。迪士尼乐园为该区创造了上万个就业岗位，并配套建设了国际商业中心，办公和服务建筑，国际企业园，这里已经成为享誉世界的新城中心，是欧洲国家旅游、休闲、度假的首选地之一（图 1-31 和图 1-32）。

2 世界园林景观探异

2.1 园林景观发展历程

人类所创造的环境景观可分为两类：一类是具有生活使用功能方面的，是物质需求的产物，我们称之为"作用在土地上的印记"，如梯田、水渠、果林等；另一类是精神需求的产物，即具有艺术性的园林环境，具有观赏价值、精神功能。园林景观兼具自然和人工属性，人和自然关系的演变对它产生了巨大的影响。在人类文明的发展过程中，人对自然的态度可划分成 4 个阶段，而园林在这 4 个不同阶段也表现出迥异的形态和特色。

图 2-1　农业生产场地的景观（园林的雏形）

2.1.1　人对自然的依赖——园林的萌芽

大致相当于人类社会的原始社会时期，这一时期人类从自然界中分离出来，几乎完全被动地依赖自然，因而对自然充满恐惧、敬畏心理，自然界的事物常常被当作神灵加以崇拜。这时期的人是自然生态良性循环的一部分。此时园林尚未出现，直到原始社会后期，产生了原始农业，人类聚落附近出现了农田、牧场，房子前后出现了果园、菜圃，这些以农业生产为目的的场地可以说是萌芽状态的园林（图 2-1）。

2.1.2　人与自然的亲和——古典园林的繁荣与演化

大致相当于人类社会的奴隶社会和封建社会时期，这时随着人类农业生产的发展，人们利用和改造自然获得更多的生产果实，逐渐认识自然和适应自然。这时，人类活动对自然有一定程度的破坏，但限于生产力水平，人们对自然生态的影响是微小的，人和自然属于亲和关系。园林在这漫长的岁月中逐步发展起来，依据不同的政治、宗教、文化、经济条件和不同的自然地理条件，形成不同风格和形式的园林体系，如欧洲的意大利台地园（图 2-2）、法国规则式园林（图 2-3）、英国自然风景园（图 2-4）；西班牙的伊斯兰园林（图 2-5）；东亚的中国古典园林（图 2-6）和日本古典园林（图 2-7）等。

2.1.3　人与自然的对立——现代园林时代的开端

从 18 世纪起源于英国的产业革命到第二次世界大战，这 200 余年的时间是人类社会生

图 2-2 意大利台地园（埃斯特庄园中的水景）

图 2-3 法国规则式园林（凡尔赛宫）

图 2-4 英国自然风景园（斯托海德公园）

图 2-5 伊斯兰园林（西班牙阿尔罕伯拉宫内部庭院）

图 2-6 中国古典园林（苏州拙政园）

图 2-7 日本古典园林（京都金阁寺庭院）

产力空前发展的阶段，由于没有意识到环境保护的重要性，人类无休止地掠夺自然资源，疯狂地征服自然，造成环境的极大破坏，打破了自然生态平衡，生态系统进入恶性循环。人类过度开发自然之后也遭到自然的无情报复，聚居环境的恶化直接威胁到人类的生存，人与自然处于对立关系。有识之士认识到盲目的土地开发和掠夺自然资源所造成的严重后果，提出保护自然资源、发展城市园林的思想，如 19 世纪后半叶，美国的奥姆斯台德［Frederick Law Olmsted（1822—1903）］倡导城市公园运动、城市美化运动（图 2-8）；英国学者霍华德［Ebenezer Howard（1850—1928）］提出田园城市（图 2-9）的设想。公共园林的兴起也表明现代园林时代的开始。

图 2-8　美国纽约中央公园实景

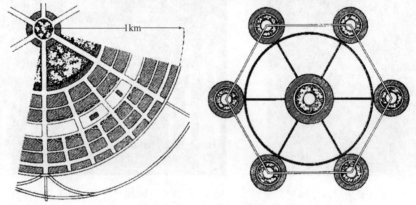

图 2-9　霍华德提出的田园城市图解

2.1.4　人对自然的亲近与回归——现代园林的进一步发展

第二次世界大战以后，发达国家的经济有了腾飞，自然资源的有限性和生态平衡的重要性为人们广泛认识，亲近自然、回归自然成为必然趋势，可持续发展成为全球关注的问题，人们认识到应与自然和谐共处。生态科学理论的确立和技术的进步大大拓展了园林景观学的领域，它向着宏观的自然环境和人类所创造的各种人文环境全面延伸，同时也广泛地渗透到人们生活的各个领域。

2.2 中国古典园林

2.2.1　皇家园林

皇家园林属于皇帝个人及皇室私有，在古籍中常被称为苑、宫苑、苑囿、御苑等。中国古代的统治阶级的地位是至高无上的，他们利用其政治上的特权以及经济上的雄厚财力，占据大片土地，营造园林供己享用。因此，皇家园林要在不悖于风景式造景原则的前提下尽可能地彰显皇家的气派与皇权的至尊。但同时，它也在不断地汲取民间私家园林的造园艺术养分，从而丰富皇家园林的内容，提高宫廷造园的艺术水平。在中国古代历史上，历朝历代几乎都有皇家园林的建置，它们不仅是庞大的艺术创作，也是一项斥资巨大的土木工程。因此，也可以说皇家园林的数量多少、规模大小，在一定程度上也反映出一个朝代的国力盛衰（图 2-10 和图 2-11）。

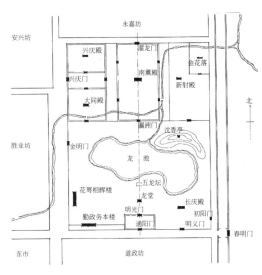

图 2-10　兴庆宫平面设想图

2.2.2　私家园林

　　私家园林为民间的官僚、文人、地主、商人等所私有，古籍中称之为园、园亭、园墅、池馆、山池、山庄、别墅、别业等。私家园林与皇家园林相比，无论是在内容上还是在形式上，都表现出很大的差别。建置在城镇里面的私家园林绝大多数为宅园，它依附于住宅，作为园主日常游憩、宴会、读书、会友等的场所，故而规模并不大。通常紧邻邸宅的后部，呈前宅后园的格局，或位于邸宅的一侧而成为跨院，此外，也有少数单独建置不依附于邸宅的游憩园。建在郊外山林风景地带的私家园林大多是别墅园，它不受城市用地的限制，因此规模比一般的宅园要大一些（图 2-12～图 2-14）。例如，辋川别业是王维隐居的庄园，是与友裴迪经常诗酒邀游之处，利用天然山谷、湖水林木相地而筑的一座自然山水园林。规模很大，岗岭起伏，纵谷交错，泉瀑叠落，湖溪岩峡，高林藤莒的自然胜景，并加以构筑茅庐、草亭、榭、石桥、舟渡等园林建筑，更具湖光山色之胜。成为既富有园艺之趣，又有诗情画意的优美园林。总之，辋川别业是一个林木茂盛、湖光山色、风景十分优美的自然山水园林，无论从景的题名还是从人的感受，处处都充满了诗和画的意味，通过诗人的描绘，强烈地反映出一代艺术巨匠的审美标准。

图 2-11　现在的兴庆宫遗址公园

图 2-12　梁园遗址

图 2-13　梁园园林景观

图 2-14　王维辋川别业图（佟裕哲摹自《关中胜迹图》）

2.2.3　寺观园林

寺观园林即佛寺和道观的附属园林，也包括寺观内外的园林化环境。魏晋南北朝时，印度佛教的传入，使人们寄希望于来世。由于佛教的盛行使得僧侣们喜爱选择深山水畔建立寺庙，其内讲究曲折幽致，使寺院本身成为很好的园林。在我国，儒家思想占据着意识形态的主导地位，儒、道、佛思想互补互渗。在这种情况下，宗教建筑与世俗建筑没有根本的差别，大多为世俗住宅的扩大或宫殿的缩小，通过世俗建筑与园林化相辅相成并且更多地追求赏心悦目、恬适宁静。从历史文献记载及现存寺观园林来看，寺观按照宅园的模式建置的独立小园林也很讲究内部庭院的绿化，多以栽植名贵花木而闻名于世。郊外的寺观大多建在风景优美的地带，周围向来不许伐木采薪，因此古木参天，绿树成荫，再配合以小桥流水或少许亭棚的点缀，形成了寺观外围的园林化环境（图 2-15 和图 2-16）。

2.2.4　乡村园林

在中国古典园林的研究中，一般仅包括皇家园林、私家园林和寺观园林三个部分。对于这三种园林所源于的自然园林，也即是颇具自然风貌的村镇聚落园林景观，极少进行全面系统的深入探讨。在工业社会随着城市化进程的加剧，尤其是不合理地改造自然和开发利用自然资源，造成了全球性的环境污染和生态破坏，对人类生存和发展构成了现实威胁。人类生活开始领受大自然的惩罚，各种人居环境的不适与灾难逐步降临。回归自然，与自然和谐相处成为现代人们的理想追求。村镇聚落的自然园林景观深受人们的青睐。

图 2-15　杭州灵隐寺　　　　　　　　　　　　图 2-16　碧霞祠

在我国传统村镇聚落园林景观建设中，它们为居民提供公共交往、休闲、游憩的场所，多半是利用河、湖、溪等水系稍加园林化处理或者街巷的绿化，也有就名胜、古迹而稍加整治和调整的，绝大多数都没有墙垣的范围，呈开放的外向型布局（图 2-17 和图 2-18）。本书特辟专章（详见本书第 3 章）进行较为系统的探讨。

图 2-17　乡村田野间点缀的临时房屋　　　　　　图 2-18　起伏的乡村田野

2.2.5　中国古典园林的特点

中国园林体系与世界上其他园林体系相比较时，因其很多独特的造园理念和营造技艺，成为世界园林中一朵璀璨的奇葩。各种不同园林虽然有着许多不同的特性，但在各个不同类型之间，又都有着许多相同的共性。这些个性和共性可以概括为以下 4 个方面。

① 源于自然高于自然　自然风景以山水为地貌基础，以植被做装点。山、水、植物乃是构成自然风景的基本要素，当然也是风景式园林的构景要素。但中国古典园林绝非一般地利用和简单地模仿这些构景要素的原始状态。而是有意识地对其加以改造、调整、加工、剪裁，从而表现一个精炼概括的自然、典型化的自然。这就是中国古典园林的一个最主要的特点。

源于自然又高于自然，这个特点在人工山水园的筑山、理水、植物配置方面表现得尤为突出。园林内使用天然石块堆筑假山的技艺叫做叠山。匠师们广泛采用各种造型、纹理、色泽的石材，以不同的堆叠风格而形成许多流派。南北各地现存的许多优秀的叠山作品，一般最高不过 8～9 米，无论模拟真山的全貌或截取真山的一角，都能够以小尺度创造峰、峦、岭、岫、洞、谷、悬崖、峭壁等的形象写照。从它们的堆叠章法和构图经营上可以看到天然山岳构成规律的概括、提炼。园林内开凿的各种水体也都是天然的河、湖、溪、涧、泉、瀑等的艺术概括，人工理水务必做到"虽由人作，宛若天开"，哪怕再小的水面亦必曲折有致。并利用山石点缀岸、矶，有的还故意做出港湾、水口以显示源流脉脉、疏水若为无尽。稍大一些的水面，则必堆筑岛堤，架设桥梁。在有限的空间内尽量模仿天然山水的全貌，这就是"一勺则江湖万里"之立意。园林植物配置尽管姹紫嫣红、争奇斗艳，但都是以三株五株、虬枝枯干而予人以蓊郁之感，运用少量树木的艺术概括而表现天然植被的气象万千。

② 建筑美与自然美的融合　中国古典园林中，无论建筑多少，也无论其性质功能如何，都能够与山、水、植物有机地组织在一起，彼此协调、互相补充，从而在园林总体上达到一种人工与自然高度和谐的境界，一种"天人合一"的哲学境界。中国古典园林之所以能够使建筑美与自然美相融合，固然由于传统的哲学、美学乃至思维方式的主导，中国古代木构建筑本身所具有的特征也为此提供了优越的条件。木框架结构的个体建筑，内墙外墙可有可无，空间可虚可实、可隔可透。园林里面的建筑物充分利用这种灵活性和随意性创造了千姿百态、生动活泼的外形形象，导致与自然环境的山、水、花木密切嵌合的多样性。中国园林建筑，不仅形象之丰富在世界范围内算得上首屈一指，而且还把传统建筑的化整为零、由个体组合为建筑群体的可变性发挥到了极限。它一反宫廷、坛庙、衙署、邸宅的严整、对称、均齐的格局，完全自由随意、因山就水、高低错落，以千变万化的面上铺装来强化建筑与自然环境的嵌合关系。同时，还利用建筑内部空间与外部空间的通透、流动的可能性，把建筑物的小空间与自然界大空间沟通起来。许多优秀的建筑形象与细节处理反映了建筑与自然环境的协调。优秀的园林作品尽管建筑物比较密集也不会让人感觉到囿于建筑空间之内。虽然处处有建筑，却处处洋溢着大自然的盎然生机。这反映了中国人的"天人合一"的自然观。体现了道家对待大自然的"为而不持、主而不宰"的态度。

③ 引人入胜的诗画情趣（诗情画意）　文学是时间的艺术，绘画是空间的艺术，园林是时空综合的艺术。中国古典园林的创作，比其他园林体系更能充分地把握这一特性。它运用各个艺术门类之间的触类旁通，融汇诗画艺术与园林艺术，使得园林从总体到局部都包含着浓郁的诗画情趣，这就是通常所谓的"诗情画意"。诗情，不仅是前人诗文的某些境界、场景在园林中以具体的形象复现出来，有时还运用景名、匾额、楹联等文学手段对园景做直接

的点题，而且还借鉴文学艺术的章法使得规划设计类似于文学艺术的结构。园内的游览路线绝非平铺直叙的简单道路，而是运用各种构景要素于迂回曲折中形成渐进的空间序列，也就是空间的划分和组合。划分，不流于支离破碎的组合，务求其开合起承、变化有序、层次清晰。这个序列的安排一般必有前奏、起始、主题、高潮、转折、结尾，形成内容丰富多彩、整体和谐统一的连续流动空间，表现出诗文的结构。在这个序列之中往往还穿插一些对比、悬念、欲抑先扬或欲扬先抑的手法，合乎情理之中而又出人意料之外，则更加强了犹如诗歌的韵律感。因此人们游览中国古典园林所得到的感受，往往像朗读诗文一样酣畅淋漓，这也是园林所包含的"诗情"；而优秀的原始作品，则无异于凝固的音乐、无声的诗歌。

④ 回味无穷的意境蕴含　意境是中国艺术的创作和鉴赏方面的一个极重要的美学范畴。简单地说，意即主观的理念、感情，境即客观的生活、景观。意境产生于艺术创作之中，此两者的结合，即创作者把自己的感情、理念融入客观生活、景物之中，从而引发鉴赏者类似的情感激动和理念联想。中国古典园林不仅借助于具体的景观——山水花木建筑所构成的各种风景画面来间接传达意境的信息，而且还运用园名、景题、刻石、匾额、对联等文字方式直接通过文学艺术来表达、深化意境的内涵。另外汉字本身的排列组合、规律对仗极富于装饰性和图案美，它的书法是一种高超的艺术。因此一旦把文学艺术、书法艺术与园林艺术直接结合起来，园林意境的表现便获得了多样的手法，状写、比附、象征、寓意、点题等，表现的范围也十分广泛，情操、品德、哲理、生活、理想、愿望、憧憬等都包含其中。游人在园林中所领略的已不仅是眼睛能看到的景观，而且还有不断在头脑中闪现的"景外之景"；不仅满足了感官（主要是视觉感官）上美的享受，还能够获得不断的情思激发和理念联想，即"象外之旨"。就园林的创作而言，无往而非"寓情于景"，就园林的鉴赏而言，随处皆能"见景生情"。正由于意境蕴含得如此深广，中国古典园林所达到的高度情景交融的境界，也就远非其他园林体系所能企及了。

如上所述，这四大特点乃是中国古典园林在世界上独树一帜的主要标志。它们的成长乃至最终形成，固然受到政治、经济、文化等的诸多复杂因素制约，但从根本来说，与中国传统的天人合一的自然观以及重渐悟、重直觉感知、重综合推衍为主导的思维方式有着更为直接的关系。可以说，这四大特点正是这种自然观和思维方式在园林艺术领域内的具体表现。

2.3 日本园林

2.3.1 日本庭园概述

日本园林是在借鉴中国古典园林造园理论和技艺的基础上，根据日本国情发展起来的，形成了颇具特色的日本园林。

日本是具有得天独厚自然环境的岛国，气候温暖多雨，四季分明，森林茂密。丰富而秀美的自然景观孕育了日本民族顺应自然，崇尚自然的美学观念。日本独特的地理条件和悠久的历史，孕育了别具一格的日本文化。樱花、和服、俳句与武士、清酒、神道教构成了传统日本文化。在日本有著名的"三道"，即日本民间的茶道、花道、书道。这些文化也直接影响着日本庭园的发展。

日本庭园的演变过程可大致概括为：动植物为主的自然景观（大和、飞鸟时代）→中国式山水的借鉴（奈良时代）→寝殿建筑、佛化岛石（平安时代）→池岛、枯山水（镰仓时代）→纯枯山水石庭（室町时代）→书院、茶道、枯山水（桃山时代）→茶道、枯山水与池岛（江户时代）。从种类而言，日本庭园一般可分为枯山水、池泉园、筑山庭、平庭、茶庭、露地、洄游式、观赏式、坐观式、舟游式园林以及它们的组合等。其中，最著名的就是枯山水庭园和茶庭。茶庭在日本园林中指与茶室相配的庭园，是日本庭园艺术中非常有民族特色的园林类型。

枯山水庭园又叫假山水庭园，是日本最具有特点的庭园类型之一，也体现了日本园林的精华。枯山水庭园的本质意义是无水之庭，即在庭园内敷白砂，点缀石组或树木，寓意海洋与汹涌的海水，庭园因无山无水而得名。

茶庭也叫露庭、露路，是把茶道融入园林之中，为进行茶道的礼仪而创造的一种园林形式。茶庭面积很小，可设在筑山庭和平庭之中，一般是在进入茶室前的一段空间里布置各种景观。步石道路按一定的路线，经厕所、洗手钵最后到达目的地。茶庭犹如中国园林的园中之园，但空间的变化没有中国园林层次丰富（图2-19～图2-22）。

图2-19 茶庭中的石径　　　　　　　图2-20 茶庭

图2-21 枯山水庭园

2.3.2 日本庭园的理水

日本庭园的理水形式丰富多样，主要有瀑布、溪、泉、湖池等。

① 筑山庭理水 包括：a. 总是以瀑布作为构图中心，如果缺乏水源，则置泻瀑的岩床，好似气候干旱、瀑布枯竭一样；b. 恰当的环境，大抵在两山间的山崖上泻下来，背景是厚密的丛林，并尽可能安排在光亮处，以便欣赏；c. 对瀑布式样和构造研究有悠久的历史，种类非常丰富，如泻瀑、布瀑、线瀑、偏瀑、分瀑、直瀑、侧瀑、双瀑、射瀑、叠瀑。

② 平庭理水 包括：a. 常设人工泉

图 2-22 枯山水庭园的白砂以绿树为背景

水，从布满青苔的岩石间流出，成为溪流之水源；b. 溪水常从东至南弯曲流淌，而经西出园；c. 水流既弯曲又流畅；d. 河床纵坡起源处大，尽头缓，在拐弯处常敷石护岸，任水冲击；e. 水的音响，通过设瀑布让水溅落石上或水中，或溪旁制成峡谷，抛石于水中达水声效果，水浅处常设步石，可跨越（图 2-23 和图 2-24）。

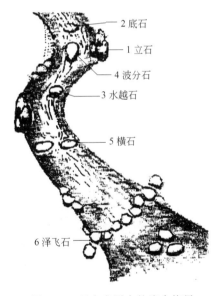

图 2-23 日本庭园中的流水格局

- 2 底石
- 1 立石
- 4 波分石
- 3 水越石
- 5 横石
- 6 泽飞石

图 2-24 庭园池岸飞石

③ 湖池 包括：a. 占重要地位，池形不宜整齐，呈"心"、"水"或"一"字形等，池岸曲折；b. 理水形式表现为海或江、河、沼泽；c. 岸坡采用石、桩木、卵石或草坡，以及用石级踏步引导等多种形式。

2.3.3 日本庭园的植物配置

① 以常绿树为主，少花木 包括：a. 高大常绿乔木与经修剪整形的灌木形成对比；b. 针叶林高、阔叶林低，让阳光透过照在阔叶林上，达到好的光影效果；c. 常用一种植物

成丛、成林种植，体现群体美；d. 松树最受欢迎，姿态优美者常安置在主要位置或构图中心；e. 注重形态美、色彩美，常在绿树群中种一棵枫树或树丛前加一形态优美的落叶乔木。

② 配植注重与环境的融合　包括：a. 水景与乔、灌木丛合理搭配，植物部分遮掩瀑布，以求变化，增进景深；b. 石灯笼旁种植树木，用枝叶半遮光照；c. 池后要有树木，形成倒影；d. 桥头、庭门处有树荫相遮。

③ 役木类型　在日本庭园中，作为主景的树木被称为"役木"，分为独立形和添景形两种。独立形役木一般做主景观赏，添景形役木则配合其他景观要素使用，如配合石灯笼等景观小品造景。

a. 独立形役木：正真木、景养木、寂然木、夕阳木、流枝木、见越木、见附木、袖摺木、见返木。

b. 添景形役木：潭围木、飞泉障木（潭障木）、灯笼挖木、灯障木、钵前木、钵请木、桥元木、庵添木、井口木、木下木、门冠木（图 2-25～图 2-28）。

图 2-25　日本庭园中的役木——景养木　　　　图 2-26　日本庭园中的役木——流枝木

图 2-27　日本庭园中的彩叶植物　　　　图 2-28　日本庭园中富于层次的植物景观

2.4 西方园林

2.4.1　意大利台地园

　　意大利半岛三面临海而多山，气候温和阳光充足，积累了大量财富的贵族、大主教、商业资本家，在城市中修建华丽的住宅，同时也在郊外修建别墅作为休闲的场所，因此别墅园成为意大利文艺复兴园林中最具代表性的一类，它们大多修建在山坡地段，就坡势而修成若干层台地，这就是著名的台地园（图 2-29～图 2-32）。

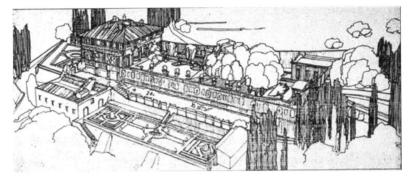

图 2-29　意大利台地园——菲耶索勒美第奇庄园俯瞰图

图 2-30　远眺菲耶索勒美第奇庄园　　　　图 2-31　菲耶索勒美第奇庄园的植物与平台

　　由于当时从事园林设计的多半是建筑师，因而运用了很多古典建筑的设计手法。主要建筑通常位于山坡地段的最高处、在它的前面沿山坡的坡势引出一条中轴线并在轴线上开辟一层层台地，并分别配置平台、花坛、水池、喷泉、雕像等，各层台地之间以蹬道相联系，中轴线两旁栽植高耸的丝杉黄杨，石松等树丛作为与周围自然环境之间的过渡，站在台地上顺着中轴线的纵深方向眺望，可以收览到无限深远的园外借景。台地式园林是规整式与风景式相结合，并以前者为主的一种园林形式。在理水的手法上比过去丰富了许多，每于高处汇集水源作为储水池，然后顺坡势往下引注成为水瀑、平濑或流水梯，在下层台地利用水落差的压力做出各种喷泉，最低的一层台地上又重新汇聚为水池。除此之外，还常设置流水声音以供欣赏，甚至有意识地利用激水之声构成音乐的旋律。作为装饰点缀的园林小品也十分多样，如雕镂精致的石栏杆、石坛罐、碑铭以及众多的以古代神话为题材的大理石雕像，它们

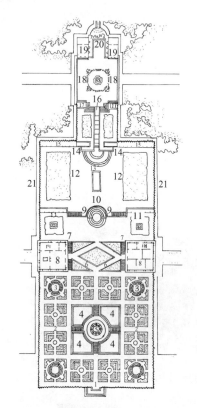

图 2-32　意大利托尔洛尼亚庄园

1—主要入口大门；2—花坛；3—矮丛林；4—水池；5—圆形岛；6—通往第一层的斜坡；7—石台阶；8—娱乐馆；9—通往第二层的石台阶；10—壁龛喷泉；11—第二层平台挡土墙（下的柱廊）；12—花丛式花坛；13—人工水池；14—通往第三层的石台阶；15—圆柱廊；16—庄严的瀑布；17—通往第四层的石台阶；18—有回栏的花坛；19—小型建筑；20—喷泉水池花园进水口；21—植物栽植部分

自身的光亮衬托着暗绿色的丝杉树丛，与碧水蓝天相掩映，产生了一种生动而强烈的色彩和质感的对比。

2.4.2　法国古典主义园林

17 世纪，意大利文艺复兴式园林传入法国，但是由于法国的地理位置、地势与意大利截然不同，法国多平原，拥有大面积的天然植被以及大量的湖泊河流，故扬弃了意大利文艺复兴式台地园的形式，将台地形式舍弃而将中轴线对称均齐的规整式园林布局手法运用于平地造园。

当时的法国是一个强大的中央集权的君主国家，国王路易十四尽量运用一切文化艺术手段来宣扬君主的权威，把宫殿和园林作为艺术创作的一部分，巴黎近郊的凡尔赛宫就是一个典型的例子（图 2-33～图 2-35）。

凡尔赛宫占地极广，约六百公顷，包括了"宫"、"苑"两个部分，广大的苑林区在宫殿建筑的西面，由著名的造园家勒诺特设计规划。它有一条自宫殿中央往西延伸两公里的中轴线，两侧大片树林把中轴线衬托成一条极宽的林荫大道，自西而东消失于天际，林荫道分为东西两段，西段以水景为主，包括十字形大水渠和阿波罗水池饰以大理石雕像和喷泉，十字水渠横臂的北端为别墅园，南端为动物饲养园，东段的开阔平地两侧是左右对称布置的几组大型"绣毯式植坛"，林荫道两侧的树林里隐蔽地布列着一些洞府、水景剧场、迷宫、小型别墅等，树林里还开辟了若干笔直交叉的小林荫道，尽端均有对景，因而形成了一条条的视景线，故此种园林又叫做视景园，园内的布局均严格按照几何格式布置，堪称规整式园林的典范，尽显古典主义的原则风格，雍容华贵，气度浑容（图 2-36 和图 2-37）。

凡尔赛宫的建设工程历时数十年，陆续地扩建、改建，这座园林是法国绝对君权的象征，也是至今世界上规模最大的名园之一，以凡尔赛宫为代表的造园风格被称作"勒诺特式"（简称勒式）或"路易十四式"，在 18 世纪风靡整个欧洲乃至世界各地。我国的圆明园内西洋楼的欧式庭院就属此种风格，"勒式"园林后期受到了洛可可风（洛可可风崇尚曲线柔媚，像贵夫人的娇柔气质，精致细腻、小巧，与古典主义的严肃、理性、气势宏大相反）的影响而趋于矫揉造作，从荷兰开始还大量运用了植物整形，即把树木修剪成繁复的几何形体甚至动物形象。

法国古典主义园林的另一个典型实例是沃·勒·维贡特府邸花园，它是勒·诺特尔古典主义园林的第一个成熟的代表作。这座花园展开在几层台地上，每层的构图各不相同。花园的最大特点在于把中轴线装点成为全园最华丽、最丰富、最有艺术表现力的部分。中轴线全长约 1km，宽约 200m，在各层台地上有不同的题材，布置着水池、植坛、雕像和喷泉等，

图 2-33　凡尔赛宫平面

图 2-34　凡尔赛宫的水池与运河

图 2-35　凡尔赛宫的花园景观

图 2-36　富于图案感的模纹花坛

图 2-37　沃·勒·维贡特府邸花园

并应用不同的处理方法在中轴上采用三段式处理。第一段的中心是一对刺绣花坛，红色碎石衬托着黄杨花纹。刺绣花坛和府邸的两侧，各有一组花坛台地，著名的王冠喷泉就位于此。端点是圆形水池，两侧为小运河，水渠东端原来是水栅栏和小跌水，现在是几层草地平台。第二段中轴路两侧过去有小水渠，密布着喷泉，现已改成草坪种植带，其后是矩形草坪围绕的椭圆形水池。沿中轴路向南，有方形水池，称为"水镜面"。长近 1000m、宽 40m 的运河，将全园一分为二，中轴处水面向南面扩展，形成一块内凹的方形水面，成为两岸围合而成的，相对独立的水面空间。第三段花园坐落在运河南岸的山坡上，坡脚倚山就势建有七开间的洞府，内有河神雕像和喷泉。大台阶上有一座圆形水池，再往上是树林夹峙下的草坡，坡顶中央耸立着的大力神的镀金雕像，构成花园中轴的端点。在此回头北望，整个府邸花园尽收眼底。

法国古典主义园林的特点如下。

① 皇权至上 法国古典主义园林总体上属于中轴对称的规则式园林，其构园主次分明、秩序严谨、条理清晰，表达了皇权至上的主题思想，与时代思想的完全契合，可谓时势造物。

② 辽阔、深远、平静、典雅 这种突出的印象体验都是在中轴花园与林园界面中完成的，其中中轴空间是强制性的，并引向无限的自然，而林园则既是实现强制性又是向自然过渡的手段。

③ 造园家总领的多工种合作 在沃·勒·维贡特和凡尔赛，与勒·诺特尔合作的有著名建筑师勒沃［Louis Le Vau，（1612—1670 年）］，担当室内外装饰及雕塑工作的 17 世纪法国最重要的古典主义绘画大师勒布仑［Charles Le Brun，（1619—1690 年）］及水利工程师弗兰善兄弟，而勒·诺特尔本人具有多重的专业背景，他改变了以往园艺师仅仅作为园丁的角色，而成为总揽全局的设计者，并展现出景观园林作为前沿专业的前景。

④ 大尺度的设计经验 由于规模宏大，使用者众多，迫使造园家采用新的不同于以往的设计方式，法国古典主义园林在控制处理大尺度空间问题上积累了丰富的设计经验，成为后辈受益无穷的设计财富。

⑤ 园林功能复合化 勒·诺特尔独创性地采用了林园设计方式，在表达中轴空间的同时开辟极富娱乐功能的小空间，满足不同的使用需要，使园林功能复合化，体现出某种公共园林的倾向。

2.4.3 英国自然风景式园林

17～18 世纪的英国毛纺工业较发达，从而开辟了许多牧羊草场，又因英伦三岛处在丘陵地带，如茵的草地、树丛，森林与起伏的丘陵构成了英国的天然风景，所以这一时期英国的风景画和田园诗也得到了蓬勃发展，使得英国人对自然风景之美产生了深厚的感情，受这种思潮的影响，园林的风格也发生了变化，人们厌弃了封闭的城堡园林和规整的"勒"式园林，而追求一种返璞归真的园林风格——风景风格（图 2-38 和图 2-39）。

18 世纪初，英国风景园林兴起，它与"勒"式正相反，讲究蜿蜒曲折的道路、借景以及园内外相互融合。这一时期中国园林艺术被介绍到欧洲，英国皇家建筑师张伯斯将中国园林中的一些元素运用于英国风景式园林，虽然只是一些极其肤浅和不伦不类的点缀，但终于也形成了一派被法国人称为"中英式"的风格，在欧洲也曾风行一时（图 2-40～图 2-41）。

在"中英式"之前还出现了一种浪漫派园林，英国风景式园林接下来虽耗费大量人力和

图 2-38　英国凯德尔斯顿庄园

图 2-39　英国查兹沃斯宅邸

图 2-40　英国布伦海姆风景园中的水与桥

图 2-41　英国斯托海德园的树木、小桥分隔出了景观层次

财力，但效果与自然风景无差别，源于自然而未能高于自然，人们开始产生反感，因此，造园家列普顿重新合用台地、绿篱、人工水，植物剪形等，注意树形与建筑外形的相互依赖衬托以及虚实、色彩、明暗对比等的关系，甚至在园内特意设置龙碑、废墟、桥、枯树等渲染浪漫气氛。

英国自然风景式园林的主要特征如下。

① 相地选址　大多是皇家贵族规则式园林改造而成的，注重对场地周边自然风貌和风光的发掘，力求使自然在园林中更富有人情味。英国领土景观是自然起伏的丘陵，一望无际

的牧场，园林中的要素与领土景观融为一体。自然风景扩大园林的视野，园林又是人性化自然的体现。

② 园林布局　造园中尽可能避免与自然冲突，弯曲的园路，自然式的植物群落，蜿蜒的河流，彻底消除了园林内外的界限。自然起伏的地形分割空间、引导视线，全园没有明显的中轴线，建筑仅仅是园林中的点缀。

③ 造园要素　"哈哈"墙是英国自然风景式园林最具有代表性的要素之一，是指隐垣或界沟，以环绕园林的宽壕深沟代替高大的围墙。"哈哈"墙一方面界定边界，防止牲畜进入园中；另一方面使园林与周围广袤的自然景观融为一体。

英国自然风景式园林的植物要素中，最重要的就是疏林草地，除通向建筑的林荫道外，植物种植多采用孤植、丛植、片植等方式，并结合自然植物的群落特征。另外，多雨的气候和灰暗的天空，使得彩叶树和花卉植物成为不可或缺的要素。在英国自然风景式园林中少有动水，以自然形态的水池构成静水效果。还有蜿蜒的溪流和湖泊在地势低凹处蓄积，护岸有绿草如茵，也有林木森森。自然风景式园林并没有完全摒弃规则式水景的应用，在建筑周围也有几何形水池或喷泉。英国自然风景式园林中的点缀性建筑表达了浪漫的异国情调和古典情怀，包括希腊罗马的古代庙宇，中国的亭台楼阁，及其他纪念性的小建筑等。还有拱桥、亭桥起到交通和点景作用的廊桥、石碑、石栏杆、园门、壁龛等建筑小品。

2.4.4　伊斯兰园林

建造在西班牙的伊斯兰园林阿尔罕伯拉宫由许多院落组合而成，位于地势险峻的山上，建筑物除居住用房外，大部分为开敞式的，室内与室外，庭院与庭院之间都能彼此通透，通过重重的游廊，门廊和马蹄形券廊甚至可以看到苑外的群峰，再加上穿插萦流的水渠和水池使得整座宫苑充满了"绿洲"的情调，宫内园林以庭院为主，采取了罗马宅园的四合庭院形式，其中石榴院和狮子院最为著名。

石榴院的中庭纵贯一个长方形水池，两旁是修剪得很整齐的石榴树篱，水池中摇曳着马蹄形券廊的倒影，显示出一派安逸亲切的气氛，方正宁静的水面和暗绿色的树篱对比显得精致繁密，色彩明亮的建筑雕饰，又给予人一种生机活泼的感受（图2-42）。

狮子院四周均为马蹄形券廊，纵横两条水渠贯穿庭院，水渠的交汇处是园中央的一个喷泉，它的基座上雕刻着十二只大理石狮像（图2-43）。

图 2-42　阿尔罕伯拉宫——桃金娘院

图 2-43　阿尔罕伯拉宫——狮子院

2.5 现代园林景观的发展趋势

2.5.1 艺术思潮对园林景观的影响

欧洲从 20 世纪起，就开始出现了抽象画派，较突出的有德国的表现派（experisionism）和法国的立体派（cubism）其艺术本质表现为主观幻想的探索性。受立体派的影响，风景建筑师把这种新的艺术形式结合在风景中，其中较著名的是巴西的画家、风景建筑师伯尔·马尔克斯（R. Burle Marks），他的风景形式摒弃了焦点、透视法等规则，他关心的是采用不同材料构成的自由曲线的应用，并相互结合为不规则的构图，创造出轻松、愉快、富有流线感的形式。第二次世界大战后，抽象的风景构图在美国发展很快，其直接影响就来自马尔克斯，此外日本园林强调的静观自悟、枯山水的形式对美国抽象风景形式的发展也有较大的启发。

随着社会的发展，新的哲学和艺术思想的产生，20 世纪 70 年代美国建筑领域兴起了后现代主义的思潮，后现代派作为现代派的对立面而出现，它反对现代派的纯净、清晰和秩序，它主张从各方面引用，从历史中搜索、提取，有时甚至是随意地包涵各种元素，它注重周围环境的历史文脉，使用的方法是综合而不是排斥。就风格来说，它一方面追求形式，但又没有确定的形式原则，它取消了艺术的规律性和逻辑性，显得风格自由。它不再具有几何规则形式，也不依赖于平衡、比例、对称、韵律等艺术原则，后现代派认为风景艺术的主题是寻找与自然界的联系，空间组织朝向外界，而不是孤立的内部空间。风景建筑师接受了其中的思想应用于风景设计中，产生了后现代派的风景园林作品，这些作品的特点在空间上表现出流动性、复合性以及空间的暧昧，在造型上具有模糊、含混、象征的感觉，同时也借用历史中的形式和风格融会在现代风景中。

2.5.2 生态技术与园林景观设计的结合

美国现代风景建筑学的实践反映出风景建筑学已摆脱了个别园的概念扩大到城市绿化系统，进入生态环境造园阶段，这种环境设计的指导思想是 19 世纪早期兴起的生态学（Ecology），生态学一般被认为是研究有机体和包括其他有机体的环境之间相互作用的科学。它所研究的自然和生物过程具有发展和相互作用的特点，生态学的观点把场所、植物、动物都看作是自然和生物演变的结果，而认识演变过程是有效开发的必要条件。近代生态学研究正深入到各个领域，其意义在于生态学的观点，使我们把自然当作一个过程来理解，把自然过程当作资源来理解，而许多领域的研究都是围绕如何有效地使用资源这一问题展开的，生态学为这些领域的研究提供了一种总的思想原则。以生态学为基础设计和规划的思想在 20 世纪 60 年代显示出了新的生命力，其领导人物是美国宾夕法尼亚大学风景建筑系的教授麦克哈格（Ian MacHarg），他认为生态学为风景建筑学奠定了不可缺少的基础，生态学建立了自然科学与规划、设计专业间的桥梁。麦克哈格 1969 年出版的《结合自然的设计》（Design with Nature）奠定了环境设计的理论。他的基本观点建立在生态学基础之上，认为风景由生态决定，因而一切风景园林活动都应从认识风景的各种变化和生态学因素出发，并且把自然环境与人作为一个整体来研究。他在《风景建筑学的生态方法》一文中强调"场所是原因"（The place is because），在这个"场所"上活动之前首先应去理解场地的"原因"，即通过研究自然和生物学的演变揭示场地的自然特性。如在城市区域风景规划中他认为用生态学的方法，我们不仅要知道城市的位置（Site），而且要理解城市的自然形式和特性，把城市区域看成是具有多维因素的场地（place），而不是仅具两维空间坐标的位置，麦克哈格将生态学的方法用于城市生态系统的研究，他分析了城市和区域的土地使用、区域小气候控制、水域特性、森林保护等一系列有关土地的自然状况，他把许多因素如易侵蚀的土地区域、受污染的水域、不稳定的基岩区、动物的活动区域、植物群的分布、突出的风景特色等分别表示在一系列图纸上，经过相互叠加，逐渐淘汰的过程中找出最佳的开发区域。

新的生态设计方法所获得的形式，麦克哈格称之为"创造的形式"（Made form），它是与"原有形式"（Given form）相区别而存在的，他认为"原有形式"反映风景特性及自然过程，是自然演变的结果，而"创造的形式"是在"原有形式"基础之上施加的人为作用，是人创造、设计的结果。麦克哈格认为生态提供了一种自然过程的语言，生态过程本身创造了形式，过程与形式是一种现象的两个方面，生态的方法使我们能从更清晰的角度，从自然的演变过程来理解形式，这里他强调自然演变过程在形式创造中的作用。

麦克哈格作为第一代生态学规划设计的风景建筑师，他的贡献在于他把自然综合的研究与风景结合，发展了一种科学的生态规划设计方法。他解放了风景建筑学，把奥姆斯台德创建的城市自然风景公园的概念扩大到了更广阔、更科学化的领域，使之成为更加广泛的自然资源保护和土地使用规划的设计方法。

2.5.3　环境心理学与行为学在园林景观设计中的应用

环境心理学是关于人与自然环境之间相互关系的科学，它通过环境政策、规划和设计来改善生活环境质量。行为科学研究环境对行为的影响，人生活在各种环境中，总要对这些环境做出不同的反映，人的行为模式的研究在环境创造中，具有直接的意义和价值。

图 2-44　1954 年马斯洛提出的需求层次理论

（1）环境、行为和心理

① 人、环境、行为　关于环境是如何又是在何种程度上影响人及人的行为这个问题上存在两种观点。第一种观点认为这是由物质环境决定的，即物质环境决定人类思想。持有这种思想的就是"物质环境决定论"，例如霍华德（Ebenezer Howard）的田园城市，勒·柯布西耶（Le Corbusier）的城市理论及佩里（Clarence Perry）的邻里单元理论都是这种观念的产物。第二种观点是环境心理学的观点：人与环境处在相互作用的生态系统之中，即人适应环境以满足自己的需要，如果无法满足就会着手改变环境并根据环境所反馈的信息来调整自己的行为，从而最大限度地达到自己的目的（图 2-44）。本书支持第二种观点。

②人的行为、心理及与环境的关系　这一领域主要研究人类所共有的、体现环境与行为相互作用的现象，包括环境知觉、环境认知以及空间行为三类。

（2）多层次的心理需求

住宅景观设计的最终目的是为居住者提供一个良好的环境，使人能更好地实现他们的各种个人与社会活动。因此适应与满足人的需求是住宅景观设计的基本要求（图2-44）。

从人的需求角度来看环境可视其满足人的需求的程度分为三个层次。

① 生活必需的环境　人类生活的基本要求是一个可以满足人们日常生活使用功能要求的物质环境并以此作为基础享受更高的生活质量。在住宅环境中，住宅是人们的生活核心，而且人们的日常生活所要求的方方面面都要维系在住宅环境内部和邻近地区，这样一来就对住宅的实质环境——生活必需功能的配置提出了要求。因此良好的市政基础设施以及超市、医院、幼儿园、学校、停车场地、垃圾回收站等配套公共服务设施就成为了居住生活中必备的环境硬件，成为创造良好住宅环境的物质基础。

② 生活舒适的环境　随着人类生活质量的不断提高，人们的生活环境观念也从以往"住得宽敞"向"住得舒适"转变。而这之中所指的"住得舒适"已不仅仅局限于住宅配套公共服务设施的齐全；就住宅环境本身而言，还需要提供更多可以令人产生愉悦感的高质量综合感官信息（包括视觉、听觉和嗅觉在内的综合感受）即温暖的阳光，和煦的微风，赏心悦目的花卉、草坪，遮阴的大树，安静的步行小径，宜人的游戏休息场地以及活动广场等，从而构成令人流连忘返的，优美和谐的住宅外部环境（图2-45和图2-46）。

图 2-45　住宅中心绿地凉亭　　　　　图 2-46　住宅中心绿地泳池

③ 有生活品位的环境　现代人在满足于生活的必需环境和生活的舒适环境之余更喜欢追求有生活品位和归属意愿的家园。这是在物质环境基础上引发出的精神文化需求。这个层次的环境是将分散的物质元素升华为信息连贯的艺术整体引发的一种意境，以符合一定的文化内涵和特定精神的需求。它不仅令人产生愉悦感、舒适感，还将通过人的联想产生特定的情感体验——留念、性情、品赏、眷恋、陶冶人的情操。这一层次的住宅环境往往具有独特的场所特征，如山川、河、湖、海景、松涛等自然特色或特定的人文色彩，人们居于其间，可尽享生活之乐趣（图2-47、图2-48）。

除此之外，在充分考虑一般人的需求以外，还要考虑一些特定人群的需求，如儿童、青少年、老年人和残疾人或经济地位、生活方式不同的使用者对环境所具有的特殊需求。在现实环境中，时代文化的变迁以及生活方式的改变决定了各环境层次的需求不能孤立存在，它们常常是共存交织的，在整体发展进程中具有渐进性。

图 2-47 小桥与植被

图 2-48 清新的水景

3 传统聚落乡村园林的弘扬与发展

3.1 传统村镇聚落乡村园林景观浅议

城镇是介于城市与乡村之间的一种中间状态，是城乡的过渡体，是城市的缓冲带。城镇既是城市体系的最基本单元，同城市有着很大的关联，同时又是周围乡村地域的中心，比城市保留更多的"乡村性"。

工业社会随着城市化进程的加剧，尤其是不合理地改造自然和开发利用自然资源，造成了全球性的环境污染和生态破坏，对人类生存和发展构成了现实威胁。人类生活开始领受大自然的惩罚，各种人居环境的不适与灾难逐步降临。回归自然，与自然和谐相处成为现代人们的理想追求，传统村镇聚落乡村园林景观的弘扬和发展便成为人们关注的热点，村镇聚落的自然园林景观深受人们的青睐。

在中国传统优秀建筑文化风水学的熏陶下，"天人合一"的宇宙观造就了立足自然、因地制宜、独具特色的乡村园林，为独树一帜的中国古典园林的形成奠定了理论基础。借鉴乡村园林的成功经验，运用现代生态学的理念，依托乡村的优美自然环境和人文景观，集山、水、田、宅于一体，开发创意性生态农业文化，把乡村的一草一木、山水树石都进行文化性的创作，使其实现乡村的产业景观化，景观产业化，创建农业公园，开发各富特色的休闲度假观光产业，吸引广大的城市居民和游客，提高农民的自身价值，是城乡统筹发展、推进城镇化、带动城镇蓬勃发展的一条有效途径。

3.1.1 传统村镇聚落乡村园林景观的发展背景

（1）传统村镇聚落乡村园林景观发展的历史形态

村镇聚落不同于城市，它的形成往往要经历一段比较漫长的、自发演变的过程，这个过程既无明确的起点，也没有明确的终点，所以它一直是处于发展变化的过程之中。城市则不同，虽然它开始的阶段也带有某种自发性，但一经跨进"城市"这个范畴，便多少要受到某种形式的制约。如中国历代都城，它们都不可避免地要受到礼制和封建秩序的严重制约，从而在格局上必须遵循某种模式。而且城市通常以厚实的城墙作为限定手段，使城内外分明，这就意味着城市的发展有一个相对明确的终结。

村镇的发展过程则带有明显的自发性，除少数天灾人祸所导致的村镇重建或易地而建，一般村落都是世代相传并延绵至今的，而且还要继续传承下去。当然也会有特殊的状况出现，即由于村镇发展到一定规模，受到土地或其他自然因素的限制，不得不寻觅另一块基地以扩建新的村落，这就使得原来的村落一分为二。这就表明，村镇的发展虽然没有明确的界限，但发展到一定阶段也会达到饱和的限度，超过了这个限度再发展下去就会导致很多不利的后果，最直接的就是将相同血缘关系的大家族分割开来。在一个大家族中，也会不可避免地发生各种各样的矛盾与冲突，这种矛盾一旦激化同样会导致家族的解体，即使是在封建社会受封建制度禁锢的大家族中。所以伴随着分家与再分家的活动，势必要不断地扩建新房，并使原来村落的规模不断扩大。基于以上的分析得出，传统村镇聚落的发展是带有很强的自发性的。如今的发展则不全然是盲目的，还要考虑到地形、占地、联系、生产等各种明显的利害关系，但对这些方面的考虑都是比较简单而直观的。加之住宅的形制已早有先例——内向的格局，所以人们主要考虑的还是住宅自身的完整性。至于住宅以外，包括住宅与住宅之间的空间关系都有很多灵活调节的余地。可是由于人们并不十分关注于户外空间，因而它的边界、形态多出于偶然而呈不规则的形式。此外，人们为了争取最大限度地利用宅基地，常常会使建筑物十分逼近，这样便形成了许多曲折、狭长、不规则的街巷和户外空间。加之村落的边界也参差不齐，并与自然地形相互穿插、渗透、交融，人们可以从任何地方进入村内，而没有明确的进口和出口。凡此种种，虽然在很大程度上出于偶然，但却可以形成极其丰富多样的景观变化。这种变化由于自然而不拘一格，有时甚至会胜过于人工的刻意追求。另外，这种情况也启迪我们：对于村镇景观的研究，其着眼点不应当放在人们的主观意图上，而应重在对于客观现状的分析（图3-1～图3-7）。

图 3-1　浙江庆元县交通闭塞的大济古村落

图 3-2　绍兴市越城区的尚德当铺侧面（清末）

（2）传统村镇聚落乡村园林景观发展的现状

当今社会，经济结构的深刻变化给传统村落的发展施加了很大压力。农村产业结构的变化带来了劳动力的解放，大量农村人口奔向城市，使许多用房闲置无用，任其败落，老建筑因年久失修，频频倒塌，原来对村落起重要作用的村落景观也无人问津。农村产业结构的变化带来了农村经济的发展，但是在产量迅速提高及生产合理化的同时，消耗了越来越多的自然资源。为城市服务的垃圾站、污水厂、电站等也破坏了乡村的生态环境和景观特色，降低了乡村的生活质量。

这种现象在农村已相当普遍。由于更新方式不当，许多地区从前那种令人神往的田园景观、朴实和谐的居住氛围一去不复返了。传统聚居场所逐渐被由水泥和砖坯粗制滥造的新民房所侵占。这不仅是当地居民生存质量的危机，也是乡土文化濒于消亡的危机。所以人们渴

图 3-3 新泉桥头村总体布局

图 3-4 新泉桥头村村口透视图

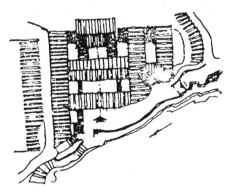

图 3-5 新泉桥头村水边住宅平面示意

图 3-6 新泉桥头村水岸效果

图 3-7　新泉桥村水边住宅效果

望回归自然，传统村镇聚落的自然园林景观越来越成为人们的理想追求（图 3-8）。

3.1.2 传统村镇聚落乡村园林景观的布局特点

由于不同地区、不同地形、不同性质和不同规模的村镇都有其不同的形式特点，所以要加以区别地来论述它们的布局形式和景观特点。

（1）公共性

这种根植于村镇聚落的园林景观，没有封闭的小桥流水格局，也没有堆筑的假山。大多数呈

图 3-8　安徽南屏古民居

现为开放、外向、依借自然的园林形式，如水乡即呈现为水景园林形式。便于居民游憩、交往，又能与周围自然环境相呼应，为村镇聚落平添了诗情画意。与通常的传统古典园林相比，公共性是我国传统村镇聚落园林景观最为突出的特点之一（图 3-9 和图 3-10）。

图 3-9　竹贯村朴素淡雅的民居

图 3-10　建筑前的公共广场

（2）地域性

由于社会经济、历史文化、自然地理条件和民情风俗所形成审美观念的差异使得我国传统村镇聚落的园林景观表现出极为鲜明的地方特色。我国的园林创作自古以"师法自然"为基础，在模仿中进行创作，讲究"虽为人作，宛如天开。"广阔美丽、各式各样的自然环境

为传统村镇聚落的园林景观创作提供了良好的天然条件。同时，地域性还表现在其就地取材和建筑造型及色彩的运用上，力求协调和谐，以展现其优美的田园风光和浓郁的乡土气息（图 3-11）。

图 3-11 浙江青田乡阜山乡历史地图

（3）文化性

耕读文化在中国传统文化中具有普遍的道德价值趋向，是古代知识分子陶冶情操、追求独立意识的精神寄托，营造育人的环境，以明确的中国哲学理想信念为目标，以"伦理"、"礼乐"文化为核心，建立人生理想、人生价值、道德规范和礼乐文化活动的精神文化环境体系。许多空间节点成为人们社交、教育及娱乐的活动中心。这种园林景观的建设，使其成为平民百姓子弟通往成功、地位、财富的大道。很多传统都将公共园林作为整个聚落的有机组成部分。充分体现了在以"耕读"为本的传统小农经济体制下，人们对"文运昌盛"的追求（图 3-12 和图 3-13）。

图 3-12 南浔张石铭旧居

图 3-13 绍兴咸亨酒店

（4）实用性

传统的村镇聚落营造园林景观的目的，不仅是为了满足审美的需要，同时还具有较强的功能性和实用性。轻巧、灵活、古朴、粗犷的园林景观没有任何的矫揉造作，就地取材甚至不加修饰。在园林景观的营造上与人们生活、生产等使用功能相关联。如水体直接与农耕生产结合，穿村而过的溪流更是人们日常洗刷的重要场所（图3-14和图3-15）。

图3-14　堂樾古牌坊周边的稻田　　　　　　　图3-15　丽江古城的水系

（5）整体性

传统村镇聚落的园林景观还有一个突出的特点，即整体性。村镇聚落的环境创造尊奉传统的"整体思想"和"和合观念"。表现出整个聚落与自然山水紧密联系"天人合一"的传统环境理念；在园林景观的营造中，表现在园林景观营造的人与自然和谐共生，想方设法在有限空间中再现自然，令人感到小中见大的空间艺术造型效果。同时也表现在园林景观的选址与整个聚落的相协调上。园林景观是村镇聚落的有机组成部分，两者相互融合、相得益彰。使得村镇聚落从选址到建设，均特别注重与周边自然环境的结合，展示了人们对未来良好生活的期待。园林景观的选址也都纳入聚落的统一规划之中，与整个聚落融为一体，各种类型的景观环环相扣，路随溪转，溪绕村流，柳暗花明，形成了很多令人叹为观止的村镇聚落建设与园林景观理水、造景于一体的典型范例（图3-16和图3-17）。

图3-16　乌镇　　　　　　　　　　　　　图3-17　宏村

（6）永恒性

崇尚自然，以自然精神为聚落环境创造的永恒主题，以自然山水之美诱发人的意境审美和愉悦生活；以自然的象征性寓意表达人的理想、情趣；以自然的品质陶冶情操、培养德智，构建充满自然审美与自然精神的环境文明，在形式上讲究整体性和秩序性，讲究"因地制宜、师法自然、天人合一",追求真正与自然环境和谐统一,创造可持续发展的宜人环境(图 3-18 和图 3-19)。

图 3-18 环境优美的浙江丽水古村落

图 3-19 南浔小莲庄

(7)参与性

在中国传统的自然观、哲学观念的影响下,广大群众发挥智慧,创造和参与共建活动,建设充满情趣的家园。在视觉形象上,借助传统的环境观、风水观和艺术观,造就了理想的模式,其形态、色彩及细节的装饰都衬出当地的建筑特色、民俗特色和文化传承特色,凝聚了广大劳动人民的智慧和创造力。

隐喻自然形态的乡村园林景观也不少见。最出名的例子应该是安徽黟县的宏村。宏村是个"牛"形结构的古村落,全村以高昂挺拔的雷岗山为牛头,苍郁青翠的村口古树为牛角,以村内鳞次栉比、整齐有序的屋舍为牛身,以泉眼扩建形如半月的月塘为牛胃,以碧波荡漾的南湖为牛肚,以穿堂绕户、九曲十弯、终年清澈见底的人工水圳为牛肠,加上村边四座木桥组成的牛腿,远远望去一头惟妙惟肖的卧牛在青山环绕、碧水涟漪的山谷之间跃然而生,整个村落在群山的映衬之下展示出勃勃生机,真不愧是牛形图腾的"世界第一村",理所当然要列入《世界文化遗产名录》。宏村祖辈们"阅遍山川,详审网络"尊重自然环境的文化修养,以牛的精神、以牛形结构来规划村落布局,展现村落的精神追求(图 3-20~图 3-22)。

图 3-20 具有典型徽派建筑特色的宏村建筑群

人称八卦村的浙江兰溪诸葛村是一个以九宫八卦阵图式规划建设的村庄。从高处看,村落位于八座小山的环抱中,小山似连非连,形成了八卦方位的外八卦;村落房屋成放射状分布,向外延伸的八条巷道,将全村分为八块,从而形成了内八卦;圆形钟池位于村落中心,一半水体为阴,一半旱地为阳,恰似太极阴阳鱼图形。整个村落的乡村园林布局曲折变换,奥妙无穷(图 3-23~图 3-26)。

3.1.3 传统村镇聚落乡村园林景观的空间节点

为了更清楚地说明传统村镇聚落的景观空间形态,下面对其中的空间节点要素加以具体

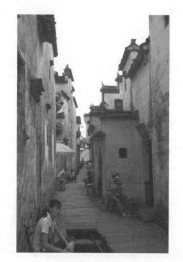

图 3-21 宏村街巷中人们的生活气息

图 3-22 宏村街巷的建筑空间

图 3-23 诸葛村内部的八卦阵

图 3-24 诸葛村里的弄堂

图 3-25 诸葛村里的钟池

图 3-26 诸葛村的建筑之一

的分析。

（1）水口

水口是一种独特的文化形式。水口从字面意义上看是"水流的出、入口"，其实在传统村镇聚落中，它是一个入村的门户，是一个地界划定的标志。水口在传统观念中是水来处为天门，常是自山涧来，而出水口常在较为平坦处，即为村落的入口，因此也将水口喻为"气口"，如人之口鼻通道，命运攸关。故古人对水口极为重视，既需险要，又需关气，以壮观瞻，一般水口处常有大桥、林木、牌坊等。

水口有着与众不同的成因，它的艺术特色、环境布局、空间组织、建造管理都与中国古代各种传统流派的园林有较大的差别。水口地处村头，依山傍水，其地形地势绝大多数为真山真水，少有雕琢，所谓"天成为上"，这正是人与聚落、自然与山林有机结合的最佳位置，空间开放。在传统的村镇聚落中，村口虽多为私人出资，但却无墙无篱笆，视线开阔，空间通透，内涵丰富。水口的选址布局遵循风水理念，更有儒家思想、传统形制。水口之一放，成为公众游憩休闲的场所，也是乡人迎亲送客的必经之地（图3-27和图3-28）。

图 3-27 福建省龙岩市万安镇竹贯村的水口

图 3-28 徽州唐模村水口亭

（2）桥

依山面水是中国传统村镇聚落选址的重要依据，即便是在平坦的水网地里，虽无山可依，但亲水、临水是必然的选择。因此无论在山区或平原，桥是沟通聚落与外界联系不可缺少的重要途径，它的结构简单实用，造型轻巧灵活。因此，除了主要起交通组织的作用外，还在村镇聚落的景观中起着重要的作用，桥连同它的周围环境，通常也富含诗情画意，因而成为村镇聚落的重要空间节点（图3-29～图3-34）。

图 3-29 竹贯村水口的拱桥

图 3-30 竹贯村溪流上的拱桥

（3）桥亭

有桥的地方，往往在桥中间设桥亭。除了作为过往行人避雨、乘凉和休闲交往的场所

图 3-31　山东莱芜某山村排洪沟的桥

图 3-32　洋畲村口水池上的景观桥

图 3-33　书洋镇塔下村的桥

图 3-34　书洋镇塔下村自然石汀步桥

图 3-35　竹贯村风雨桥亭

外，造型也都极为优美，往往与周围的自然环境构成如诗如画的景观，也是村镇聚落的重要标志性建筑之一（图 3-35）。

（4）街

在村镇聚落中，街也是人们交往最为活跃的场所，在山乡，平行于等高线的主要街道多呈弯曲的带状，空间极富变化，步移景换，十分动人。而垂直于等高线的主要街道，由于明显的高差变化，使得街道空间时起时伏，沿街两侧建筑则呈跌落形式，使得街景立面外轮廓线参差错落而颇富韵律感，俯仰交替，变化万千，其整体景观的魅力即在于建筑物重重叠叠所形成丰富的层次变化，给人留下逶迤，舒展的景观效果。

水街忌直求曲的布局，宜幽深，给人以"曲径通幽"和"不尽之意"的感受。水街临水，设置停靠舟船的码头和供人们洗衣、浣纱、汲水之用的石阶，这些设施都有助于获得虚实、凹凸的对比和变化，从而赋予水街空间以生活的情趣（图 3-36 和图 3-37）。

图 3-36　屯溪老街

图 3-37　西递深巷

（5）井台

在广大村镇，井台往往是组成村镇的一个重要因素。井除了可以提供用水外，还可以提供其他生活用水，如洗衣、淘米、洗菜等，是妇女们交流的公共活动场所，不仅成为联系各家各户的纽带，也是最富有生活情趣的场所之一（图 3-38）。

图 3-38　山东莱芜某山村古井

（6）广场

广场在村镇聚落中主要是用来进行公共交往活动的场所，凡是临河的村镇聚落，一般都使广场尽可能地靠近河边。一些传统的村镇聚落出于对某种树木的崇拜，常常选址在有所崇拜树木的地方，并在其周围建设公共活动的场地，从而以广场和树作为聚落的标志和中心。有的位于聚落的中心，有的位于旁边，布局灵活多样。依附于寺庙、宗祠的广场主要是用来满足宗教祭祀及其他庆典活动的需要，它多少带有一些纪念性广场的性质。这种广场并非完全出于自发而形成，而是在建造寺庙或宗祠时就有所考虑，并借助于各种手段来界定广场的空间范围。寺庙在平时作用并不明显，但是每逢庙会便热闹非凡（图 3-39 和图 3-40）。

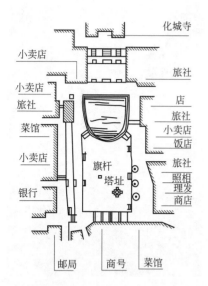

图 3-39　皖南青阳县九华山寺院化城寺寺前广场

图 3-40　西递村广场及牌坊

（7）池塘

在村镇聚落中，如果能够见到一方池塘，会使人感到心旷神怡，因此在许多传统村镇聚落中，都力求借助于地形的起伏，灌水于低洼处形成池塘，有的甚至把宗祠、寺庙、书院等少有的公共建筑列于其四周，从而形成聚落的中心。由于水面本身具有的特性，即使把建筑物比较零乱地环绕在水面的周围，也往往可以借助池塘本身的内聚性形成某种潜在的中心感（图 3-41～图 3-43）。

图 3-41　宏村清澈的月塘

（8）溪流

溪流以静和动的对比，构成了其独特的诗情和画意，"流水之声可以养耳"，充满了动的活力和灵气。临溪而居，确实可以利用溪流的有利条件，获得极为优美的自然环境，人们不但可以充分利用溪水来方便生活，而且还可以使生活更加接近自然，从而获得浓郁的山石林泉等的自然情趣（图 3-44 和图 3-45）。

图 3-42　渔梁坝村依水而建

图 3-43　渔梁坝村的古坝

图 3-44　竹贯村的溪流

图 3-45　南靖县电影"云水谣"外景地如画的溪流

3.1.4　传统村镇聚落乡村园林景观的意境营造

传统村镇聚落园林景观的意境主要体现在其立足自然、因地制宜，营造耐人寻味、优雅独特、丰富多姿的山水自然环境，传统村镇聚落所处的自然环境在很大程度上决定了整个村镇聚落的整体景观，特别是地处山区的村镇或者依山傍水的村镇，自然环境对于村镇景观的影响尤甚。一些村镇虽然本身的景观变化并不丰富，但是作为背景的山势，或因起伏变化而具有优美的轮廓线，或因远近分明而具有丰富的层次感，从而在整体景观上获得良好的效果。作为背景的山，通常扮演着中景或远景的角色。作为远景的山十分朦胧、淡薄，介于村镇与远山之间的中景层次则虚实参半，起着过渡和丰富层次变化的作用，不仅轮廓线的变化会影响到整体景观效果，而且山势起伏峥嵘以及光影变化，也都在某种程度上会对村镇聚落的整体景观产生积极的影响，中景层次有建筑物出现，其层次的变化将更为丰富。这种富有层次的景观变化，实际上是人工建筑与自然环境的叠合。还有一些村镇聚落，尽管在建造过程中带有很大的自发性，但是有时也会或多或少地掺入一些人为的意图，如借助某些体量高大的公共建筑或塔一类的高耸建筑物，以形成所谓的制高点，它们或处于村镇聚落之中以强调近景的外轮廓线变化，或点缀于远山之巅以形成既优美又比较含蓄的天际线。这样的村镇聚落如果背山面水，还可以在水下形成一个十分有趣的倒影，而于倒影之中也同样呈现出丰富的层次和富有特色的外轮廓线。坐落于山区的村镇聚落，特别是处于四面环山的，其自然景色随时令、气象，以及晨光、暮色的变化可以获得各不相同的诗情画意的意境美（图 3-46 和图 3-47）。

图 3-46　典型的村镇聚落乡村园林景观

图 3-47　古村落中的植物景观

浙江秀丽的楠溪江风景区，江流清澈、山林优美、田园宁静。这里村寨处处，阡陌相连，特别是保存尚好的古老传统民居聚落，更具诱惑力。

"芙蓉"、"苍坡"两座古村位居雁荡山脉与括苍山脉之间永嘉县岩头镇南、北两侧。这里土地肥沃、气候宜人，风景秀丽，交通便捷，是历代经济、文化发达地区。两村历史悠久，始建于唐末，经宋、元、明、清历代经营得以发展。经世代创造、建设，使得古村落的整体环境、建筑模式、空间组合及风情民俗等，都体现了先民对顺应自然的追求和"伦理精神"。两村富有哲理和寓意的乡村园林景观、精致多彩的礼制建筑、质朴多姿的民居、古朴的传统文明、融于自然山水之中的清新，优美的乡土环境，独具风采，令人叹为观止。

"芙蓉"村的乡村园林景观是以"七星八斗"立意构思［图 3-48(a)］，结合自然地形规划布局而建。星——即是在道路交汇点处，构筑高出地面约 10cm、面积约 2.2m² 的方形平台。斗——即是散布于村落中心及聚落中的大小水池。它象征吉祥，寓意村中可容纳天上星宿，魁星立斗、人才辈出、光宗耀祖。全村布局以七颗"星"控制和联系东、西、南、北道路，构成完整的道路系统。其中以寨门入口处的一颗大"星"（4m×4m 的平台）作为控制东西走向主干道的起点［图 3-48(b)］，同时此"星"也作为出仕人回村时在此接见族人村民的宝地。村落中的宅院组团结合道路结构自然布置。全村又以"八斗"为中心分别布置公共活动中心和宅院，并将八个水池进行有机的组织，使其形成村内外紧密联系的流动水系，这不仅保证了生产、生活、防卫、防火、调节气候等用水，而且还创造了优美奇妙的水景，丰富了古村落的景观。经过精心规划建造"芙蓉"村，不仅布局严谨、功能分区明确、空间层次分明有序，而且"七星八斗"的象征和寓意更激发乡人的心理追求，创造了一个亲切而富有美好联想的古村落自然环境的独特的乡村园林景观。

芙蓉村本无芙蓉，而是在村落西南山上有三座高崖，三峰突隆，霞光映照，其色白透红，状如三朵含苞待放的芙蓉，人称芙蓉峰，村子因此而得名，并且村民又将村中最大的水

（a）芙蓉村规划图

1—村口门楼；2—大"星"平台；3—大"斗"中心水池；4—文化中心；5—商业集市；6—扩建新宅

（b）芙蓉村口门楼

（c）芙蓉池

图 3-48　芙蓉村

池称为芙蓉池［图 3-48(c)］，一道夕阳倩影，芙蓉峰倒映水中，芙蓉三冠芙蓉池，芙蓉村的乡村园林景观便因此诗意的场景令人叹服。

　　"苍坡"村的乡村园林景观布局以"文房四宝"立意构思进行建设［图 3-49(a)］。在村落的前面开池蓄水以象征"砚"；池边摆设长石象征"墨"；设平行水池的主街象征"笔"（称笔街）；借形似笔架的远山（称笔架山），象征"笔架"；有意欠纸，意在万物不宜过于周全，这一构思寓意村内"文房四宝"皆有，人文荟萃，人才辈出。据此立意精心进行布置的"苍坡"村的乡村园林形成了笔街商业交往空间，并与村落的民居组群相连；以砚池为公共活动中心，巧借自然远山景色融于人工造景之中，构成了极富自然的乡村园林景观。这种富含寓意的乡村园林，给乡人居住、生活的环境赋予了文化的内涵，创造了蕴含想象力和激发力的乡土气息，陶冶着人们的心灵［图 3-49(b)］。

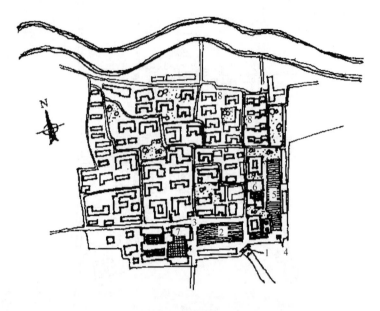

（a）苍坡村规划图

1—村口门楼；2—砚池；3—笔街；4—望兄亭；5—水月塘；6—文化中心；7—商业集市；8—扩建新宅

（b）苍坡村景象

图 3-49　苍坡村

3.1.5　传统村镇聚落乡村园林景观的保护

传统村镇聚落是人类聚居发展历史的反映，是一种文化遗产，是人类共同的财富，我们应该保护和利用好传统村镇聚落乡村园林景观。传统村镇聚落乡村园林景观保护的理论出发点、保护的理念和基本原则也应该立足于可持续发展、有机再生与传承发展、尊重历史、维护特色等方面。随着现代城市化的发展，大规模的村镇建设蓬勃发展，在经济发展的紧迫感面前，传统村镇聚落的景观风貌建设受到了很多新的挑战，要解决好历史文化遗产保护与现代经济发展，与人们生活、生存之间的矛盾，其关键是要保护好人居环境，遵循整体性保护的原则和积极性保护的原则，从多个层次、层面上对传统聚落人居环境进行保护，使其继续生存和发展，促进更好的保护。

（1）注重生态功能，保护自然景观

① 实施可行性评估　随着现代化城市的建设发展，城域面积不断向乡村蔓延，现代建

筑的林立，高速公路的开发，改变了自然地形地貌，破坏了乡土特征，使得很多优美的乡村园林景观遭到不同程度的破坏。城镇化建设是历史的必然，而如何控制这种开发建设对传统村镇景观的影响是我们要思考的问题，如何适当地解决这种矛盾需要我们在提高保护意识的基础上进行以自然地形地貌为基础的园林景观方面的研究，即可行性评估。例如，在以自然村落、农田组成景观的地区，城市道路能否不经过这里？作为背景的乡村防风防护带能否不开发？以建筑群形成的天际线是否可以

图 3-50　竹贯村保护完好的防风林

不被切断？特别是对于较成熟的乡村景观的处理，不仅要考虑视觉方面，还应该从当地的居民群众生活和精神等有关方面进行研究（图 3-50）。

②土地的综合利用　针对不同土地的不同土质，对其进行分类利用。土质较好，渗透性强的土地，属适合于耕种庄稼的利用类型；石块较多，土层较薄的土地，则适合于放牧的利用类型；河流周边地区的林地和野生动物栖息地的土地，可划归为适合于保护和游憩的利用类型。

根据土地的不同利用方式，规划其功能。哪些适合于耕作，哪些适合放牧，哪些适合种植树木和农作物，哪些适合用作园艺，哪些适合于自然保护区等。还可以根据游憩的价值进行安排，例如滑雪、狩猎、水上运动、野餐、徒步旅行、风景观赏等。再者，根据土地的历史文化价值，含水层可补充地下水的价值，蓄洪的价值等，做出价值分析图，进行累计叠加，得出最适宜的土地利用规划图，制订相应的园林景观规划。

同时考虑乡村区域与城市的位置关系。如果位于城市附近，即使土地拥有很高的生产能力，资金的投入也应该花在保护和建设乡村游憩空间上。因为具有较高农业价值的土地通常有较高的观赏价值、娱乐价值，不适合野生生物生存和作为建设用地。

要重视发挥土地利用的综合价值。古老的乡村和经过规划的现代村镇之间有着明显的差异。古老的乡村以各种各样的树篱、古老的树木、田埂岸路为特征。倾向于小村庄和城镇的发展模式。英国的乡村规划是在 18 世纪和 19 世纪《圈地法案》制定之后，开始慢慢发展起来。它是把经过规划的乡村用作生产区，而把古老的乡村用作保护区和娱乐区。处于两者之间的土地可以用作一种战略性的土地储备。

（2）延续乡土历史，传承园林文化

①传统产业和传统技术　创造乡村园林景观的初衷源于当地人们自身对景观的正确理解和积极的保护。因此，控制景观的破坏绝不是不可能的，换言之，乡村园林景观的变化不能任其发展，应该弄清形成乡村园林景观的种种机制，将它纳入到人们的现实生活中来。受到这种新价值观的启发，将乡村园林景观作为可进行创作的蓝本，可经营管理的产品而加以保护。

②乡村文化　传统的乡村文化、悠久的民俗民风，在现代文化的冲击下已凸现出慢慢流失的趋势，很难得到现代人们的喜爱和重视。如何保护弘扬我们优秀的传统文化，如何将现代园林艺术与传统乡村园林艺术完美地结合起来，创造备受人们喜爱而又独具本土特色的

景观设计作品，是颇为值得深入研究的一个新课题。

挖掘乡村文化中的特色元素，进行提炼分析，找到精神的非物质性空间作为设计的切入点，再将它结合到现代园林规划设计中来，恢复其场所的人气，延续历史文脉，使之产生新的生命力，创造新的形象。这些元素可以是一种抽象符号的表达，也可以是一种情境的塑造。归根到底，它应该是对现代多元文化的一种全新的理解。在理解文化多元性的同时，强化传统文化的自尊、自强和自立，充分地保护地域文化，在继承中寻求创新的方法来延续文脉，挖掘内涵并予以创造性地再现。

（3）自然环境空间体系方面的保护

自然环境空间体系的保护一般是对山脉、林地、水系、地形地貌等的保护，强化保持其原生态，尊奉"天人合一"的观念，积极把握自然生态的内在机制，合理利用自然资源，努力营建绿色环境。

要保护自然的格局与活力，就应借岗、谷、脊、坎、坡、壁等地形条件，巧用地势、地貌特征，灵活布局组织自由开放闭合的环境空间。同时还应人工增强自然保护，封山育林、严禁污染等。

（4）人工物质空间体系方面的保护

在重视专家、聘请专家参与保护的基础上，应对重点节点空间结构整体保护、并采用不同的方式分级别保护所有古建筑以及居住单体生活空间和公共生活空间。重点节点空间是传统聚落的核心，对于传统聚落的整体保护有着重要的意义。从可持续发展的意义上考虑，重现和延续重点节点空间结构的内在场所精神与社会网络，比维护传统的物质环境更为重要。运用"修旧如旧"、"补旧如新"、"建新如旧"三种方式分级别保护所有古建筑。采用改善居住生活环境、明晰住房产权关系、营建新村、增加基础设施建设等措施，对居住单体生活空间和公共生活空间进行改善和保护，同时也对交通体系和水利设施系统和农业生产环境进行保护。

（5）精神、文化空间体系方面的保护

人文精神体现人的存在与价值的崇高理想和精神境界。在构建物质空间的同时应极为重视精神空间的塑造，以强烈的精神情感和文化品质修身育人。对精神、文化空间体系方面的保护应当从增强政府管理、制定法律法规、提高文化水平和人文素质着手，保护整个区域的传统文化氛围，传承传统文化、工艺和风俗，控制人口增长等，从而形成一个以自然山水景象、血缘情感、人文精神、乡土文化为主体，构建出质朴清新，充满自然生态和文化情感的精神空间。

（6）慎重对待旅游开发

选择适当的旅游开发模式，控制开发规模与旅客容量，把保护传统村落的原真性与自然性放在首位，最重要的是要让当地村民从旅游开发中得到实惠。从打造精品旅游品牌、提高当地居民参与规划保护和旅游者共同保护意识、策划具体的旅游规划保护等方面把保护和开发落到实处，相辅相成地达到对传统聚落保护的目的（图3-51和图3-52）。

3.1.6　传统村镇聚落乡村园林景观的发展趋势

（1）生态发展的总体目标和原则

传统村镇聚落乡村园林景观生态发展模式的总体目标是通过可控的人为处理使得生态要素之间能够相互协调，以达到一种动态平衡。"生态原理"是园林景观设计的基本理论原理，

图 3-51　竹贯村水口的观音堂　　　　　　　图 3-52　遗址城堡建起的博物馆

生态发展越来越受到人们的重视。所谓"生态发展模式"，便是以"调适"为手段，促使聚落景观发展重心向生态系统动态平衡点接近的发展模式。也就是说，传统聚落乡村园林景观的弘扬必须与社会、经济、文化、自然生态均衡发展的整体目标相一致。通过对自然生态环境的调谐，传统聚落乡村园林景观才能获得永恒发展的物质基础，并保持地区性特征；通过对社会环境的调谐，才能够满足居民现实生活的要求，并适应时代发展的潮流；通过对建成环境的调谐，人类辛勤劳动所创造的历史文化遗产才能得以继承，聚落文脉才能得以延续。

生态发展模式体现了一种可持续性，它可以充分发挥人类的能动作用，遵循生态建设原则，提高聚落景观系统的生态适应能力，使其进入良性运转状态。从而既顺应时代发展趋势，又解决文化传承问题。从某种意义上说，传承是对过去的适应，发展是对未来的适应。按照这样的方向和原则，通过各方面的努力，我们可以深信，生存质量和地方文化的危机将得以拯救。

（2）突出地方特色

结合地方条件，突出地方特色的村镇聚落建设思想仍然是传统村镇聚落乡村园林景观必须始终坚持的思想原则。传统村镇聚落，其聚落形态和建筑形式是由基地特定的自然力和自然规律所形成的必然结果，其呈现的人与自然的和谐图景应该是我们永远不能忘却的家园象征。人们结合地形、节约用地、考虑气候条件、节约能源、注重环境生态及景观塑造，运用当地材料，以最少的花费塑造极具居住质量的聚居场所。这种经验特色应该在村镇聚落更新发展和新聚落的规划中得以继承和弘扬。

传统村镇聚落中的建筑简洁朴素，它用有限的材料和技术条件创造了独具特色和丰富多样的建筑，不论是在建筑形式还是使用上都体现了深厚的价值。由功能要求及自然条件相互作用产生的村镇聚落，其空间结构和平面布局不仅极为简单朴素和易于识别，而且具有高度的建筑与空间品质。

传统村镇聚落建筑的简单性表现在很多方面，首先建筑材料单一，基本就是木材和砖；施工简单，工具没有类似现代化的机械；没有像现在有建筑师和工程师等专业人员，大多都是居民自己亲自参与或者在邻里亲朋及工匠的帮助下完成，这样形成的村镇聚落和民居建筑可以说是"没有建筑师的建筑"。现在，新技术、新材料和新知识为建筑提供了新的和更广泛的可能性，然而这并不意味着我们要放弃长期使用的传统的建筑材料和建造方式，人们经常认为它们已落伍不能适应新时代的需求，结果是全国各地，从城市到乡村，对建筑的态度就像配餐一样，各种建筑产品拼凑累积，这种病态的建筑给人带来的不是美感而是烦感。我们呼唤能有一种脱颖而出、与之截然不同的简约建筑；一种与"迁徙"飘浮及随意性抗衡而又植根于"本土"的简约型地方建筑。

强调自助及邻里互助的村镇聚落传统的复苏，使人们有兴趣参加或部分参加塑造家园的全过程。这就要求建筑应有一种明确、简约的体量和紧凑的形式，有利于建造，有利于扩展，有利于适应使用要求的变化，有利于村民亲自参与。这一简单的原则既针对单体建筑，也指整个村镇聚落的营造。发扬简约建筑思想并不意味着放弃应用新技术、新材料，而只是要在满足适用、经济、有助于体现地方特色的前提下才能具有深刻的意义。

古老的村镇聚落是以家庭和邻里组群而成为村落集体的，多是在与恶劣的自然条件及困苦的长期斗争中诞生和发展的，人人知道他们的命运受自然环境的喜怒无常的影响，灾难与危机随时可能降临。聚居共同生活，在各项职责上相互照应，这种氛围和形式影响着聚落的结构。例如在村落中都有作为集体所有的公田以及其他形式包括祠堂等的公共空间、场地、街道，紧密联系的建筑群也体现了一种聚集心态，这种居住建筑群有助于邻里间的交往及团体凝聚力和归属感的形成，而不单是为了节约用地。在当代欧洲的聚落规划中这种聚居的空间结构被很好地得以发扬。这其中，公共空间重新作为聚落结构的脊梁，起到集体中心的作用，在规划布局上也有意强调和提供邻里交往的可能性，并把广场、街巷、中心、边界等传统村落中构成聚落整体、强化聚居心态的空间结构加以活化，并通过具有时代精神的形体塑造，注入新的主题和动机。

村镇聚落是聚落的一种基本形式，体现邻里生活之间的交往和职能上的共同协作的一个重要前提就是聚居，聚落里的居民是交往生活的主体，因此由居民这一使用者参与规划是一个有利于邻里乃至整个村落发展的有效途径。而且在村落营造及聚落规划中，应该反映居民的愿望，获得他们的理解，接受他们的参与。

3.2 乡村园林景观的自然特性

在城镇如火如荼的建设形势下，保护和发展城镇乡村园林景观，运用生态学观点和可持续发展的理论，借鉴城市设计和园林设计的成功手法，建构既有对历史的延续，又有时代精神的城镇园林景观已经成为重要的历史使命。这就要求城镇园林景观建设中，应努力继承、发展和弘扬传统乡村园林景观的自然性。其中把握城镇的典型景观特征，是最重要的原则与基础之一。

3.2.1 内涵与表征

乡村园林景观反映了人类长时间定居所产生的生活方式，同时受到不同的国家，不同的民族，以及历史进程对其产生的影响。

乡村园林景观的多样性是重要的景观属性。在自然景观当中，景观的多样性和生态的多样性是紧密联系在一起的。在海拔高度变化丰富的地方，从水域到陆地，植物群落也会随之改变，形成与生长环境相适应的格局，生态的多样性决定了多样的景观。除此之外，乡村园林景观也带来了生活与生存的趣味性。鸟、鱼、虫类共同地在这里繁衍生息，体现着大自然的生生不息。

乡村园林的景观的多样性与文化的多元性都决定了它的自然属性。无论是从本质的人文

精神，还是从外在的自然景观，乡村园林景观体现的都是人类最淳朴，最传统的景观类型
（图 3-53～图 3-56）。

图 3-53　法国乡村园林景观

图 3-54　法国乡村教堂

图 3-55　中国传统乡村园林景观

图 3-56　乡村中的田园风光

3.2.2　地域性与自然性

　　乡村园林景观在长期的历史发展进程中，积淀下独具特色的历史文化资源与自然资源，这些风土人情、民俗文化、农业资源、自然资源、人文资源等都体现了乡村园林景观的地域性，它们是本土景观强有力的表达。每一处地域都有自己典型的特征，而乡村园林景观的特征尤为明显。在中国，东部的渔猎村庄、西部的游牧村庄、南部的热带风光和北部的冰雪景观，这些不同的地区都有着明显的生活方式差异和自然条件的差别。乡村园林景观独特的地域元素和所表现出的自然性是任何城市景观都无法比拟的。

　　乡村园林景观具有得天独厚的自然风景元素，很多乡村常常还保留着加速的城市化未沾染的土地，这里还保留着传统的劳作方式、古朴的农业器具和传统的地方工艺，还有古老的民俗风情，这些都是自然性与原始性最真切的展现，也是在现代化社会发展浪潮中难得的财富与资源。

　　乡村园林景观自然性的另一个突出表现，即是季节变迁的显著化与多样性。乡村园林景观通常以山林、田野和水系形成大面积的自然景观，这些景观的典型特征是随气候与季节的变化产生强有力的生命表象与丰富的景观表达。正是这些富有活力的景观赋予了乡村园林景

观独特的生命气息与无限魅力。

　　爨底下古村是位于北京门头沟区斋堂镇京西古驿道深山峡谷的一座小村，相传该村始祖于明朝永乐年间（1403—1424年）随山西向北京移民之举，由山西洪洞县迁移至此。为韩氏聚族而居的山村，因村址住居处于险隘谷下而取名爨底下村（图3-57）。

图 3-57　爨底下古村

　　爨底下古村是在中国内陆环境和小农经济、宗法社会、"伦礼"、"礼乐"文化等社会条件支撑下发展的。它展现出中国传统文化以土地为基础的人与自然和谐相生的环境特点，以家族血缘为主体的人与人的社会群体聚落特征和以"伦礼"、"礼乐"为信心的精神文化风尚。

　　爨底下古村科学地选址于京西古驿道上这一处山势起伏蜿蜒、群山环抱、环境优美独特的向阳坡上实为营造人与自然高度和谐的山村环境之典范（图3-58、图3-59）。

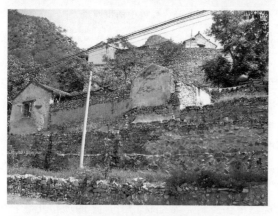

图 3-58　爨底下古村的台地

图 3-59　爨底下古村的广场

3.2.3　对城镇园林景观建设的重要意义

（1）延续场地的文脉

　　乡村园林景观产生于某一地区、某一历史时期，是人与自然和谐共存的结构，它展现的"自然演变"的过程，是最符合当地的一种景观形态。城镇园林景观的建设要创造的恰恰就是符合于当地的、符合于现代使用需求的景观形式，乡村园林为城镇园林的建设提供最好的因借与来源，对乡村园林的传承与延续是对场地文脉最好的延续，也是利用现有资源因地制宜的最佳手段。

法国风景园林设计师高哈汝在蒙特勒伊（Montreuil）镇的规划设计集中体现了对于场地文脉的延续。蒙特勒伊位于巴黎东部的一处南向坡地上，这里气候温和，非常适合栽培桃树，当地的居民将这里称作"美丽、欢乐的峡谷"。为了保护城镇的这些桃树不受风的影响，这里的园艺师和农民们建立了挡墙。墙体高约 2m，面向南，这样可以接受到更多的阳光照射。挡墙的石材取自城镇附近的采石场，墙体在白天吸收阳光的热量，夜晚再释放出热量，这样有利于桃树和其他果树的生长。在 1755 年，城镇的水果和蔬菜产量大大提高，多亏了这些挡墙所起到的作用。这样，蒙特勒伊周围的耕地上都建立起了挡墙，整个城镇就像一个包裹在石头中的城镇。到 1940 年，这个 500 多公顷的城镇中还遗留了大部分这样的墙体。到 20 世纪 50 年代，城镇迅速发展，亟待建设。高哈汝的设计以这些墙体的价值为依托，规划了一个线性的花园道路体系，将原有的挡墙形式体系纳入新的结构当中。沿着道路体系进入花园，仿佛进入了一个迷宫般的空间，周围是花园墙，神秘的植物和古老的石头墙围合着花园。2～3 个花园就可以形成城镇独立的建设地块。蒙特勒伊的规划设计延续了农业生产形成的景观肌理，形成了城镇的独特的景观特征。

在巴黎西郊的圣•日耳曼，高哈汝恢复了塞纳河畔一片传统的农业景观。圣•日耳曼大平台由法国古典主义园林之父勒•诺特尔在 1664—1673 年间设计建造，是一个 2.4km 长的观景平台，提供了广阔的景观画面。平台所在的蒙特森（Montesson）高地从 20 世纪 50 年代起经历了一系列的变化，荒地增加，建设杂乱，灌木丛的生长阻挡了大平台的视野。这些变化削弱了美丽的圣•日耳曼大平台的历史文脉与景观特征。1992 年，由于 A14 高速公路要修建到接近圣•日耳曼大平台的地方，文化部提出将 18hm² 的高速公路工地重新塑造成一个公园。高哈汝注意到这 18hm² 属于圣•日耳曼大平台全景的一部分，而恢复这块废弃的菜地将可以恢复从圣•日耳曼大平台看出去的历史景观，延续圣•日耳曼大平台周围的场地文脉。

（2）体现地域性的设计

在倡导节约型社会、和谐社会的时代背景下，无论是城市园林景观还是城镇园林景观建设都需要以地域性作为最基本的原则，探寻一种保留文化、延续历史、节约资源的设计方式。城镇园林景观建设对于乡村园林的依托恰恰就是地域性设计的集中体现。乡村园林现有的自然资源是城镇无价的财富，是在历史发展进程中形成的典型特征，它为景观设计提供了现成的、不可取代的景观元素。乡村园林的合理因借既可以以最小的投资达到环境建设的目的，又可挖掘与展现当地的景观特质，是一种双赢的设计模式。

不可否认正是地域、经济、文化、民俗、风情等差异的存在，才使城镇的建设更有生气与活力。每一个城镇都有自己独特的地域环境和自然条件。在进行城镇园林景观的规划时，应根据城镇的资源特点来确定城镇的园林景观类型；特别是对历史遗留下来的人文景观，更要强化原有的文脉，最大限度地发挥自然固有的优势（图 3-60～图 3-63）。

（3）修复整体自然景观

随着全球性环境保护运动的日益扩大和深入，以追求人与自然和谐共处为目标的"绿色革命"正在世界范围内蓬勃展开。城市化进程不可避免地涉及城市和乡村，城镇是地域性质和景观转变过渡的空间。城镇作为城与乡之间的连接至关重要，要保证大地景观的连续性，

图 3-60　海滨小镇

图 3-61　欧洲小镇

图 3-62　欧洲水岸小镇

图 3-63　中国传统村镇

就要在城镇园林景观建设的过程中延续乡村园林的自然性，并将其引入城市当中，从而使生态系统的能量流动、物质流动形成良性的循环，维护景观的自然格局。

（4）创造变化的风景

乡村园林特有的多样性是城镇园林景观设计最好的源泉，它赋予了城镇精神的文脉和自然的氛围。这种多样性是变化的、生长的，体现在城镇园林景观之中，就是生动活泼、充满活力的风景。乡村园林四季更替的自然景物，以及与生活方式紧密结合的景观形态，都是城镇园林景观值得借鉴和深入挖掘的精髓。城镇的园林景观不是僵化的大尺度广场和宽阔马路，而是植物围合的，不断生长变化的绿色环境。它也是与当地的生活方式紧密联系的舒适空间，顺应了生活需求的变化，符合自然演变的规律和社会发展的趋势。

3.3 弘扬传统乡村园林　创建城镇乡村公园

城镇乡村公园完全不同于人工建造的城市公园，也有别于建立在自然环境基础上的郊野公园、森林公园、地质公园、矿山公园、湿地公园等；更不是简单的农村绿地和农民公园，也不是单纯的农业公园。城镇乡村公园是在弘扬传统聚落乡村园林营造理念的基础上，为繁荣新农村、促进城乡统筹发展、推动新型城镇化生态文明建设发展起来的一项公园新形态，以适应美丽中国建设和广大群众的需要。

3. 3. 1 城镇乡村公园的基本内涵

城镇乡村公园是以自然乡村和农民的生活、生产为载体，涵盖着现代化的农业生产、生态化的田园风光、园林化的乡村气息和市场化的创意文化等景观，并融合农耕文化、民俗文化和乡村产业文化等于一体的新型公园形态。它是中华自然情怀、传统乡村园林、山水园林理念和现代乡村旅游的综合发展新模式，体现出乡村所具有的休闲、养生、养老、度假、游憩、学习等特色；它既不同于一般概念的城市公园和郊野公园，又区别于一般的农家乐、乡村游览点、农村民俗观赏园、乡村风景公园、乡村森林公园及以农耕为主的农业公园和现代农业观光园等，它是中国乡村休闲和农业观光园、农业公园的升级版，是乡村旅游的高端形态之一。

城镇乡村公园，其发展模式和商业模式呈现多元化。首先它是以现代农业为主题的休闲度假综合体，立意高、起点高、品牌高。因此，是创建以乡村为核心、以村民为主体，是为促进城乡统筹发展和建设独具特色社会主义新农村的需要，应运而生的新型公园。城镇乡村公园内可根据当地的生态环境、气候条件制定现代农业生产计划，形成延伸产业链。在适应观光游览的春、夏、秋、冬季节中，创造不同的收入，城镇乡村公园内精心点缀的经济作物的自然生长也不受影响，吃、住、行、游、娱、购，多种配套服务，形成多元赢利机制，更有利于为项目实施带来理想的生态效益、社会效益和经济效益。

3. 3. 2 城镇乡村公园的主要目标

创建城镇乡村公园的目的在于更快更直接地促进乡村文化遗产和农业文化遗产的保护，促进乡村旅游和现代农业展示朝着更科学更优化的形态发展。发展现代农业是全面建成小康社会的重要抓手，大力推进高优农业生产的建设，不仅可以推广现代农业技术，促进农业发展方式的转变；还可以培养新型农民，提高农民的致富能力和自身价值，更可拓展农业功能，促进农业提质增收。再配合国家以发展乡村旅游拉动内需发展的战略，推动乡村的经济建设、社会建设、政治建设、文化建设和生态文明建设的同步发展，促进城乡统筹发展，开辟城镇化发展的蹊径。

城镇乡村公园的目标如下。

（1）创建城镇乡村公园

以乡村为核心，以农民为主体；农民建园，园住农民；园在村中，村在园中。

（2）创建城镇乡村公园

充分激活乡村的山、水、田、人、文、宅资源。通过土地流转，实现集约经营；发展现代农业，转变生产方式；合理利用土地，保护生态环境。发展多种经营，促进农业强盛；传承地域文化，展现农村美景；开发创意文化，确保农民富裕。

（3）创建城镇乡村公园

城镇乡村新型公园形态是中华自然情怀、传统乡村园林、山水园林理念和现代乡村旅游的综合发展新模式的探索，它集多种功能于一体，是中国乡村休闲和农业观光园、农业公园的升级版，是乡村旅游发展的高端形态之一。

（4）创建城镇乡村公园

实现产业景观化，景观产业化。达到农民返乡，市民下乡；让农民不受伤，让土地生黄金。

（5）创建城镇乡村公园

推动乡村经济建设、社会建设、政治建设、文化建设和生态文化建设的同步发展促进城乡统筹发展，开辟城镇化发展的新途径。

（6）创建城镇乡村公园

以其亲和力及凝聚力，可以吸纳社会各界和更多的人群。城镇乡村公园是在城市人向往回归自然、返璞归真的追崇和扩大内需、拓展假日经济的推动下，应运而生的一个新创意。是社会主义新农村建设的全面提升。从而达到"美景深闺藏，隔河翘首望。创意架金桥，两岸齐欢笑。"的创意。

3.3.3　城镇乡村公园的积极意义

从生态景观学的角度可以清晰地看到，农村的基底是广阔的绿色原野，村庄即是其中的斑块，形成了"万绿丛中一点红"的生态环境，而城市的基底是密密麻麻的钢筋混凝土楼群，为城市人修建的城市公园仅是其中的绿色斑块，因此，城市公园是"万楼丛中一点绿"。同样有绿，农村是"万绿"，而城市只有"点绿"。建立在农村的以乡村为核心的城镇乡村公园便以其天然性、生态化和休闲性与人工化的城市公园形成了性质的差异，凸显其鲜明的自然优势。城镇乡村公园又有文化性、集约化，和仅停滞在单纯的吃吃饭、转一转的粗放性、家庭化农家乐存在着文化的差异，成为农家乐向乡村游的全面提升。城镇乡村公园集激活乡村山、水、田、人、文、宅众多资源于一体，与乡村域发展的区域性、园林化和村庄建设的局限性、一般化形成的范围差异，促使了新农村建设的全面提升。城镇乡村公园又以多样性、人性化的多种综合功能和仅以农业生产为主题的农业公园的局限性、单一化，自然景区（包括森林公园、湿地公园等）的保护性、景观化，以及人文景区的历史性、人文化形成了服务内涵的差异，从而使得城镇乡村公园更具亲和力及凝聚力，可以吸纳社会各界和更多的人群。

城镇乡村公园是在城市人向往回归自然、返璞归真的追崇和扩大内需、拓展假日经济的推动下，应运而生的一个新创意。

建立在绿色村庄（或历史文化名村等各种特色村）和农业公园基础上的城镇乡村公园，是将建设范围扩大至全村域（乃至乡镇域）。不仅把当地优美的自然景观、优秀的人文景观和秀丽的田园风光进行产业化开发，激活乡村的山、水、田、人、文、宅资源，而且把城镇乡村公园的每一项产业活动都作为产业观光、寓教于乐的产业园（或景点）进行策划和建设，可以在资金投入较少的情况下，使得乡村的产业规划与乡村生态旅游、度假产业的开发紧密结合，相辅相成，促使城镇乡村公园的产业景观化、景观产业化和设施配套化，建设新时代的社会主义新农村，形成各具特色和极具生命力的城镇乡村公园。并以其独特的丰富性、参与性、休闲性、娱乐性、选择性、适应性、创意性、文化性和教育性等各种乡村生态文化活动，达到生态环境的保护功能，经济发展的促进功能，优秀文化的传承功能。"一村一品"的和谐功能。综合解决文化、教育、卫生、福利保障和基础设施的复合功能。可以获得乡土气息的"天趣"、重在参与的"乐趣"、老少皆宜的"谐趣"和净化心灵的"雅趣"等休闲度假功能与养生功能等综合功能。这种综合功能是包括农业公园、城市公园、自然景区（包括自然风景区、森林公园、湿地公园）、人文景区（包括物质和非物质的文化遗产以及国家文物保护区和历史文化名村）等公园和风景名胜区都难以比拟的。

通过创意性生态文化开发的城镇乡村公园，以乡村作为核心，以村民作为主体。可以使得纯净的乡土气息、古朴的民情风俗、明媚的青翠山色和清澈的山泉溪流、秀丽的田园风光成为诱人的绿色产业，让钢筋混凝土高楼丛林包围、饱受热浪煎熬、呼吸尘土的城市人在饱览秀色山水的同时，吸够清新空气的负离子，享受明媚阳光的沐浴。痛饮甘甜的山泉水，并置身于各具特色的产业活动，体验别具风采的乡间生活，品尝最为地道的农家菜肴，获得丰富多彩的实践教育，令人流连忘返。从而达到净化心灵，陶冶高雅情操的感受，满足回归自然、返璞归真的情思。

不仅如此，创建城镇乡村公园重要的意义还在于，在农村整体发展过程中，以此为契机，以乡村资源为基础，带动乡村产业的发展，带领村民致富，形成区域性的村庄自主城镇化，最终在不改变乡村自然状态、管理体制的前提下，实现城乡统筹发展。

近些年，中国城镇化进程速度加快，农村人口大量涌入城市，导致城市人口急剧膨胀，随之而来的一系列问题也接踵而至，诸如高楼林立、交通拥挤、空气污染、噪声污染等。在市场经济的大环境下，紧张的生活节奏和激烈的社会竞争。让人们倍感压抑，急切渴望回归到美丽宁静的大自然中舒缓压力，到悠闲淳朴的田间和林中放松休憩。与此同时，我国的耕地面积也正在逐年萎缩，劳动力成本也呈逐步上升的发展趋势。在这种情况下，传统农业如何加快转型，进而提高市场竞争力，尤其是提高国际市场竞争力，已成为刻不容缓的重大课题。然而，面对这一强大的市场刚性需求和产业升级需求，原本薄弱的农业已不堪重负。因此，发展城镇乡村公园也是城市人心灵的一种渴望，是时代的必然要求，更是加速我国城镇化进程的必然趋势。

3.3.4　城镇乡村公园的潜在优势

（1）独特资源优势

城镇乡村公园属于新型公园产业形式，城镇乡村公园，人们在游览的惯常思维中似乎处于劣势，而在新、特、奇的游览概念中，以乡村要素为核心的产业发展中则处于绝对优势。在要素禀赋条件方面，城镇乡村公园最丰富的成景要素就是乡村自然资源。因此，在中国乡村发展中，城镇乡村公园是乡村旅游经济发展道路上必然的、科学的选择。

（2）产业融合优势

产业融合在其本质上表现出产业创新的特征，无论产业融合发生于哪一个层面，都是打破了原有的产业界限，在产业要素之间发生重组并创造出新的生产或消费平台。产业融合的本质就是一种创新，其中包含了技术、组织形式、管理制度以及市场等多方面的创新。这种产业融合创新是以产业之间的技术、业务的创意性生态文化为手段，以管理、组织形式创新为过程，以获得新的融合型产品、融合型服务，开辟新的市场，获得新的增长潜力为目标。这种以技术创新和融合为核心的产业发展趋势，将成为现代生态农业产业发展的广泛趋势。建立在科技不断发展并不断交融基础之上的产业融合，形成了新的产业革命，突破了传统的生产模式和传统范式的产业创新形式，丰富了产业创新理论，产业和企业间的融合将提高产业的创新能力和产业结构升级的能力，从而提高了产业的竞争力。

（3）多种功能优势

乡村多功能性是指农业不仅具有生产和供给农产品、获取收入的经济功能，而且还具有生态、社会和文化等多方面的功能。从农业自身来讲，农业本身具有多维体的特性，既包含了物质产品功能，也包含了非物质产品功能，在农产品供给长期处于短缺的状态下，人们关注的重点必然是农业的物质产品功能，以物质产品生产为农业生产的主要甚至单一目标，忽视了其非物质产品功能。随着我国农产品供给短缺状态的改善，如何发挥农业的优势，提高农业的竞争力已成为人们普遍关心的新议题。如果仅仅围绕发挥农业物质产品的初级功能作用而采取支持和促进措施，这是远远不够的；只有不断发掘乡村的多样性功能，积极探索乡村的发展模式，为农业发展创造更多的有效途径，才是促进农村经济发展的保证。

除了提供食物的生产功能之外，乡村至少还应具有生态、生活、就业、文化教育等多种功能。乡村也创造了多方面的价值：一方面是由经济功能所创造的私人价值，即生产者获取物质产品；另一方面是由其他功能创造的公共价值，如生态功能、教育功能、文化功能等。两者一起构成了乡村的社会价值。在传统经济环境下，农业的社会价值没有得到充分体现，在市场经济环境下，农业的外部性功能则存在着内部化的可能。立足于农业及其相关产业市场，除了发展传统的食品、纤维等产业外，通过发展乡村的休闲产业、保健产业、资源产业和环保产业等，可以实施多功能乡村产业体系的一体化。因此，乡村功能演变的出发点和落脚点都是农业主流产品的市场需求。当市场需求产生变化时，乡村功能也将随之变化。随着科技进步所引发的经济时代的演进，市场需求的重心将从较低层次逐渐转向更高层次，乡村的功能也将从单一化逐渐向多元化演变。农业由单一的物质产品提供向兼顾提供非物质产品转换，为乡村产业结构调整增加了新的内容。

乡村功能多样性的发展模式应与农业制度创新密切结合，在发展乡村功能多样性的产业模式时，虽然与土地要素仍有着不可分割的联系，但经营内容却发生了重大变化，投资者更加趋于多元化。在这种情况下，必然要求乡村向功能多样的产业形式发展，建立起与市场经济相适应的制度体系。

目前，我国农产品主产区要解决普遍存在的量大质优但低效低价的问题，就必须拓展农业的多种功能，向农业的广度和深度发展，促进农业结构不断优化升级。拓展乡村多功能，必须立足当地自然资源、农业资源、区位资源和劳动力资源等优势。因地制宜地开发乡村的生产功能、生态功能、景观功能、生活功能、示范功能等。

城镇乡村公园是乡村的休闲度假功能拓展的产物。其乡村农业的拓展，主要体现在生态保护功能、农业生产功能、休闲度假功能、文化传承功能、科普教育功能和经济收益功能六大功能。

（4）城乡统筹优势

长久以来，城乡融合发展是思想家、城市规划师的一个乌托邦式的美丽梦想，霍华德的田园城市思想是其中的重要代表。而在目前中国的部分地区，却是符合经济、社会背景，并已初具雏形的发展现实。城镇乡村公园则是城乡融合统筹发展在乡村建设过程中的理论创新。因为乡村的不同的类型，环境变化极其复杂。根据乡村土地特征可以分类为：工业用地、商业办公用地、农业用地、居住用地、生态用地与道路交通用地。这些土地与城市用地存在明显的差别，也有相重合的性质，从而决定乡村建设与发展中的城镇化，也是城镇乡村公园的类型之一。目前，将乡村环境与公园游览充分融合形成城郊公园的模式较多，以北京周边为例，根据乡村发展的实际情况，结合游憩目的性质，分为五种类型：自然风光型，包括自然风景区、森林公园、自然保护区、田园山村等；文化艺术型，包括历史文化遗址、古建园林、科技文化艺术博物馆等；人工娱乐型，包括游乐场、主题公园等；运动休闲型，包括运动场馆、度假村、会议中心等；生产体验型，包括农田、菜圃、苗圃、温室大棚等。但这些公园均仅仅利用的是乡村环境资源为城市观光客提供场地，并没有将人类与自然有机融合，在城乡间的融合作用却未能充分得到发挥。

城乡发展的历史大致沿着这样一条轨道演变：乡镇培育城市—城乡分离—城乡对立—城乡联系—城乡融合—城乡一体。这一过程既反映了城乡演变的趋势，也反映了城乡演变进程的阶段性。就我国城乡的发展现状看，正处于由城乡联系向城乡融合转变的阶段。虽然城乡分割二元社会格局已"略有松动"，城乡经济社会发展出现了新局面。但是，目前城乡关系远未达到根本性改变，城乡二元结构的种种矛盾仍十分尖锐，且出现了反弹、回潮和加剧失衡的态势。而城镇乡村公园则从乡村发展的实际出发，将自然、生产、生活与人类资源进行合理有效配置，在乡村形成特色村镇，以村镇带动周边村庄向城镇化过渡与发展，逐步形成"城乡融合社会"。

（5）隔离绿带优势

绿化隔离带，是指在城市周围建设的绿色植被带，其在城市周围设置环形绿带，以限制城市面积和保护耕地。英国是最早建设环城绿带的国家。目前，英国的环城绿带建设已成为世界各国的典范。1930～1950 年期间，英国通过了绿带法案，并环绕伦敦城建了一条宽约10km 的绿带，当时主要目的为控制城市建成区的蔓延，后来发展为引导城市的有序扩张，控制城市格局，改善城市环境，提高居民生活质量。绿化控制带的形态结构多样，其类型有环形绿带、楔形绿带、环城卫星绿地、缓冲绿带、中心绿地、廊道绿带等。

自 1950 年以来，世界上一些大城市，如巴黎、柏林、莫斯科、法兰克福、渥太华等均规划与建设了环城绿带。1935 年，莫斯科的第一个市政建设总体规划就提出在城市外围建设 10km 宽的森林公园带。而在 1991 年版的总体规划更是提出，要建立包括大面积森林、河谷绿地在内的城市绿地和水域系统，将莫斯科建成为"世界上最绿的都市之一"。从国际上特大城市环城绿带实施的效果来看，环城绿带对控制城市格局，改善城市环境，提高城市居民生活质量具有显著作用。我国北京、上海、天津、合肥等城市借鉴国际上大城市规划与建设环城绿带的经验，也都先后进行了环城绿带实践。

总结国内外环城绿带实践，其做法的共性，则是在城市外围城郊结合部安排较多的绿地或绿化比例较高的相关用地，使之系统化，形成环绕城市的永久性绿带，绿带内除保留农业用地、林地外，优先发展公共性开放绿地。加强大城市环城绿带的建设，是有效控制大城市无序扩大和改善城市生态环境的一个重要途径。但是，我国目前城市发展速度与绿带建设速度却不相匹配，绿带建设远远滞后于城市发展速度。

隔离绿带把现有的城市地区圈住，不让其向外发展，而把多余的人口和就业岗位疏散到一连串的"卫星城镇"中去，卫星城与"母城"之间保持一定的距离，一般以农田或绿带隔离，但有便捷的交通联系。1927 年，雷蒙·恩温在编撰大伦敦区域规划时提出此建议，以解决绿带理论应用中出现的现实问题，这是值得借鉴的。

城镇乡村公园则以乡村为核心，利用创意性生态文化要素的注入，从乡村城镇化发展的角度入手，逐步发展与建立这种新型"卫星小镇"，以满足城市发展需要。这种卫星城镇具备城市的功能，同时也拥有城市所缺失的自然生态环境、人文环境、城乡一体化的环境等。这种卫星城镇可以在城市的周边，也可以远离城市在交通便利的区域范围内，它充分利用了乡村的生态与人文环境资源，促进了城乡统筹发展。

（6）文化创意优势

文化创意，又称创意工业、创意产业、创意经济等。根据这一定义，英国文化创意产业包括广告、建筑、艺术和文物交易、工艺品、设计、时装设计、电影、互动休闲游戏、音乐、表演艺术、出版、软件、广播电视 13 个行业。随后许多国家纷纷效仿，其中澳大利亚、新西兰及新加坡等国沿袭了英国对文化创意产业的定义与分类。

① 创意产业的定义　创意产业的定义，最具典型的有三种。

a. 源于个人创造性、技能与才干，通过开发和运用其知识产权，形成具有创造财富和增加就业潜力的产业。

b. 提供具有广义文化、艺术或仅仅是娱乐价值的产品和服务的产业。

c. 版权、专利、商标和设计，四个产业的总和。构成了创意产业和创意经济。

尽管对创意产业的定义仍然存在不同的看法，尽管人们或许会用其他的词汇，例如，文化产业、内容产业、娱乐产业，命名具有文化和创意性质的产业，但是，没有人会否认，以强调个人的创造性（创意）和保障个人创意的知识产权的思想为特征的创意产业概念。

② 创意产业的特点　创意产业提供的产品和服务，与其他产业有极大的不同。创意产业是创造富有意义的产品和服务的产业，其价值体现在创造知识型资本。创意产业对生活方式、观察方式和"做生意"的方式。都有特殊的理解，所以它的产业形态和活动方式有别于一般意义上的产业。创意产业的业态是多样的、灵活的和富于变革的。创意产业不仅关注市场，而且更注重的是创意实践和创意的过程。

a. 创意产业具有如下的特点：创意产品的需求具有极大的不确定性；创意生产者以非经济的方式从自己的产品和创意活动中获取满足，但为了使创意活动能够维持生计，必须从事更单调的活动；创意生产常常具有集体的性质，必须建立和维持具有多种技能的创意团队；创意产业产品的形式和类别是多种多样的；创意人员的技能差别是按垂直方式区别的；多种多样的创意活动必须在相对短的时间里或有限的时间框架内加以协调；产品寿命长，生产者能够在生产周期完成后的很长时间里不断获取经济效益。

b. 从微观角度讲，创意产业的企业具有如下特点：大比例的高学历从业人员；经营方式灵活多变，不断地探寻新的思路、新的合作者和新的市场；大多数为中小型、微型或自就业型企业；知识密集，缺乏商业技巧；非常规的经营方式。

③ 创意产业的范围　英国政府根据自己对创意产业的定义，把 13 个文化产业部类确定为创意产业，这 13 个产业部类包括：广告、建筑、艺术和文物交易、工艺品、设计、时尚设计、电影、互动休闲软件、音乐、表演艺术、出版、软件以及电视。

按照凯夫斯的定义，创意产业包括：书刊出版、视觉艺术（绘画与雕刻）、表演艺术（戏剧，歌剧，音乐会，舞蹈）、录音制品、电影电视以至时尚的玩具和游戏。

按照霍金斯的定义，创意产业的范围较英国政府划定的范围有相当大幅度的扩展，它把专利包括进来，实际上就是把科学、工程和技术领域的开发和研究全部纳入了创意产业的范围。

无论如何，创意产业可以定义为具有自主知识产权的创意性内容密集型产业，它与其他文化产业有相当密切的关联。

④ 创意产业与创意农业　世界创意产业的兴起也促进了中国创意产业的发展，创意农业是创意产业的主要组成部分。借助创意产业的思维逻辑和发展理念，人们有效地将科技和人文要素融入农业生产，进一步拓展农业功能、整合资源，把传统农业发展为集生产、生活、生态为一体的现代农业，即现在所谓的创意农业。创意农业起源于 20 世纪 90 年代后期，由于农业技术的创新发展以及农业功能的拓展，观光农业、休闲农业、精致农业和生态农业相继发展起来。发展创意农业的基本模式如下。

a. 资源转化为资本模式。资源转化为资本模式是创意农业发展的基本模式，也是在实践中广泛存在的形式。一方面"农业、农村、农民"本身是取之不尽的资源，可以通过创意转化为推动其发展的资本；另一方面，各类社会文化资源也都可以通过创意与农业相融合，成为新的发展推动力。这一模式在农村发展中已经比较普遍，通常融入到农业节庆、农业旅游、观光农业和休闲农业等各类新业态的发展之中。

ⓐ 以创意产业的手法将资源转化为推动农村发展的资本。如利用农村的生产、生活、生态"三生"资源，发挥创意、创新构思，设计出具有当地文化特色的创意农产品、农耕文化博览馆和各种相关文化活动，扩大市场知名度，促进发展。例如，天津西青区白滩寺村麦田"怪圈"、大连金州区玉米迷宫图、上海闵行区光继村由彩色水稻组成的中国共产党党徽等，按图种植，形成迷宫怪圈等图案，结合乡村游等相关旅游产品，吸引大批旅游者，也创造了新的价值。我国历史文化源远流长，农业品种、农耕活动丰富多彩，可以编撰、演绎各种故事。发展创意农业就要以故事力来活化文化资源，将其加以转化，为农业带来增值的资本。

ⓑ 以创意产业的思维整合各类社会文化资源为农业生产服务，提升农产品的附加值。比如，在利用生物科技手段改变农产品形状、色彩和口味等物理功能的同时，融入文化元素，增加农产品的文化艺术含量，并根据市场需求运用新理念把农产品变为艺术品，设计生产出"来自泥土的原生态作品"，可大大提高农产品的附加值。

b. 全景产业价值体系模式。创意农业与一般农业新业态的显著区别是不仅仅创造高附加值的农产品，而且还以创意产业的思维构建全景产业价值体系，以此释放创意农业的巨大经济效益。所谓全景产业价值体系模式是指通过农业知识产权（商标、专利、品牌等）的反复交易，形成不同层次的产业体系，带动相关产业和整个区域的发展。

因为创意产业具有很强的渗透力，能以多种形式与不同的产业相融合，形成以文化创意为核心的产业系统和价值实现系统。这将给农村带来新的区域品牌和系列衍生产业。全景产业价值体系包括核心产业、支持产业、配套产业和衍生产业四个层次的产业群。其中，核心产业是指以特色农产品和园区为载体的农业生产和文化创意活动。支持产业是直接支持创意农产品的研发、生长、产品的加工以及推介和促销这些产品的企业群，如科研机构、种源公司、现代农业设施、各类文化艺术活动（如会展、动漫、表演等）的策划企业、加工厂以及金融、媒体、广告等企业；配套产业则是为创意农业提供良好环境和氛围的企业群，如旅游、餐饮、酒吧、娱乐、培训等；衍生产业是以特色农产品和文化创意成果为要素投入的其他企业群，如玩具、文具、服装、服饰、箱包、食品、纪念品等生产企业。在整个创意农业产业体系中，第一、二、三产业互融互动，传统产业和现代产业有效结合，文化与科技紧密融合，传统功能单一的农业及加工食用的农产品成为现代时尚创意产品的载体，发挥引领新型消费潮流的多种功能，也因此开辟了新市场，拓展了新的价值空间，产业价值的乘数效应十分显著。

c. 市场消费拓展模式。市场消费拓展是创意农业发展的主要模式之一，没有市场，创意农业的价值就无法实现，发展创意农业也就失去了意义。国内外对于创意农业市场拓展主要采取城乡互融互动的手段，通过城市消费市场的培育和乡村自然环境、生活文化与历史脉络的综合塑造，在创意农业的市场和生产两者之间实现有效对接，使得创意农业的新业态、新商品和新价值能够直接转化为市场效益。具体做法如下。

ⓐ 新生活方式的塑造。通过倡导一种新型的生活方式，把创意农业的产品与市场进行有机衔接，使消费者认同并引发购买行为，其中，休闲农业、乡村旅游等即是比较成功的做法。在发达城市，旅游已经成为城市居民的一种生活方式，以旅游吸引力的方式发展创意农业园区，吸引城市消费者来旅游、度假，购买创意农产品、参与创意农业活动是目前各地普遍采取的方法。在旅游休闲活动中，消费者通过自身体验，容易接受和认同创意农业产品。市场也会因此逐渐拓展。

ⓑ 农业品牌的拓展。通过品牌效应拓展市场也是发展创意农业的有效模式。品牌本身是具有文化意义的标识，文化具有较强的渗透和辐射功能，能够成为拓展市场的利器，因此也成为创意农业广泛采用的一种模式。如创意农业的发展可以结合"地理标志产品"、农产品著名商标等的市场基础不断扩展。

d. 空间集聚发展模式。创意农业的发展在空间上通常采取集聚发展的模式，表现形式为创意农业园区和创意农业集聚带。创意农业园区是目前国内发展创意农业的普遍形式，结合现代农业和乡村旅游的发展，创意农业园区具有生产、观光、休闲、娱乐等多种功能。以上海创意农业比较发达的奉贤区为例，该区的创意农业已基本形成了"一核四园十线"的空间集聚形态。一核，即形成了以上海奉贤现代农业同区为核心的创意农业核心区。四园，即庄行农业园区、柘林绿都园区、青村申隆申亚园区、海湾都市菜园四个创意农业特色园。庄行农业园区的创意内涵特色在于整体生态创意农庄和创意产业；柘林绿都园区的创意内涵特色是以鱼虾养殖创意与生态环境创意配套；青村申隆申亚园区其内涵创意特色则是集多种功能于一体的综合性生态森林创意公园；海湾都市菜园的创意内涵特色在于提供蔬菜生产过程创意和创意产品，包括蔬菜精深加工创意产品。十线，即将一核四园等创意农业主体串珠成线，形成了 10 条创意农业观光休闲自助体验路线。

⑤ 创意产业与城镇乡村公园　城镇乡村公园则是文化创意乡村产业园区化的具体表现形式。其在创意农业中表现为：

a. 将资源转化为资本。将乡村的自然资源、人文资源和园区的发展建设有机结合，形成资本资源，带动乡村产业发展，引领村民致富。

b. 将传统农业与旅游业有机融合，形成新的园区式的新型产业。

c. 在园区内部形成新的产业集聚或新的产业链，如浙江滕头村已形成以绿色生态为核心的旅游产业集聚；江苏蒋巷村则形成一、二、三产业的综合集聚等，从而实现乡村园区化或社区化、产业化，有效地解决了乡村发展的瓶颈问题。加快了新农村建设步伐，开拓了乡村城镇化的新模式。

3.3.5　城镇乡村公园的规划设计

城镇乡村公园是一种全新的公园形态，其规划设计应本着人、自然、科技的共生与共创，营造诗情画意的现代乡村空间环境为宗旨，开展对乡村自然环境的研究与利用，对空间关系的处理和发挥，与住区整体风格的融合和协调，与乡村域产业的整合与发展。包括道路的布置、水景的组织、路面的铺砌、照明设计、小品的设计、公共设施的处理等硬件设施的规划，也包括游客度假和休闲客户的吃、住、行、游、娱、购等软环境空间的规划，这些方面既有功能意义，又涉及视觉和心理感受。在进行城镇乡村公园设计时，应注意整体性、实用性、艺术性、趣味性的结合。其规划设计原则如下。

（1）以乡村为主体，合理利用土地

城镇乡村公园的核心要素决定其设计应以乡村为载体。在分析土地时，必须考虑其乡村域发展过程，必须从自然的过程和人与自然的相互关系中了解乡村的特征，强调顺应自然规律进行保护和挖掘乡村区域范围内的自然资源，充分调谐、利用，尽量减少对自然的人为干扰。并充分利用自然力以形成富有生命力的乡村社区化的新型城镇。

虽然，乡村的土地资源使用相对于城市要更灵活，土地量也更多，但乡村的土地差别性很大。首先，土质的不同直接影响城镇乡村公园或生态农业的发展，恰当地选择土地特性是城镇乡村公园建设的基本要求。土质较好的土地适宜于植物与庄稼的生长以及各类农耕活动的开展，土层较薄的石质土地，适宜于放牧或建设活动场地。同时，生物多样性较好的土地区域可考虑建设保护区域或保护与游憩相结合进行开发建设。通常，在城镇乡村公园的建设过程中，根据土地现状的不同情况，选择建设活动项目，如水上运动、滑雪、狩猎、野餐、徒步旅行、风景观赏等。

除了土地的本身特性之外，乡村不同区域以及与城市的位置关系也是至关重要的。与城市较近的区域，即使土地拥有很高的生产能力，也要结合实际情况，适当保护和建设乡村游憩空间。为此，设计应该节约并且合理利用土壤、植被、水系、生物等各种自然景观资源，发挥自然自身的能动性，建立和发展良性循环的生态系统。

总之，土地的综合、合理应用是城镇乡村公园建设的重要基础。经过规划的城镇乡村公园生产用地用作建设产业区，古老的乡村规划为保护区和娱乐区，处于两者之间的土地可以用作一种战略性的土地储备。

（2）以弘扬为宗旨，传承地域文化

在国际化与信息化加速发展的浪潮中，传统的乡村特色和悠久的民情风俗不断地受到现代文化的冲击，城镇乡村公园的发展恰恰是弘扬优秀传统乡村园林的营造理念，将园林艺术与美丽乡村完美结合起来，并创造出具有典型地域特色的景观类型，它兼顾游憩、生活和生态功能。

城镇乡村公园的迅速发展，并成为大多数城镇居民追崇的主要原因，就在于城镇乡村公园对于当地自然景观与地域文化的有力展现。地域特色表达是城镇乡村公园建设的首要原则。

在城镇乡村公园的建设过程中，应突出当地的自然景观或人文景观。如福建龙岩市新罗区的洋畲村以保护完好的原始森林和芦柑果林为基础，建设创意性生态农业文化示范村，开展生态旅游。而福建永春县五里街镇是永春拳（白鹤拳）的发源地，借助永春拳的历史文化，突出鹤法，辅以农耕地，开发永春拳创意生态农业文化特色村。也可选择当地传统产业打造独具特色的娱乐活动项目。或者在城镇乡村公园的建筑设计、景观设计中延续传统工艺，展现地方特色。这些传统文化的再现，不仅可以增加经济收益，同时能够宣传历史文化，让古老的文明得以延续。

意大利南部的古城阿尔贝罗贝洛是一座以特鲁利建筑闻名于世的城镇，一座座网锥形的屋顶犹如童话世界般矗立在现代的环境之中。阿尔贝罗贝洛的特鲁利文化保护得非常完好，在城镇中具有历史文化意义的遗产特鲁利建筑，也有新建的现代特鲁利建筑。当地的技艺与工艺被传承下来，特鲁利城镇的整体氛围也被完美留存。这里现在承载的是现代的商业。既有工艺品店，也有餐馆和艺术展廊。阿尔贝罗贝洛地域的文化在现代的城镇之中完美地生长延续。

在贵州的乡村地带有这样一处集文化与自然为一体的乡村景观，它将传统的农业文化与现代的奥运文化相结合，创造出具有冲击力的景观，不仅具有恢弘的气势，更是弘扬民族文化、渲染地域精神的有力表达。在田间种植的油菜和小麦，利用了两种植物不同的色彩组成了奥运五环图案，每环直径约 136m，宽约 9m，这一景观每天吸引着众多游客前来参观。

（3）以农耕为核心，发展现代农业

目前的观光农业可以大致分为两大类：第一类是以"农"为主的观光农业；第二类是以旅游为主的观光农业。

以农为主的观光农业是一种提高农业生产和农业经济，并有效保护乡村自然文化景观的高效推广示范农业开发形式。城郊观光农业则是利用城郊的田园风光、自然生态及环境资源，结合农林牧副渔生产经营活动、乡村文化、农家生活，为人们提供观光体验、休闲度假、品尝购物等活动空间的一种新型的"农业＋旅游业"性质的农业生产经营形态。

以旅游为主的观光农业，农业生产形式的开发服务于参观者的需求，他们将观光农业定义为一种以旅游者为主体、满足旅游者对农业景观和农业产品需求的旅游活动形式。这种观光农业是农业生产与现代旅游业相结合而发展起来的，是以农业生产经营模式、农业生态环境、农业生产活动等来吸引游客，实现旅游行为的新型旅游方式。

无论是哪类观光农业，其基本的旅游行为都可以通过出产和销售大量的农产品来促进经济的发展，还可以提高农业的新技术，并将成熟的技术和经营方式进行推广，促进乡村农业的整体发展。农业生产和农业景观吸引着旅游者前来观光，这为乡村带来很大的利润，是值得探索和推广的新形式。

观光农业具有内容广博的特征，包括资源的广泛性、形式的多样性和地域的差异性等。观光农业还将经济效益、社会效益和生态效益相统一，集观光、体验、购物于一体，全面体现了观光农业的特点。

（4）以生态为原则，保护乡村资源

生态性原本就是城镇乡村公园的基本特征之一，在城镇乡村公园的规划过程中，应优先考虑乡村生态资源的合理开发利用，尽可能利用现有的树林、河流、田野等，保留大型的自然斑块，并在建成区内适当保留自然植被，将人工构建的环境与自然的环境相结合。

生态优先的原则也要求城镇乡村公园内的游人活动和游人容量有效的控制在一定范围之内，以减小对环境的冲击与破坏。在保护与开发的过程中实现自然资源与生态体系的均衡发展，创造既有适宜休闲的活动，又对自然质朴的环境加以保护。

同时，因地制宜也是城镇乡村公园规划建设过程中的生态环境保护的具体要求。不同的地域有不同的资源特点，建设过程中赋予的规划内容和模式也就不相同。生态优先原则要求保护城镇乡村公园的生物多样性及景观要素多样性。多样性的景观不仅能增强生态的稳定性，减弱旅游活动对环境的干扰，也能增加城镇乡村公园的魅力，提高景观的观赏性。

（5）以环境为基础，立足整体景观

在追求城镇乡村公园景观多样性的同时，还应注重城镇乡村公园景观的整体性。一方面城镇乡村公园要与所在区域的环境背景相融合，不破坏原有环境的整体风貌；另一方面城镇乡村公园内的各种景观要素要相互联系与协调，无论是形式、材料，还是外观等有所呼应，形成城镇乡村公园的整体风格，突出特色。人们从城镇乡村公园中获得的审美情趣是实现游人与城镇乡村公园的协调发展的关键。农田的斑块、防护林网、水系廊道等不仅是农业景观的生物生产过程，也是人们活动美感的重要元素。

此外，还应顺应城镇乡村公园规划设计与景观生态学结合的趋势。在城镇化飞速发展的今天，乡村景观常常遭到较大破坏，或是新城或新区的建设，或是高速公路的开发，大规模的移山填河，改变自然地形地貌等建设活动屡见不鲜。景观生态学在乡村景观的开发过程中变得异常重要。建设开发是否合适，必须进行以自然地形地貌为基础的生态景观方面的评定。例如，在以自然村落和农田景观为主的区域内，如何开发建设以农业生产为基础的城镇乡村公园，如何考虑其生态效益。城镇乡村公园的规划设计不仅要考虑视觉审美、生产生活，还应与当地的生态系统相平衡，与当地人文活动相协调。

在进行城镇乡村公园规划设计时，景观生态学起到至关重要的作用。对不同尺度上的景观生态的把握，将直接影响城镇乡村公园的建设模式。针对不同尺度提出的方案，具有不同的功能定位。景观生态学所遵循的异质性、多样性、尺度性与边缘效应等原则，也是城镇乡村公园规划设计过程中应该加以发扬的重要特点。通过对景观结构和功能单元的生态化设计，来实现城镇乡村公园的良性循环，使整个园区呈现出多样的空间变化。

从景观生态学角度看，除去常规农业的第一性生产功能外，果园、茶园、绿化苗圃等都是重要的景观要素。在城镇乡村公园中，茶叶、时鲜果品生产基地和果林观光胜地都是城镇乡村公园的重要景观要素。

（6）以创意为产业，确保村民利益

城镇乡村公园的规划设计要遵循可持续发展的原则，即生态可持续性、生产可持续性和经济可持续性。为此，必须坚持以村民为主体，建设创意性文化产业，努力提高村民的素质和管理水平，开发产业品牌，从而提高农民的自身价值。通过合理规划城镇乡村公园内的生产项目和休闲娱乐项目，达到保护村民利益和乡村环境的目的，同时保持乡村的农业生产功能。通过开发城镇乡村公园的综合服务体系来实现长期的经济效益。以确保乡村的持续发展。

3.4 乡村园林规划实例

3.4.1 洋畲创意性生态农业文化示范村规划

3.4.1.1 总则

（1）前言

洋畲村位于福建省龙门镇西北，319国道边的狮子山上，距龙门镇约5km，距龙岩市城区15km，村庄中心海拔约550～750m。全村88户336人（男170人、女166人）。

洋畲村曾经是一个地处群山环抱，山高路陡的偏僻小山村、革命基点村和闻名远近的贫困村。毛竹是过去村民的唯一经济来源，很多村民长年累月住在建于清末民国初年的破旧黑暗的土楼里。1988 年，时任村支书李明星和他的叔叔，双双到外地学习种植芦柑技术，试种获得成功，随后就带动全村种植芦柑，户均种植 6 亩之多。由于 1750m 高海拔的狮子山，甜美的千年池水，使得种植出来的芦柑甘甜可口，行销省内外及东南亚国家，极受欢迎。如今的洋畲村，是福建省著名的柑橘专业村，是龙岩市八大水果基地之一，其蜜橘早已走进千家万户，成为龙岩人心目中橘神的故乡。新世纪的到来使得洋畲村被越来越多的人所认识，它独特的地理位置，令人流连忘返；高山气候，冬暖夏凉，森林茂盛，空气清新，朝阳晚霞，春风夏雨，秋露冬雪——俨然一个天然氧吧。

泉水叮咚，流泉飞瀑，松竹传声。跌水跳跃，穿林越石而来，或走梯田谷道，或穿坡道墙边。环村也，寻路而林草依依；过道也，明暗而隐现无常。来不知几千万年，去不知几千万里——俨然一弯生命之水。

改革的东风吹进山寨，新一届领导雄心壮志，立志改变村寨形象。在产业调整中，以柑橘为龙头，率先进行龙头产品的催生。家家户户贫穷的面貌得以改变，从此又博得龙岩柑橘名村的美誉。在此基础上，1999 年经过反复的商讨和论证，洋畲生态旅游新村的建设规划定位得到落实，奠定了今天的洋畲生态旅游新村农民住宅区的基本布局。农民住宅区的建设，改善了农民的居住环境，方便了生活和生产，促进了生产的发展，增进了村民的建房积极性。洋畲生态旅游新村的农民住宅区已初具规模，农民的环境意识普遍提高，主动开展生态养殖，村寨内再也看不到飞奔的家禽，厕所改造随着新村建设的深入得到改善。龙岩市规划局卢先发局长以"东风送暖入洋畲，时代新居缀彩霞，再借鲁班金点子，生态旅游富农家"诗赞洋畲村的建设。2001 年福建省建设厅授予第一批省级"村镇优秀住宅小区"。2006 年洋畲村被评为龙岩市最有魅力的村庄，2007 年被中国村社发展促进会誉为中国特色村。2007 年 12 月福建省省委书记卢展工在龙岩调研时，对洋畲村立足挖掘农业内部潜力，大力发展橘子、毛竹、旅游三大产业，统一规划新村建设，带领全村走上致富路非常满意，明确表示这条路子，这个经验要好好总结。

领导的肯定，各方的支持和重视，是机遇，也是挑战。现在，洋畲村正面临着考验，能否在新村建设的基础上，把握产业调整的契机，审时度势地进行新村建设的战略大转移，成为各级干部和广大群众共同关注的焦点，建设洋畲生态文明示范村已成为广大群众和各级干部的共同愿望和追求，洋畲就必须抓住这个机遇，精心规划，并用只争朝夕的精神抓紧实施。

党的十六大提出了全面建设小康社会的宏伟目标，党的十六届五中全会又提出："建设社会主义新农村是我国社会主义现代化进程中的重大历史任务。"目前福建省上下正在按照十六届五中全会精神，围绕"生产发展、生活富裕、乡风文明、村容整洁、管理民主"的总体要求和龙岩市委市政府关于建设社会主义新农村的总体部署，立足实际，着眼发展，扎扎实实地推进社会主义新农村建设工作。为适应洋畲村经济和社会全面发展，指导村镇建设，特将洋畲村的规划作为生态文明示范村的规划进行专题研究，以探索党中央关于社会主义新农村建设的有效途径。本规划一经批准，应认真实施。

（2）规划依据

①《城市规划法》

②《土地规划法》

③《村镇规划标准》

④《风景名胜区规划规范》

⑤《福建省村镇规划标准》

⑥《福建村庄规划编制技术导则》

⑦《福建省风景名胜区管理条例》

⑧《龙岩市城市总体规划》

⑨《龙岩市旅游发展总体规划》

⑩《龙岩市土地利用总体规划》

⑪《龙岩市新罗区总体规划》

⑫《新罗区公路交通规划》

⑬《新罗区旅游发展总体规划》

⑭《龙门镇镇域总体规划》

⑮洋畲村《关于建设洋畲生态文明新村的初步设想》

⑯现状调查材料

（3）规划原则

① 规划应具有战略性、控制性和可实施性。

② 突出规划的综合协调作用，坚持生态环境保护和可持续发展的原则。因地制宜，合理开发，远近期建设相结合。

③ 力求观念新、起点高、体系明、特色强。

（4）规划范围

本规划包括洋畲村村庄规划（约 6.05hm²）和村域规划（约 430hm²）的范围。

（5）规划期限

中近期规划期限（2008—2012 年），中远期规划期限（2008—2020 年）。

3.4.1.2　现状概况及问题分析

（1）自然条件、人口

洋畲村属龙门镇镇辖行政村，设村委会。漳赣高速公路龙岩西出口距离 319 国道洋畲村入口处仅 0.5km，村域面积 430hm²。聚落呈横长矩形状，有 88 户，总人口约 336 人，均为汉族。境域内被以山地为主体的群山所环绕，地处狮子山下沟口偏坡之上，地势南高北低。土壤为山地红壤及黄壤为主。泉水较丰富、地下水埋位较浅。植被主要以森林、竹林、乔木、灌木、草本、藤木及芒骨、五节芒等草为主，经济作物以芦柑、竹林等为主。

（2）区位优势

洋畲村位于新罗区龙门镇域西南部，海拔在 550～750m 之间，该村距龙岩中心城市 15km，离 319 国道 4km，有距中心城市近的特点，而且与省里主要沿海城市漳州，厦门、泉州、莆田、福州的交通十分方便，与国内各大城市的交通除了有铁路、公路、高速公路外，还可借助厦门机场和连城冠豸山机场进行空中联系。根据龙岩市的规划，即将在新罗区龙门镇开辟五千亩的物流中心。其所在位置正好贴近洋畲村，优良的生态环境和特色的果竹生产，通过规划可以形成休闲度假观光的创意性文化产业，成为物流中心乃至龙岩市的后花园和颇负盛名的度假胜地。洋畲村具有优良的生态环境，还南邻新罗区的紫金山赤水岩自然生态保护区，北与自然生态保护完好的五星村毗连。通过整体规划，可以使其形成新罗区西南部山区的自然生态风景带。洋畲村本身是革命基点村，其现存的革命史迹石源洞等相关史料可与邻近的革命战争时期的东肖后田暴动指挥部、古田会议会址，共同形成红色旅游线，从而为促进洋畲生态旅游发展和生态文明示范村的建设创造了条件。

（3）经济发展

洋畲目前经济主体为农林副多种经营。洋畲村特产芦柑，质量优良，远近驰名，芦柑与竹业的种植是其经济的主要来源。现有芦柑 1500 余亩，年产 2400～3000t。种植毛竹 1800 亩，盛产竹笋等农产品。村里尚有养猪场等。洋畲村具有优良的自然生态环境和山村风土民情，旅游资源丰富，其中芦柑园、竹林、原始森林、风情民俗游等都是开发创意性生态农业文化的好资源，都能为发展休闲度假观光产业创造条件，是促进洋畲经济发展的基础。2007 年村民年人均收入 8000 元。

（4）土地利用

洋畲村村域范围内土地使用可分为居住用地、产业用地及自然山体林地三部分。其中居住用地为本村农民住宅用地，兼有部分手工业及公共服务设施用地，面积约为 4.8 公顷；产业用地主要是村域范围内的芦柑种植园、竹林园和产业服务设施用地等，面积约 250 公顷；自然山体林地主要指村域范围内的乔木和灌木等的自然生长用地，面积约为 146 公顷。村域的道路以洋畲村到 319 国道的公路及原来连接芦柑种植园到狮子山的部分上山步行道及土路为主，为洋畲村域内旅游资源的开发创造了良好的先决条件。这几条道路建设年限较短，路面状况良好。另有两条步行道，一条是从村庄到笔尖山，另一条从村庄到赤水岩附近，均为土路。村庄农民住宅用地内部的现有道路均为自然形成的步行路，部分路面做了硬化，但有相当一部分路面仍为土路，道路较窄、拐角多、不连通。村中现有一处停车场，位于村落西边。

（5）基础设施

现有市政基础设施配套不全、设备落后，亟待解决。随着社会经济的发展和人们物质生活水平的提高，对水的需求量不断地增加，原有的供水系统及供水能力已不能满足现有的需要。现有的自来水供应主要来自山泉水，没有饮用水净化设备，排洪沟缺乏统一规划。给水系统由于时间长，系统已运行多年，管道老化严重，无蓄水池，虽然部分已经新建，但仍不同程度地存在滴、冒、漏现象，水资源浪费严重。村中的排水管网沿地表铺设，管径小。部分管道没有连接，污水四处横流、甚至直接流到路上。公共厕所数量较少，垃圾收集点过于简易，甚至直接堆放到路边和排洪沟中，导致环境比较脏乱。

（6）公共服务设施

现仅有村委会，缺乏专用卫生医疗站、文化活动站等公共服务设施，不能满足新农村发展的要求。村中尤其缺乏商业服务，仅有一处个体经营点，出售物品种类很少，定期开放，不能满足村民的需要。缺乏完整的旅游配套服务设施，农家乐等旅游设施存在着布局散乱、设施落后、卫生条件差、缺乏集中管理等问题。

（7）历史文化资源

洋畲村是革命基点村。革命战争时期，邓子恢领导后田暴动后，这里经常有红军活动，狮子山上的石源洞就是当年红军留宿的山洞。此外，现有的人文资源主要是古村落民居、张氏的宗祠以及据传为吕洞宾炼丹用剩的仙打游石，资源比较丰富，但是缺乏修缮，也没有形成体系。传统民居土楼，所在的院落十分破败，宗祠修建过于简易。唯有仙打游石景点高踞狮子山山巅，风景壮丽秀美，是洋畲村近年来重点开发建设的景区。步行道也需要进行环境整治，路面硬化，使其与宗祠、狮子山览胜形成一条完整的游览线路。

（8）自然生态资源

洋畲村的广大村民对自然生态资源十分珍惜，新村农民住宅区规划一开始便强调必须加强生态环境保护，为开展生态旅游新村建设创造条件，与住宅小区建设近邻的原始生态林保护完好，古生物化石的桫椤群、千年池等山山水水得到完整的保护，使得洋畲的泉水依然极其清澈，狮子山上的仙打游石甚为诱人。洋畲村优良的自然生态资源有待深入开发和利用。

（9）产业结构

洋畲村主要产业依赖芦柑和竹林种植业，果树品种单一、树龄较长，现已有黄龙病害，亟待解决。缺乏创意性的农业文化产业和深度的加工设备，主要还是靠天吃饭，缺乏农林灌溉系统。就现状而言，开发旅游活动，基本是集中在芦柑采摘季节。其他景观比较缺乏，沿主要道路几乎没有景观设施，缺乏景观节点和绿化，不利于游人徒步游览。缺乏相关的旅游业开发和服务设施。现在村中参与农家乐的农户有二十余户，普遍缺乏相应吃住游服务管理知识，饭菜制作水平以及住宿条件都相对较差，很难留住游客。卫生条件虽有初步的改善，但仍有待提高。

洋畲村旅游资源丰富，遗憾的是缺乏创意性的开发。其与周边区域相连紧密，南接环境优美的赤水岩生态保护区，北接生态环境资源丰富的五星村，洋畲村环境宜人，海拔较高，空气清新，没有受到污染。在酷夏季节比龙岩市区能低4～5℃，是避暑纳凉的好去处。村内除了现有的芦柑资源外，原始森林、竹林及野生中草药和菌类品种也极为丰富，均具极佳的观赏和采摘价值。

具有历史价值的传统土楼建筑质量较差，亟待改造。

（10）农民住宅区

洋畲新村的农民住宅区建设，1999年开始规划建设，由于经过几十次的反复讨论，村民取得了共同的看法，明确了住宅小区的建设是为建设洋畲生态旅游新村打下基础，住宅小区的建设不仅要改善生活居住环境，还必须为发展生产，促进经济发展创造条件，同时更应注重生态环境的保护；因此，农民住宅区的布局，依山就势分为五级台地，将原有的民居坐南朝北的朝向改为坐西北朝东南，以并联式住宅为主。三层的低层住宅，应既考虑到村民的生活、生产需要，也考虑到提供开展"乡村游"安排客人居住的可能。住宅平面布置应充分吸收当地居民以厅堂为中心的布局特点，突出厅堂文化和有厅必庭的处理手法，强调庭院文化。在造型上借鉴土楼歇山顶屋面和墙面实大虚小的对比手法，形成了典型的乡土文化。2001年被授予福建省第一批村镇优秀住宅小区。现已建成28户，在建45户，预留宅基地待建的28户。农民住宅区已初具规模。

农民住宅区建设前期，严格按规划设计进行建设，收到很好的效果。后期由于管理不力，出现乱搭乱建现象，造成规划失控，甚至有人自行把二户并联改为二户各自单独建设，山墙间距小者0.3m，大者也不足1.0m，严重违反农村住宅的消防规范要求，随意修改平面，不合理地布置厨房，导致在庭院乱支柴火灶，燃煤四处堆放。立面窗户随意更改，甚至加上极不文明的防盗网。由于家家自主接待游客，户户各自宰杀鸡鸭，造成污水乱排，垃圾乱放，环境卫生恶劣，必须引起重视。村中的空间结构较好，但是在很多地方道路不顺畅，没有形成道路网系统。在空间开敞的位置也没有形成景观点，可以进行一些院落的改造。村中的配套设施也不足，在今后的规划建设中应增加农民文化中心和产业服务中心等设施，为村民和发展旅游业服务。

3.4.1.3 规划目标

（1）新村建设目标

发展休闲度假观光产业和青少年素质教育实践基地。建设以创意性生态农业文化激活农村经济统筹发展的生态文明示范村。

（2）环境保护目标

强化环境保护措施，确保原始森林和次生林不被破坏。实施果林、竹林和禽畜、蔬菜、农作物的无害化生产。采用各种可再生能源，节约能源，加强对各种有害废气、废水和固体废弃物的防治。尤其是做好污水处理和垃圾回收。努力创造清洁、舒适的生活和生产环境。

（3）经济发展目标

依托现有种植业和生态环境资源，开发整合并拓展加工业和服务业，特别是应对芦柑、竹林加工业和禽畜养殖业进行创意性农业文化开发，提高农副产品的附加值，促进全村经济的持续发展，确保农民稳定性收入的大幅提升。

（4）社会发展目标

洋畲村在开发多元生态农业文化，激活农村经济发展的基础上，应着力健全新村的各项社会福利设施（包括医疗卫生、文化教育、养老助残等），努力培养有文化、懂技术、会经营的新型农民，才能发挥广大农民建设新农村的主体作用。

3.4.1.4　规划内容

（1）规划指导思想

① 认真领会和落实党中央努力建设"生产发展、生活宽裕、乡风文明、村容整洁、管理民主"社会主义新农村的决策，本着优先解决农民最迫切要求促进经济发展问题的原则，区分轻重，突出重点进行规划。

② 与城市规划相协调，统筹城乡发展，避免投资浪费。

③ 以建设资源节约型和生态保护型社会为原则，积极采用生态、环保、节约的技术方法和措施。

④ 加强基础设施建设和完善公共服务配套设施。

⑤ 规划坚持量力而行，少花钱多办事，不举债，稳步推进的原则。

（2）产业规划

① 现状分析

a. 环境。优势是有着天然的山形、林地、水系。山形优美，林相丰富，树龄较长，水源丰沛。夏季气温比龙岩市内低 4～5℃，是城里人避暑的好地方。劣势是自然林地有被蚕食的趋势，受到养猪场的影响，局部地区大气污染严重；水系没有维护，局部地区富营养化。

b. 区位。优势是距中心城市不远，只有 15km，半小时可到达。漳赣高速公路龙岩西互通口至 319 国道，距洋畲村只有 0.5km，与省内各主要城市的交通十分方便。劣势是长期以来因为道路的瓶颈限制了村落的发展。

c. 产业。优势是主导产业明显。劣势是除主导产业外，品种单一，配套产业几乎为零，没有完整产业链的意识，经济发展缺乏后劲。没有充分利用自身环境和产业优势，发展创意性文化产业，开辟第三产业——旅游业的意识。

d. 人文。优势是有着革命基点村和古朴的民俗优势。全体村民都具备了勤劳、勇敢、纯朴、聪明、智慧的品质。劣势是缺乏经济、文化、政治的领军人物。

② 规划原则

a. 产业调整。农村经济发展战略应考虑村寨的支柱产业和辅助产业。

b. 产业完善。对于已有的种植业，应进行调整，完善产业链，扩大规模和品种，发展生态农业文化，开发服务业。

c. 产业、观光、展销结合。把农业生产与观光和展销结合在一起，使生产基地成为生产展示、产业观光和销售的场所，增加产品的附加值。

d. 开发与保护。对于自然环境的水土、森林、植被、岩石、瀑布、流泉、溪流进行全方位保护。同时，结合整治，开发为生态农业文化的观光度假旅游区。

e. 容量控制。对规划区内的建设、生产、旅游各环节进行容量控制，保持在一定的生态自循环系统的稳定。

f. 自我完善。村落建设的启动可能要靠政府的倡导和资助，其后期开发应立足本地，因地制宜，自力更生，有步骤分阶段地自我完善，把洋畲村建设成为环境优美，经济富裕的生态文明示范村。

g. 环境整治。村落中心的水、电、路、房、厕、场、园要达到卫生、整洁、安全、优美的标准，要靠全体村民共同努力。

h. 可持续发展。产业的发展一定要从长远利益出发，一定要把握有所为有所不为，不能因小失大，因近碍远。

i. 文化兴村。文化素质的提高是全体村民更远大的理想和目标，大家把希望寄托于下一代，而文化传统的起点应靠集体的投入和努力。应配合新村建设，建设文化学习和活动场所，弘扬地方传统文化。

③ 产业调整与完善

a. 产业调整。洋畲村的支柱产业是芦柑和竹业，这是不容改变的事实，在此基础上，应审时度势，因地制宜地发展相关产业。充分利用现有的生态环境资源，开发休闲度假观光产业。家禽养殖应与果树种植、竹林结合在一起，扩大养殖品种，除鸡鸭外，尚应养鹅、蛇等。

b. 产业完善。现有产业应进行完善，改良品种，防治病虫害，并扩大果树种植面积。利用沿路坡地开展花卉种植，扩大销路。

c. 龙头产业深化。对于柑橘龙头产业，应进行产业深化，改良品种，发展其他果树种植，使其达到一果为主，多果并举，形成四季有花赏、四季有果采。开展生产技术研究和培训、柑橘保鲜、收购、运输、加工（食品加工、药用加工、香料加工）等一条龙配套建设，与地方或外地的农业院校、林业院校联系，形成完整的产业链：科研基地、科普基地、培训基地、生产基地、加工基地。

d. 休闲度假业。依托洋畲村优美的自然生态环境、农村人文环境和生态产业，开展山村休闲度假观光产业是提高环境附加值、产业附加值、村落附加值的有效途径（图3-64）。

④ 产业景区（功能分区）与产业景点（图3-65和图3-66）　古人道：靠山吃山。洋畲村靠的是山，如何把山、水、田资源盘活是最重要的工作。本规划以果林、竹业、农耕及禽畜养殖为支柱产业，开发创意性的生态农业文化，创建富有特色的品牌产业，为开展生态旅游的休闲度假观光产业创造条件，为农业和农村经济发展提供可持续发展的途径。从而为广大农民提供充分就业和发展的机会。为此，必须把洋畲村所有的生态农业文化产业，按风景区的规划方法把其每一项产业活动都发展为产业观光寓教于乐的景点。将洋畲村建成一个能够吸引游客、留住来客，招揽回头客的优雅山村大世界。产业规划与生态旅游的休闲度假观光产业开发紧密结合，相辅相成，使产业景观化，景观产业化。自然风光及人文景观的完美

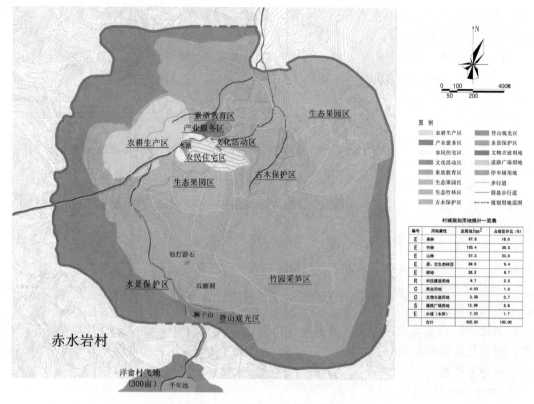

图 3-64　村域土地利用规划图

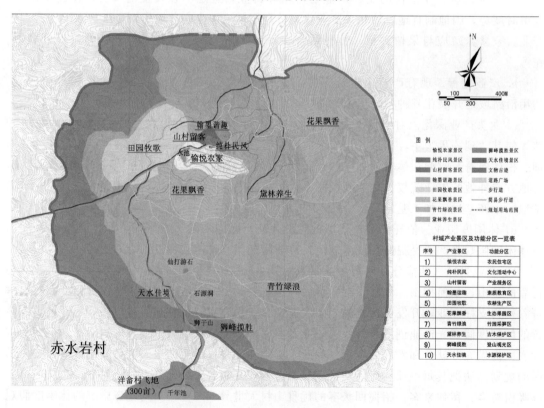

图 3-65　村域产业景区分布图

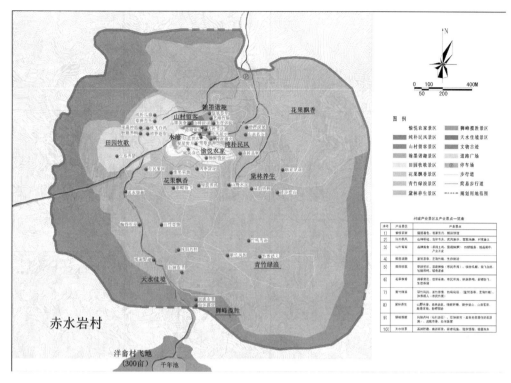

图 3-66　村域产业景点分布图

结合，淳朴的乡间气息、明媚的青翠山色、独特的生态农业、古朴的民情风俗融为一体，可以使游客在饱览秀色山水的同时，品尝到地道的农家菜肴，再加上这里夏季的气温比龙岩市内低 4～5℃，可以成为饱受热浪煎熬，吸满尘土和在钢筋混凝土丛林包围中的城市人逃离繁杂，享受宁静乡村生活的胜地，满足回归自然、返璞归真的情思。规划中，根据洋畲村的产业特点，通过分析研究，洋畲村可开发包括自然生态、人文生态、民间工艺、农耕生产、果木竹林、花卉栽培、餐饮膳食、郊野生活、生物养殖、素质教育等生态农业文化，并按各自不同的生态环境和使用功能等划分为 10 个产业景区（功能分区），每个产业景区由若干展现洋畲山村美景、耐人寻味的产业景点组成（见表 3-1 和图 3-67）。

表 3-1　洋畲生态文明示范村产业景区（功能分区）和产业景点规划一览表

序号	产业景区（功能分区）	产业景点
（1）	愉悦农家（农民住宅区）	①庭院春色、②观星赏月、③畅叙情谊
（2）	纯朴民风（文化活动区）	④山神祈福、⑤古朴节庆、⑥民风展示、⑦莺歌燕舞、⑧村夜篝火
（3）	山村留客（产业服务区）	⑨品牌美食（果园土鸡）、⑩笑迎宾客、⑪精品展示、⑫产业开发
（4）	翰墨谐趣（素质教育区）	⑬篁筑荟萃①、⑭艺海竹编、⑮生存体验
（5）	田园牧歌（农耕生产区）	⑯犁耕乐乐、⑰菜蔬种植（市民农园）、⑱缤纷瓜廊、⑲放飞白鸽、⑳牧鹅养鸭、㉑稻香逐雀
（6）	花果飘香（生态果园区）	㉒四季赏花、㉓佳果采摘、㉔市民果园、㉕树荫养鸡、㉖彩蝶纷飞、㉗生态养猪
（7）	青竹绿浪（竹园采笋区）	㉘翠竹风韵、㉙百竹寄情、㉚竹鸣鸟语、㉛篁筑荟萃①、㉜艺海竹编①、㉝笋香诱人（市民竹园）
（8）	黛林养生（古木保护区）	㉞山野木屋、㉟森林品氧、㊱绿荫听蝉、㊲徒步登山、㊳山泉茗茶、㊴踏青采菇、㊵桫椤探秘
（9）	狮峰览胜（登山观光区）	㊶丹料寻踪（仙打游石）、㊷石洞留芳（革命先辈居住的石源洞）、㊸远眺市景、㊹结伴野营
（10）	天水佳境（水源保护区）	㊺溪涧野趣、㊻幽谷听泉、㊼荷塘观鱼、㊽流水情趣、㊾幼童戏水

① 号景点可同时设在翰墨谐趣和青竹绿浪景区。

图 3-67　村域产业景点总示意

图 3-68　愉悦农家景区意向图

a. 愉悦农家景区（农民住宅区）（图3-68）。在村庄中心形成的集村民居住、游客留宿和手工业加工等于一体的农民住宅区。已经在1999年开始，按照新村规划陆续进行改造，并已初具规模。但应特别重视突出新农村住宅的厅堂文化、庭院文化和乡土文化，强调农村的地方风貌，而非城市景观。

（a）整治。道路建设与整理，应避免按城市道路种植行道树和设置没有实用价值的广场。道路建设除原有水泥路道之外，其他支路人行道应全部采用条石道路、毛石道路或河卵石铺路。

因村庄顺坡而建，分为5个台地，台地边缘的路边为高达5~6m的护坡。因此，护坡建设就更应该注重突出山地建筑的景观化。采用毛石干砌，沟通上下台阶通道用条石干砌，尽量不用砖砌，干砌毛石应交错布置、互相咬合。护坡整体遍植络石为护坡点缀的地被植物。护坡局部干砌花台，种植当地花卉植物，如太阳苋等草本花卉或绀蓝等蔬菜花卉，以减少水土流失，固土护坡，同时美化环境。路缘临护坡处可种植低矮多年木本花卉，如杜鹃，以固土护坡为主。

房前屋后的庭院绿化应以农村庭院文化为主要意向，宅前路为条石或河卵石铺路，两边支柱架棚，种植葡萄、佛手瓜、冬瓜、丝瓜、葫芦瓜、虎豆、葛藤等攀缘瓜果。在宅前留空地，下置石桌石椅，以利宅主或游人休息或娱乐。房子与棚架间为菜地，家家自种四季蔬菜，如瓜类的苦瓜、丝瓜、黄瓜等，豆类的蚕豆、豌豆、状元豆、菜豆、扁豆、黑豆、黄豆；叶类的大白菜、小青菜、生菜、芥菜等；块茎类的马铃薯、地瓜等；花卉类的甘蓝和油菜等；果实类的番茄、茄子等；还有葱、蒜、姜、辣椒等调味蔬菜。所有民宅和护坡均应栽植爬山虎或五叶地锦等攀缘植物做垂直绿化。

拆除乱搭乱建的违章建筑，返住宅环境以本来面目。

引导农民做好厨房布置。凡采用煤作为燃料者应增设烟囱，拆除庭院中的柴火灶。

坚持按规划建设5层台地，并调整布置，杜绝把并联式改为独立式。

拆除与现代文明不相称的防盗网，严格控制住宅间距。

（b）景点布局。庭院春色景点：在合理布置人、车通行道路的基础上，充分利用农宅的房前屋后和每台坡地的挡土墙，搭架种瓜，栽种时令菜蔬、山花、草药，既可美化环境，又可增加收入，展现出四季如春和各具特色的浓郁农家气息，传承乡村独特的庭院文化。

观星赏月景点：在庭院里，闻泥土的香味，观晴空的星月，倾听童谣和故事，展现出童趣无瑕的情思。邻里间的谈笑风生，展现了和谐真情的乡土气息。

畅叙情谊景点：在阳台、在露台，消夏纳凉时，游客与村民畅叙情谊，互相交流着城乡各自的乐趣，可谓乐在其中。这对于缩小城乡文化差异和统筹发展都有好处。

b. 纯朴民风景区（文化活动区）（图3-69）。利用保留的张氏祠堂，经过修缮，展示传统民居的土楼文化和洋畲村的人文历史文化（包括革命基点村的红色文化）。用作文化站、老年活动站和卫生、计生服务站。以张氏祠堂为中心的组团绿地、村口小广场和产业服务区为村中心活动广场共同构成淳朴民风的文化活动区。

（a）山神祈福景点。在村口的山神庙旁，往古树上抛红包祈福，是一种民间的祈福活动，应予以重视修整，可以吸引各年龄阶段的游客参与。

（b）古朴节庆景点。中华五千年的文明史，孕育了很多的传统节庆。在龙岩，在龙门，在洋畲至今仍保留着很多节庆。可以利用节庆的假期，开展弘扬中华传统文化的节庆以定期吸引游客参与活动。

莺歌燕舞

民风展示

山神祈福

古朴节庆

村夜篝火

纯朴民风

赤水岩村

图 3-69　纯朴民风景区意向图

（c）民风展示景点。在文化活动区都可展示当地的各种古朴民风。

（d）莺歌燕舞景点。利用节庆和周末举办富有乡土气息的山歌对唱，采茶灯舞等比赛，活跃群众生活，丰富旅游题材。

（e）村夜篝火景点。可以利用中心广场举办篝火晚会，丰富游客的夜间生活。

c.山村留客景区（产业服务区）（图 3-70）。在规划的产业服务区，布置包括洋畬村集体股份公司的管理办公和为游客提供餐饮、会议、住宿、商业、医疗服务的综合性低层院落式建筑以及村中心活动广场。为开发生态农业文化的创意性产业服务，为开办休闲度假观光的旅游业和农家乐服务。提供单位集体的会议服务，统一打造洋畬村的餐饮食品，展示洋畬的优质产品等。

（a）品牌美食景点。洋畬村的自然生态环境有着很多著名的野生中草药和各种野生菌，再加上在果树下发展生态的立体饲养，其土鸡、土鸭如能坚持不喂人工饲料而在果林散养，其以草籽为食，鸡鸭粪便可为果树提供肥料，真是一举多得。名副其实的土鸡、土鸭可提高其食用价值。如果能和野生中草药、野生菌一并进行创意性饮食文化开发，其附加值又将大幅增加。目前公司加农户的生产管理模式，严格饲养方法，严肃卫生检疫，统一加工制作，进行创意性饮食文化开发，打造品牌美食，统一派送，从而提高洋畬美食的知名度，增加农副产品的附加值。

其他的产品（如鲜笋等的采挖、加工等）均需经过统一开发，方能有可靠的质量保证并增加附加值。

（b）笑迎宾客景点。开发休闲度假观光的旅游业，不仅要为游客提供丰富多彩寓教于乐、富含亲临体验的集农村山、水、田为一体的各种特色活动，更应该为游客提供清洁、安全的食宿条件。通过公司加农户的产业服务，可以统一安排农家乐的住宿和集体游客的住宿

品牌美食（果园土鸡、蔬菜鲜笋）、热情服务、精品展示、产业开发

图 3-70　山村留客景区意向图

以及会议招待等安排。把笑迎宾客的热情服务形成洋畲村一道独特的亮丽风景线。

（c）精品展示景点。芦柑是洋畲的品牌，应加大宣传力度。在开发创意性生态农业文化过程中，又将不断出现各种各样的精品，通过精品展示，可以提高知名度，扩大销路，更可激发积极性。

（d）产业开发景点。利用公司加农户合作的方法，不断研究开发新产品，才能保证洋畲新村经济的持续发展。为此，在产业服务中必须加强对外联络，开发新产品。

d. 翰墨谐趣景区（素质教育区）（图 3-71）。提高集体精神和生存能力的培养，加强社会实践是当前教育中必须认真对待的一个重要课题。由老师带领学生深入实践，在集体生活中师生共同在寓教于乐中建立尊师重教的风尚。生态农业文化有着众多的素质教育资源，洋畲的区位和环境优势都具备开展素质教育的条件，建立素质教育基地，为龙岩市及其周边城市服务，使师生饱享翰墨谐趣。

（a）篁筑荟萃景点。洋畲盛产毛竹，可以借助竹之特性，构筑以竹为材料的各种亭、廊、桥、房、篱、门，使其形成竹建筑世界大观。不仅可以为素质教育提供安全、舒适的住宿条件，建设为旅游服务的各种建筑小品，以提高人们对竹的认识和兴趣，充分展示生态建筑材料的优点。

（b）艺海竹趣景点。可以在竹屋进行各种竹艺的雕刻、制作等实习。领会实践要领，提高艺术修养。详见第 7 章（表 7-4）竹的多种用途及竹工艺品一览表。

（c）生存体验景点。在素质教育基地，还要培养学生的生存能力，独立生活的能力，学会打扫卫生、做饭、洗衣服等基本的生活能力。

e. 田园牧歌景区（农耕生产区）（图 3-72）。满山的果树和竹林，洋畲耕地虽然不多，但对于开发创意性的生态农业文化，却是不可缺少的，对于耕地，都要进行充分的利用和开发。

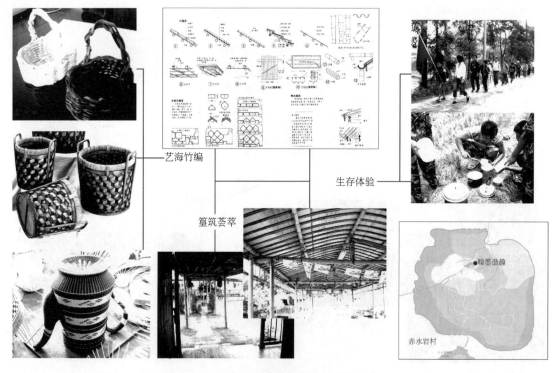

图 3-71　翰墨谐趣景区意向图

图 3-72　田园牧歌景区意向图

（a）犁耕苦乐景点。犁耕是传统农业的基本方法，让游客及学生在参与犁耕过程中，体会传统农业生产的苦与乐，从中深深地领悟"粒粒皆辛苦"的内涵。

（b）菜蔬种植景点（市民农园）。可以拿出部分耕地租赁给市民，由市民游客定期来洋畲在村民指导下从事菜蔬的栽培和收成。既可以吸引城市居民经常下乡参与农耕活动，加强城乡交流，又可以确保村民的稳定性收入。

（c）缤纷瓜廊景点。在田园牧歌景区利用通道搭建连续或间断的瓜廊、在部分游览路线上搭建瓜廊、还可利用农民住宅区的护坡与房屋山墙的空隙搭建瓜廊。瓜廊多姿多彩的瓜果和花朵，既可供游客纳凉、散步、观赏，还可供游客在不同的季节采摘各自需要的瓜、豆类和药材（如金银花）。缤纷瓜廊尽显农家风采，丰硕的各色瓜豆又让人目不暇接、垂涎欲滴。

（d）放飞白鸽景点。放飞白鸽可以让人与鸽子共同享受自由飞翔的乐趣。组织节日的百鸽放飞，场景壮观，引人入胜。尤其为青少年所追崇。

（e）牧鹅放鸭景点。鹅与鸭都是农家最为喜爱的家禽，如果能举办牧鹅放鸭活动，可让城里人眼前为之一亮，心中为之一振，深深地感受到山乡的野趣。

（f）稻香逐雀景点。每逢水稻成熟，都会有成群的鸟雀觅食于稻田，严重影响水稻的收成，编扎稻草人，随风摇晃，可以起到逐雀赶鸟的功能。如果能在稻香之时，组织青少年开展富含农耕文化特色的稻草人编扎比赛，将会为广大游客带来无穷乐趣，同时还可进行稻田的收割体验。

f. 花果飘香景区（生态果园区）（图 3-73）。芦柑不仅是洋畲由贫困走向脱贫致富的标志，也是洋畲开始闻名的象征。洋畲的芦柑种植已有近二十年的历史，现在芦柑树大都已经老化，尤其是出现黄龙病害（芦柑的癌症），已威胁到芦柑的发展。同时，果树的单一品种也不能适应洋畲发展休闲度假观光旅游产业的现状。为此，建议分布在洋畲村地域东西两部分的芦柑果林适时更换优良品种，传承芦柑种植的品牌。与此同时，增加果林品种，确保四季有花开，四季有果摘。这样便可以吸引游客经常到洋畲赏花品果，以期达到提高知名度和经济效益的目的。

图 3-73　花果飘香景区意向图

（a）四季赏花景点。不同的果树有不同的花期，如能合理搭配，可以做到洋畲村不同的季节会有不同的景象。登狮峰俯瞰洋畲随季节变化而形成的万千景象，将会令人流连忘返。

（b）佳果采摘景点。如能做到四季均有佳果成熟，将会吸引游客按时令季节来采果尝鲜，真是美不胜收。也可招揽很多的回头客，这将为洋畲经济的繁荣发展打下基础。

（c）市民果园景点。对于果树的栽培和种植，很多市民都颇有兴趣，可以把邻近洋畲农民住宅区的部分果树租赁给市民，由村民参与指导。在果树附近搭盖承租给市民的小木屋，这不仅可以确保农民的稳定性收入，也还可以吸引市民经常到洋畲来，做到留住来客，加强城乡交流，有利于经济的发展。

（d）树荫养鸡景点。果树下散养土鸡，已获初步成效，也已获得村民的认可。当前最紧迫的任务是引导农民选择优良品种，严格饲养方法，为培育洋畲土鸡品牌创造条件。要达到确保优质，唯一的出路也只能是采取公司加农户的管理方法，才能有严格的质量保证。

（e）彩蝶纷飞景点。花果飘香，必然会引来彩蝶纷飞。因此，随着果树品种的增加，也应适时引进彩蝶的繁殖。到时彩蝶纷飞的景点，也必将成为洋畲吸引游客的新亮点。

（f）生态猪场景区。洋畲村的生态猪场已初具规模，猪粪和清理废水进入沼气地造气，沼气用作燃料和照明，沼液和沼渣用作果林施肥的生态链已形成，应深入开发。使其形成生态能源和生态环境保护的体验基地。

g. 青竹绿浪景区（竹园采笋区）（图 3-74）。狮子山下，有着郁郁葱葱的毛竹林，当山风跃过，高大的竹林形成如潮水般的滚滚绿浪，此起彼伏，令人陶醉。游人在林内可感觉到最自然悦耳的天籁之声，获得青竹绿浪以养目。

图 3-74　青竹绿浪景区意向图

竹林在我国的南方遍地皆是，大有开发前景。在洋畲村，为了开发生态农业文化，就必须利用大面积竹林的自然资源。只有把竹的文章做大、做全、做活、做好，才能为提高洋畲村的知名度创造条件。

为了提高品味，增强观赏价值，规划中除了进行林地垦复和施肥、留笋养竹外，在毛竹林内应套种枫香、乌桕、紫树、鹅掌楸、卫茅等色叶植物以构成气势磅礴、季节变异、绮丽缤纷的植物景观。与此同时，可布置如下景点。

（a）翠竹风韵景点。它与夹种在绿竹中的桃树形成桃红竹绿的春天，傍水植荷形成疏影荷香的夏天，栽植枫香形成碧竹丹枫的秋天景象，与松、梅同植形成岁寒三友的冬景。这四组小品形成了四季的变迁，使千亩竹海以诱人的风韵可以增添无限的活力。

（b）百竹寄情景点。利用繁多竹类的各种色泽斑痕和气势，题写竹名，习性外配以名人石刻诗题，寄托无限情思，提高其耐人寻味的文化内涵。举办诗文竞赛，收集精华，扩大影响。

（c）竹坞鸟语景点。在地势较为平缓的竹林内，采用悬网围合并构筑鸟巢套种色叶植物的同时，进行场地整理和林下绿化，依鸟类生活习性分区，圈养孔雀、八哥、画眉、鹧鸪、飞龙、杜鹃、鹦鹉、黄莺、鸵鸟、猫头鹰、秃鹫等鸟类，为游人提供莺歌燕舞的欢乐景象。

（d）篁筑荟萃景点。借助竹之特性，构筑以竹为材料的各种亭、台、楼、阁、榭、廊、桥、架、篱、门，使其形成竹建筑的世界大观，不仅可为景区提供各种供游人休闲使用的小品，也能提高人们对竹认识的兴趣，进而通过不断完善努力使其形成全国乃至世界最大最全的竹建筑群，以提高洋畲村的知名度。为了便于结合开展素质教育，此景点部分集中设置在尊师重教景区，部分集中设置在愉悦农家景区。

（e）艺海竹趣景点。竹除了可以用作各种建筑的结构材料外，还可用于举办竹趣竞赛，收集竹艺精华，扩大其知名度和影响力，制作诸如桌椅、板凳、床、柜等家具，也还可以制作各种各样的工艺品和生活用具。在这里可以设立一座竹艺博览馆和加工厂的竹建筑。既可以供游客学习制作和了解各种竹材的利用，培养人们的艺术兴趣，也可提供旅游纪念品以及举办各种竹艺大赛，是一个一举多得的景点。为了便于结合开展素质教育，此景点部分集中设置在翰墨谐趣景区。

（f）笋香诱人景点（市民竹园）。开辟部分竹林，承租给市民，并为市民搭建竹屋，供市民度假管理竹林，采挖竹笋，学习竹艺，可收到独特的效果。

h. 黛林养生景区（古木保护区）（图 3-75）。在洋畲农民住宅区的东侧分布着栲树、青栎、米槠、闽薹栲等树种组成的碧绿如黛的天然阔叶林，林内古木参天，藤附蔓依，草木繁茂，蜿蜒的山径崎岖不平原始色彩十分浓重，是一处未经污染和破坏的处女地。山风吹来，林涛阵阵，碧波万顷，惬意舒畅。

（a）山野木屋。规划以木、草为材料，修建若干幢依坡而建，形式各异，与周围环境相协调的山野木屋，虽为人作，宛如天工。以供游人休息或住宿。

（b）森林品氧。天然阔叶林古朴原始，枝叶繁茂，盘根错节，极富山野情趣。林中设悬网、秋千、躺椅、带美人靠的凉亭、游廊。游人或坐或站或漫步其间，尽享天然氧吧、清新空气，荡气回肠。同时，于林内修建木质游人步道，并选择数处平缓坡地，经清理供游人用作怡情健身，体验回归大自然的乐趣。

（c）绿荫听蝉。枯燥的城市环境，炎热的夏季，再也听不到让人感到凉意的蝉声。在繁茂的原始森林中，品味着天然氧吧的同时，伴随着蝉声的阵阵凉风，令人陶醉。

（d）山泉茗茶。于林荫下的凉亭中，吸着富含负离子的新鲜空气，品尝山泉浸泡的天然山茶，更是悠然自得，其乐无穷。

图 3-75　黛林养生景区意向图

（e）徒步登山。踏着林荫道，拾级而上，鼓励社会各界自愿捐赠各种富有传统文化内涵的碑刻，陈列于登山路两侧。沿途时而观赏石碑铭文，时而依亭眺望，吸饱负离子，登山享受阳光的沐浴，获得净化心灵，陶冶情操的感受。

（f）踏青采菇。居于乡间山野木屋，雨后天晴。随村民踏青采菇，品味新鲜天然香菌，其乐无穷。

（g）桫椤探秘。桫椤，只能生长在北回归线附近、地震断裂带无水质污染的环境，是与恐龙同时期的古生物。在洋畲的原始森林中，还生长着颇多的古桫椤所形成的桫椤沟。徒步深入，探寻神秘，可以增长知识，提高对生态环境的保护意识。

i. 狮峰览胜景区（登山观光区）（图 3-76）。登高远望，一览众山小，远眺市景，心怀舒畅，令人神往。在徒步登山途中，可以经过几处独特的景点，更是耐人寻味。

（a）丹料寻踪。在狮子山上有一堆景观独特的深褐色石块，这些独特的石头突然出现在山头，令人甚觉奇特，顿起寻踪求源之兴趣。据传，这是八仙之一的吕洞宾于此炼丹剩下的石料，故谓之仙打游石。卢先发先生诗曰："求仙得道吕纯阳，狮子山中修炼忙，九转炉旁丹料在，留与后人恩泽长。"

（b）石洞留芳景点。山上的石源洞，在革命年代的后田暴动中，曾经是革命先辈居住的地方，这里留下了革命先辈的红色史迹，蕴涵着洋畲革命基点村的红色文化。

（c）远眺市景。登上狮子山，龙岩市区尽收眼底。连绵起伏的山脉延伸至天边，给人非凡的视觉感受。入夜万千灯火映照的市区夜景，更是光彩夺目，美不胜收。

（d）结伴露营。带上帐篷，山顶扎营，清风习习，结伴畅叙，更是一番时尚。

j. 天水佳境景区（水源保护区）（图 3-77）。水是生命之源，人的亲水性使得人们对水有着极其深厚的感情。山灵水秀，未受任何污染，溪水清澈。规划中建议利用地势高差，分段以原石筑斜坡为堤，分级分段蓄水，形成天水佳境，建设以水为主题的景点。特别是流水

仙打游石

远眺市景

石洞流芳

（革命先辈居住过的石源洞）

结伴露营

狮峰览胜

赤水岩村

图 3-76 狮峰览胜景区意向图

流水情趣

幼童戏水

幽谷听泉

荷塘观鱼

溪涧野趣

天水佳境

赤水岩村

图 3-77 天水佳境景区意向图

情趣这一景点的构思，它以水往低处流的原理和多种让水往高处流的科学技术使青少年从参与活动中得到启迪，并努力创造人水交融其乐无穷的欢快气息。

（a）溪涧野趣。可让游客，特别是小孩子，直接到山涧小溪中去涉水，抓鱼摸虾，其乐无穷。

（b）幽谷听泉。泉水叮当响，是人们（尤其是城里人）回归大自然的向往，可以选一山谷建造竹亭，为人们提供一个饮茶听泉的清静幽闲场所。

（c）荷塘观鱼。开辟荷花鱼塘，养殖鲤鱼等观赏鱼，供游人喂养，看金鱼争饵、群鱼跳跃，异常活跃，极其动人。

（d）流水情趣。既可以制作滴水穿石，水到渠成的小品，还可以利用水往低处流，进行计时，设计水车推磨，小型发电等。同时可以创造条件让游客参与各种水往高处流的活动，这里既有简单的提水、挑水，也有古老的戽水、手摇水车、脚踏水车（坐或立），近代的手压抽水机，脚踩抽水机。更有现代的抽水机、喷灌及各种喷泉，还可建设小型的室内戏水园供孩子们在游戏中得到科学的启迪，在这里不但可以体验到先人们的聪明才智，又可以在参与中得到欢乐。

（e）幼童戏水。改造村口小水池，地底填垫小河卵石，水位控制在 30cm 左右，供幼童入池戏水。

⑤ 农民住宅区（住宅小区）规划 农民住宅区应严格依据 2007 年年底完成的村庄整治规划，按照 5 个台地进行规划布局。规划布置的农民住宅除满足全村 88 户的需要外，剩余的可用做开展休闲度假观光的农家乐住宿设施。

a. 房屋安全。现有的建筑质量，绝大部分都是新建的砖混结构三层住宅，质量普遍较好。房屋的安全性较好。对拟保留用作文化活动站的张氏祠堂传统民居应认真做好修缮。由于管理不力，后期建设的房屋山墙间距较近，存在消防隐患。因此在农民住宅区的整治中，应对房基地的产权所属进行明确划分，扩大公共空间，也利于房屋的消防。

b. 空间布局。房屋布局以并联式住宅为主，分五个台地，顺山形等高线布置。在建设中应加强对宅基地进行规范处理，突出院落格局，促进邻里交流。院落之间的空间应减少硬化增加绿化处理，利用地方材料设置踏步，丰富空间感觉。

c. 建筑形式。已建成的三层住宅，为没有收山的歇山顶住宅，山墙面以实为主，开设尺寸较小的窗洞，传承了土楼民居的乡土风貌。正立面展现了开敞简洁的现代气息。玫瑰红的屋顶，浅黄色的墙面，在满山青绿的果木和竹林衬托下，给人以轻快、舒爽的诱人感受，当人们经过迂回曲折的绿荫山路，望见风貌独特的新颖农舍隐于古木扶疏之间的山村，如同进入人间仙境，都叹为观止，大加赞誉。应努力加以保护。但是由于管理无力，有些房子没有完整建设，私搭乱建比较严重，严重影响整体效果。建议拆除私搭乱建的杂乱建筑。

d. 环境及卫生整治。现状环境及卫生状况比较落后，需要大力改造。首先必须增加公共厕所及垃圾收集站。严禁村民室外支灶做饭，统一使用房子内部的厨房，引导居民合理布局厨房和正确使用燃料。推进健康的生活方式，改善环境。美化和整洁村道，建设居民锻炼与娱乐聚会的场所。建设健康、卫生的新农村（图 3-78）。

⑥ 道路交通规划

a. 道路。在村域方面，依托现有的洋畲村到 319 国道主要的对外公路交通系统。为开辟更多的旅游区形成新罗区西部旅游带创造条件。也可为洋畲村带来更多的客源，建议建设洋畲村到赤水岩的道路，使洋畲村及狮子山成为旅游线路中的一部分，同时建设洋畲村至五星村的道路，这样有利于推动观光农业与民俗文化旅游一体化发展，加快镇域旅游资源的整合与规模化经营。将现有的步行道路与狮子山、笔架山景区的道路相连接，并增加村域西部

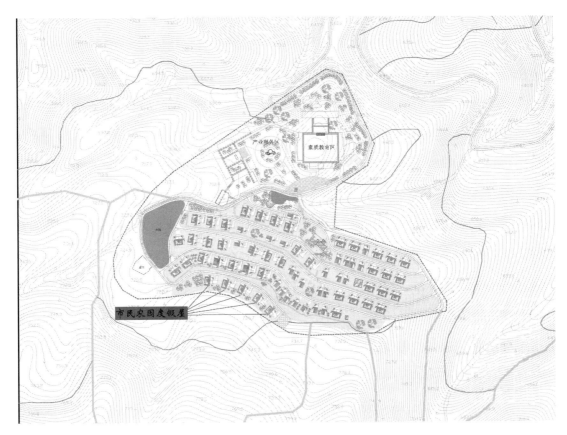

图 3-78 农民住宅区分布

新开发芦柑园的步行路，形成村域的道路网系统，增加各个景区和景点的可达性，依托道路形成景观环线。

在农民住宅区的整治规划中，为适应发展的需要，满足消防以及救护的要求，在不大拆大建的前提下，应按原规划形成环状道路网。除村庄主干道为水泥路面外，其他道路进行鹅卵石硬化和整治。

b. 广场

（a）在农民住宅区整治改造过程中，废弃的宅基地可适当开辟为村民休闲和娱乐的组团广场。布置健身器材，为提高全村居民的身体素质提供场所和设施。

（b）在产业服务区，设置村庄广场。在村庄广场建设中要注意因地制宜，结合产业服务和组织乡土文化活动的需要，根据本村实际和文化脉络，避免照搬照抄城市大广场的做法，创造出有地方特色和文化内涵的休闲娱乐场所，陶冶情操。

c. 停车。为适应洋畲村旅游产业的发展，满足外来游客的停车需求，在村域入口处开辟社会公共停车位 200 个。然后换乘电瓶车入村，以减少村域的污染。随着村民生活的日益改善，应在保证住宅每户均有一个室内停车库的基础上，利用空闲杂地，增设绿荫停车点。

⑦ 供水规划　规划中输水管道线的改造与配套如下：一是从邻近水库引水，增加供水量，以适应产业发展的需要；二是管道线路走向优化设计；三是干线和支线管道供水能力的设计。输水管道的改造与配套设计应坚持超前理念，形成以农村住宅区为中心的管网系统和管理系统。管网建设应以线路最短、水源不受污染、容易检修为基本原则。洋畲村在现有蓄

水池的基础上进行修缮，并配备相应洁水设备，便可为村民和外来游客提供洁净的饮用水。

⑧ 排水规划

a. 排污。规划中对现有排水管道进行全面改造：一是改裸露地铺式为浅土地埋式或盖板式，以改善村庄的景观面貌；二是合理增加管径，以满足全体村民和新建公共服务设施的排水要求。

b. 污水处理。目前洋畲村尚无污水处理设施或污水处理厂，未经处理的生活污水直接排放到防洪沟、房前屋后或河道造成污染。规划中在本村建设 CWT 污水处理系统一处，以满足村民生活污水和公共服务设施的污水处理要求。并且实现污水处理与回收利用相结合，节约宝贵的水资源。

c. 公共厕所。在住宅小区中现仅有一处厕所的基础上，新增设两到三处水冲式公共厕所，使其达到生态厕所的要求。并在素质教育区、产业服务区、登山观光区及相关产业景点增设生态厕所，为游客提供方便。

d. 雨水收集。规划在农民住宅区西侧开发雨水收集的荷塘，既可收集雨水又可植荷养鱼。

⑨ 垃圾处理规划　本村的垃圾以煤渣、厨余等生活垃圾为主，没有统一的垃圾填埋场。村镇生活垃圾随意丢弃，对村庄环境的影响较大。规划中在村中分设几处垃圾收集点，一处垃圾集中收集站。由镇级统一运输，区级统一处理。既可满足环境卫生的需求，又在各景点应分设垃圾桶方便使用，以期达到最好的环境保护效果。

⑩ 公共服务设施规划

a. 商业服务。规划中建议对全村的农家乐交由村集体股份有限公司进行统一标准的准入制度，严格要求卫生及硬件设施必须达标，相关人员也要进行职业培训，以提升旅游服务质量。规划集中建设产业服务中心，包括芦柑博物馆、芦柑销售接待、旅游商品部、餐饮设施、娱乐中心、购物中心、医疗中心。既能为游客提供丰富的旅游项目和服务设施，又可增加本村财政收入。另外，在农民住宅区内，可由村民根据需要自行设置小卖部。

b. 医疗卫生。规划在产业服务中心设立 200m² 的卫生站，并增加急救设备，配备经过专业培训的卫生员，可兼顾村民医疗使用和游客发生意外事件时的处理。

c. 教育设施。幼儿园、中小学由镇统一布置、安排，村民集中接送。

d. 文化娱乐。现有的洋畲村文化站面积不足，设施匮乏，不能满足村民日益增长的精神文化需求。因此在规划中建议利用保留的张氏祠堂开辟文化站及老年活动中心，并在产业服务中心设立教育活动中心，对村民进行相关职业培训，在提高村民文化素质的同时，为发展农村经济创造条件。

⑪ 绿化美化规划　对于洋畲村的建设来说，应特别强调在对山地、林地资源的开发时注重生态保护，对资源的利用和开发应适度，杜绝破坏生态环境的开发，走可持续性发展的道路。洋畲村虽无严重的环境污染源，但是部分居民长期使用煤为主要的燃料，会对环境造成一定的影响。在规划中应改变其旧有的生活习惯，采用太阳能及风能等无污染、可再生的能源，煤及柴为辅助能源。农家乐生活垃圾及养殖业污水不可随意排放，应集中进行收集处理。在游览区建立足够的厕所和垃圾收集点，以便断绝可能的污染源。

⑫ 防灾规划

a. 防洪规划

洋畲村的防洪沟对本村的安全和景观都起到至关重要的作用。但防洪沟的现状存在诸多问题，主要表现在界限不明、垃圾堆放、景观不雅等方面。因此规划中结合景观创造应对防洪沟进行全面整治，包括适当改造防洪沟，清理沟中垃圾，增加景观设置。

b. 消防规划

洋畲村的消防规划分为村庄消防和村域林区消防两个部分。在规划中将在村庄的中部修建环形车道，满足消防半径的要求。结合建立消防管网和配备灭火器等消防器具。利用新辟的荷塘和村口水池作为消防水池。村域林区消防则应建立统一以防为主的消防安排。

c. 防震规划

由于洋畲村地势复杂，防震规划中应考虑住宅安全，对保留的土楼民宅进行相应加固和维修。新建建筑应按照国家的抗震规范及龙岩市提出抗震要求进行设计，尽量避免地震发生时村民的生命和财产损失。利用住宅小区的组团绿地及产业服务区的广场作为避难的场所。

d. 卫生防疫

加强卫生防疫的教育，健全动、植物的检疫和监督，尤其是对禽流感和其他流传病的防控。建设医疗急救站和卫生所，为村民和广大游客服务。

⑬ 旅游规划　洋畲生态文明示范村的规划，立足于保护生态环境和开发创意性生态农业文化，促进了产业景观化和景观产业化的塑造，不仅可以提供更多、更好、更吸引人的观光景区和景点，而且提高了农业生产和环境保护的文化内涵，提升了农业观光产业的品位，建立集体股份制企业，完善了卫生、安全、健康等保障措施，从而可以改变当前粗放、低效"农家乐"的无序发展状态，为富含文化内涵，集观光、旅游度假、住宿、餐饮为一条龙服务的富含文化特色的"乡村游"提供有序可持续发展的保证。洋畲生态文明示范村规划的实施，将在提高洋畲环境质量的同时，为休闲度假观光的旅游产业规划 10 个景区 47 个景点，让游客脚踏在高磁位的大地上，沐浴在明媚的阳光下，充分吸收清新的空气负离子，品尝甘甜的山泉水，享受大自然赐给的人类生命健康四大要素，为开发休闲度假观光旅游业创造坚实的基础，让游客获得回归自然的"天趣"、乡土气息的"谐趣"、重在参与的"乐趣"、各得其乐的"撷趣"和净化心灵的"雅趣"，达到吸引游客、留住来客和招揽回头客的旅游产业发展目标（图3-79）。

a. 旅游分类

通过对景区和景点的分析，洋畲生态文明示范村的旅游组织可分为：一日游、短假游、教育游和长假游。

（a）一日游。指的是早上来晚上归，不留宿的一天游。

ⅰ. 常年性的一日游。可供选择的景点有庭院春色、山神祈福、品牌美食、精品展示、篁筑荟萃、犁耕苦乐、树荫养鸡、生态猪场、竹鸣鸟语、森林品氧、徒步登山、山泉茗茶、桫椤探秘、丹料寻踪、石洞留芳、幽谷听泉、荷塘观鱼、流水情趣等。

ⅱ. 季节性的一日游。可供选择的景点除常年性的一日游景点外，还有一些是具有季节性的可供一日游的景点。如古朴节庆、菜蔬种植、缤纷瓜廊、稻香逐雀、四季赏花、佳果采摘、彩蝶纷飞、翠竹风韵、笋香诱人、绿荫听蝉、踏青采菇、溪涧野趣、幼童戏水。

洋畲村众多的观光景点，一日游是不可能都走到的，可根据季节变化和游客兴趣，在导游的指导下，自行选择，未能走到，可留待下次再来。

（b）短假游。双休日和节庆的短假，一般都在两至三天。

ⅰ. 间断性的短假游。经过创意性生态农业文化开发的洋畲村，不仅在农民住宅区里的

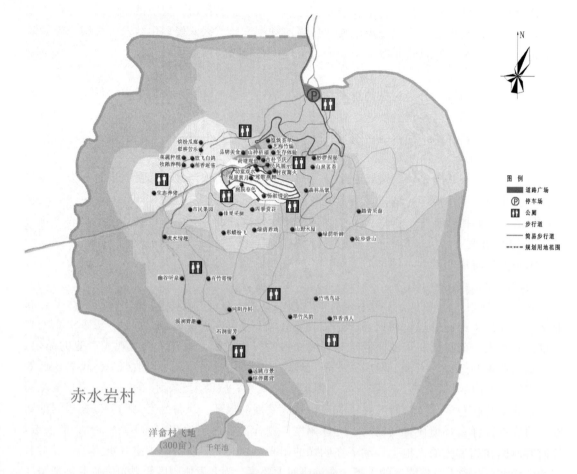

图 3-79 旅游路线

农民住宅可以向游客提供住宿条件，还特别开辟了为游客提供食宿的产业服务中心和农民住宅楼。这些都为开展短假游和会议接待创造了条件，其景点除了一日游的景点外，还包括观星赏月、畅叙情谊、民风展示、莺歌燕舞、村夜篝火、产业开发、笑迎宾客、百竹寄情。

ⅱ. 周期性的短假游。在洋畬生态文明示范村的规划中，还特地开发了市民果园、市民农园、市民竹园以及山野木屋等景点，建设为产业服务的小木屋和小竹屋。由市民承租部分果木、耕地和竹林，在村民的指导和协助管理下进行周期性的产业活动。形成周期性的短假游，可以吸引周期性的游客。

ⅲ. 教育游。在规划中布置的翰墨谐趣景区，专门设置了以竹建筑为主题的篁筑荟萃景点，可以为开展老师的带领下的学生素质教育提供食宿和活动场所，艺海竹趣景点可供长假游。洋畬村优美的环境和创意性生态农业文化开发，以及其气候条件（夏季比城里低 4～5℃）将会吸引很多游客来此进行较长时间的度假和避暑。

b. 旅游管理

（a）洋畬村旅游服务业应建立以村集体股份企业为龙头带领农户形成洋畬村的支柱产业。

（b）所有旅游服务设施的产权应在确保洋畬村的村民和集体利益不受侵害的前提下，采取招商引资联合经营或中、长期出租等方式灵活安排。

（c）客源组织。应加强宣传，提高知名度。努力与各旅游机构合作，扩大影响，吸引游客。

（d）游客的容量控制。应根据洋畲村的实际接待能力，分期进行调整。

3.4.1.5 公共建筑设计

（1）产业服务中心

产业服务中心是本次规划最主要的一组建筑群，它是集餐饮、住宿、会议、医疗卫生、文娱活动、商业服务管理和开发等功能于一体的建筑群。由院落低层建筑组成，以便于分期建设。建筑造型以歇山坡屋顶为主，与农民住宅应相互协调。

（2）素质教育基地

由廊、亭、房等组成单层院落式竹建筑，应使用方便、安全可靠，并突出乡土特色。

（3）村委会改造

现有村委会应保留，但需要进行改造。

a. 拆除围墙、使其与新建的产业服务中心形成整体。

b. 屋顶改为歇山坡屋顶。

3.4.1.6 规划实施

借助社会主义新农村建设契机，积极实施镇村联动发展战略，坚持以科学发展观为指导，以增加农民收入、提高农民整体素质和改善农民生活质量为中心，围绕农村产业和经济的发展，建设"生产发展、生活宽裕、乡风文明、村容整洁、管理卫生"的社会主义新农村。

（1）促进传统农业向现代农业转变

创新农业发展思路，推进农业增长方式转变，加快发展特色农业与观光农业，构建现代农业的格局，精心组织和实施优势农产品芦柑、竹林等的发展规划，大力开发创意性农业文化产业，拓展农业的经济功能、社会功能和生态功能，使农业真正成为功能多样化、效益高效化的产业。加强农副产品的质量安全，推行农副产品的标准化生产。

（2）促进传统村落向新农村的转变

借助区镇两级公共财政的倾斜政策，推动社会公共资源向农村倾斜、公共设施向农村延伸、公共服务向农村覆盖、城市文明向农村辐射。重点加强农村供水、供电、道路、通信等基础设施建设，提高城乡基础设施的共享度，解决全村农村生产生活基础设施的瓶颈制约。制定和完善农村新社区建设规划和标准，加快推进洋畲村的建设，增加对农村公共产品的投入供给，大力发展各项社会事业，培育洋畲村公共服务业，构建产业服务、购物、医疗、文体活动服务圈。

（3）着力提高农民文化知识水平

重点提高农民培训力度，推进农村劳动力空间和职业转移，有效整合和利用现有的各类教育培训资源。建立多元化的培训投入机制，建立培训补助机制，支持企业提高对农民的就业吸纳能力。

（4）大力推进村域经济合作社股份合作制改革

坚持分类指导，先易后难，分步推进，以洋畲村作为重点积极有序推进；进一步落实，并为集体经济发展留有余地，为村级集体资产保值增值提供空间和发展条件。

（5）加快农业科技推广体制改革

鼓励支持农技推广机构和专家与洋畲村特色农业、观光园区合作，组建专业技术推广机构，促进农业科技供给与产业需求的有效对接。

（6）具体措施

洋畲生态文明示范村的建设是一个先行先试的试点工程，缺乏可以借鉴的成功经验，很多方面都处在研究探索之中。因此，必须加强领导，认真组织实施，及时总结，以确保试点建设的顺利进行。

① 组织保证

a. 尽快成立洋畲村集体股份制公司，带动村民对规划制度分步实施。

b. 加强组织支持力度，由区、镇政府选派干部直接参加组织规划的实施。

c. 洋畲村生态文明示范村的建设是以开发创意性生态农业文化为基础进行规划的，涉及各部门的工作，为避免重复实施，互相干扰，建议规划实施领导小组，由区建设局负责统一协调。

d. 建议以建设"生态文明示范村"作为研究课题，申报课题立项，开展专题研究。

e. 本规划是洋畲生态文明示范村建设的总体规划，规划批准后，应抓紧各项详细规划，以确保规划的实施。

② 动员群众

a. 召开村民代表大会，大力宣传建设生态文明示范村的目的意义和做法，发动群众自力更生参与建设。

b. 动员群众入股集体股份制公司，走共同致富的道路。

c. 制定村规民约，发扬建设初期的民主监督机制，严格按规划进行建设，干部带头，群众监督。拆除违章的私搭乱建建筑，清理露天搭灶。拆取防盗网，清理杂物的杂乱堆放。

③ 引进知识

a. 由规划实施领导小组统一聘请专家对规划的实施进行长期的跟踪指导。尤其要首先集中精力，防止芦柑树病害的蔓延和引进优良果树品种。

b. 按照本规划组织各部门进行专项规划，并分期分步进行施工图设计和建设。

c. 全方位地引进各种专业人才定期到村服务或指导。

④ 资金落实

a. 在洋畲村集体股份制公司成立后，可发动村民自愿入股吸纳建设资金。也可由股份公司在做好村资产评估的基础上，向银行贷款或引进资金，进行互利互惠共同开发，共同获利。

b. 申报科研课题，争取上级部门的支持。

c. 应坚持少投入，快建成，早收益的建设方法，先易后难，先简后繁地进行建设。切忌盲目追求大、洋、全，坚持就地取材、因地制宜。注重乡土文化，展现农村风貌。

⑤ 进度安排

a. 近期应立即进行农民住宅区的整治。

b. 尽快完成产业服务区和素质教育区的建设，并争取在 2008 年芦柑采摘节前投入使用，接待游客。

c. 争取在 2009 年落实完成生态农业文化产业的规划，并组织实施。

d. 在 2010 年完成规划全面实施。

⑥ 展望

通过大家的共同努力,洋畲生态文明示范村规划的实施,将以其展现生态农业文化的崭新风貌呈现在世人面前。

一座座新颖的农宅、一处处独特的景点、一股股朴实的民风、一派派激扬的生机,将令人目不暇接:一个个欢快的笑脸、一声声真情的问候、一阵阵悠扬的鸟鸣、一丝丝清新的空气足以令人心旷神怡。

可以深信,未来的洋畲村将会成为一个令人赞叹的新亮点、一个令人向往的旅游区、一个令人陶醉的度假园、一个令人流连忘返的新山村。

建设项目一览表如表 3-2 所列。

表 3-2　建设项目一览表

项　　目	结构特征	数　　量	估计造价/万元	建议实施期限
缤纷瓜廊	竹廊	2000m	60	2008 年建成
素质教育用房	竹建筑	1600m²	80	2008 年建成
产业服务楼	砖混结构	3000m²	240	2009 年 6 月建成
观景亭	竹或木	10 座	8	2008 年 5 座,2009 年 5 座
市民农园度假屋	砖混结构	10 幢,每幢 270m²	138	2009 年建成
市民果园小木屋	木建筑	10 座,每座 36m²	30	2009 年建成
市民竹园小竹屋	竹建筑	10 座,每座 36m²	30	2009 年建成
游览步行道	河卵石或乱石	12000m	60	2010 年建成
水沟	河卵石或乱石	2500m	60	2010 年建成
水池	河卵石或乱石	3400m²	80	2010 年建成
水冲公厕	砖混结构	2 座	8	2008 年建成
生态公厕	成品	8 座	8	2009 年建成
垃圾回收箱	自制	100 个	10	2009 年完成
预计总投资		812 万元		

3.4.2　京西山区涧沟村景观规划

农业、农村、农民问题一直都是决定我国现代化进程的关键性问题之一。为贯彻落实以人为本、全面协调可持续的科学发展观,中央提出建设社会主义新农村的号召,农村的规划也成为了全国新的规划热点。新农村的建设不仅会促进农村面貌的改变,有利于和谐社会的建设,更将惠及广大农民群众生活质量的改善提高。北京市于 2006 年在远郊区县选定 80 个村庄作为新农村建设的试点村进行规划。虽然妙峰山镇涧沟村不在其中,但是有幸纳入同批之列(本规划已获上级政府批准施行)。正如每一个试点村一样,它既具有鲜明的特点与优势,也存在着诸多的问题,亟待改造与规划,探讨与研究。

(1) 现状问题分析

涧沟村属于门头沟区妙峰山镇的镇辖村。现状居民总人口 540 人,村域面积 12.94 平方公里,村庄建设用地范围约为 15 公顷。聚落呈带状,沿涧沟南北两侧展开,潺潺涧水穿村而过。因位于三条山沟交汇处,明代称三岔涧。村北妙峰山顶有始建于明末的娘娘庙(碧霞元君庙),其殿宇亭塔、楹联匾额、松石雕刻壮观优美,名声极大,1986 年被列为区级文物保护单位和市重点开发建设的旅游区域之一。涧沟村以玫瑰种植闻名,玫瑰花的种植与玫瑰花油粗加工(现代化妆品香精原料)及旅游业是经济的主要来源(图 3-80)。

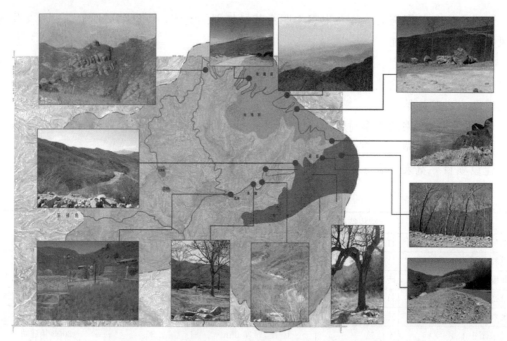

图 3-80　村域景观现状图

存在的问题是玫瑰产业缺乏农林灌溉系统，主要还是靠天吃饭。旅游业的季节性很强，主要集中在夏秋与庙会期间，而且缺乏相关的旅游业开发总体策划和服务设施配套建设。村中现共有"农家乐"家庭式旅馆二十余户，但是服务质量不高，卫生条件与设备水平较差。

村子仍保留着自然村落的"原生态"韵味，但村中整体空间结构不明确，属于自发式发展状态。在基础设施方面比较落后，卫生条件"脏、乱、差"。居民用水主要依靠井水，缺乏饮用水净化设备；排水管线都为明铺，冬天因天气寒冷而无法使用；垃圾直接堆放在路边以及排洪沟中，现有厕所几乎全是旱厕，条件很差。居住环境亟待整治改善。

（2）规划设计研究

按照国家建设部以及北京市规划部门的要求，在对现状的充分调研的基础上，我们所做的涧沟村规划的主要内容包括总体规划与建设规划两大部分。在总体规划中包括三项基本内容：（a）村域用地规划；（b）经济产业发展规划；（c）村庄总体规划（远期发展规划2006—2015 年）。村庄建设规划（近期建设规划 2006—2010 年）中，根据村庄尽快改变面貌的急需解决的问题和近期建设项目需要，又专门增加了村庄整治规划设计内容。所以村庄规划的远近期结合问题尤为重要。

① 经济产业发展规划

a. 玫瑰花特色产业规划。经济产业规划在村庄规划中所占比重及其与村庄其他相关专业的结合紧密度，与城市规划大不相同，更显重要。涧沟村以玫瑰花而闻名，所以要依托这一资源优势，做足文章。在现有玫瑰园区的基础上，在向阳、坡度较缓的山坡上继续扩大玫瑰园的面积，增加到五千余亩。逐步建立节水的滴灌系统，进一步提高玫瑰花的产量和质量。形成玫瑰花产业标准化生产的新技术试验示范基地，玫瑰花优质苗木繁育基地，玫瑰花实用技术培训基地。并开辟专门的玫瑰欣赏园区，引进不同品种不同花期的花种延长观赏时间，打造"玫瑰文化"旅游的基础（图 3-81）。

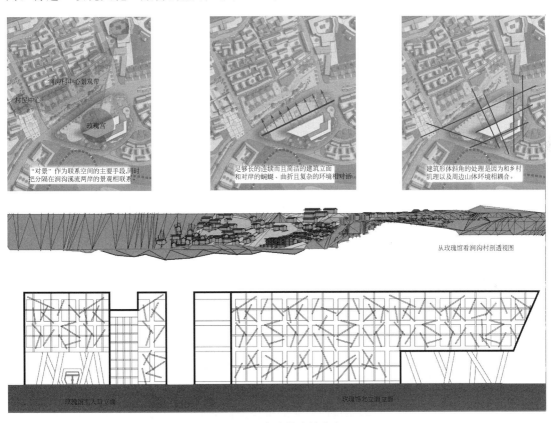

图 3-81 玫瑰馆建筑意象

b. 旅游业发展规划。涧沟村具有悠久的历史和较为丰富的旅游资源，除了玫瑰花及自然风光外，妙峰山道教圣地娘娘庙香火旺盛，千年进香古道悠久绵长，每年的庙会都会云集海内外的香客。在总体规划上，结合妙峰山镇"十一五"的产业规划，着重把散落在各处的景点联系起来，整合旅游资源规模化经营。

旅游配套设施也是改造的重点。对"农家乐"的家庭式旅游宾馆施行"达标准入"的管理制度。除了对现有的农家乐的改造，使之满足卫生、旅店经营基本标准等必要的条件外，开发特色也十分重要。因此要在饭菜、接待、旅游商品等方面体现出其特别之处，以满足不同档次消费游客的需要。

② 村域总体规划 在村域的总体规划中结合经济产业发展规划，主要抓住土地功能与道路系统两大关键问题。

a. 以土地的集约使用为原则，开辟更多的用地用以玫瑰花以及果园的种植，提高植被的覆盖率，保护并提高生态环境质量。

b. 在道路规划中主要是在现状较好的道路基础上，提高道路系统的完整性，形成道路网。对外增强与其他村落以及北京市区的联系，对内增强各个景点的可达性。增强生产、旅游以及山林消防等功能，提高山林开发利用的效率。重新恢复从涧沟村庄到妙峰山娘娘庙的进香古道，对原有的石板路进行保护性维修和绿化，方便游人攀登，组织涧沟村→灵光殿→娘娘庙的观光游览路线，丰富沿途景观。既延续了历史文脉，又富有山野情趣。

③ 村庄建设规划

a. 用地布局。基本保持现有村庄"原生态"的用地布局形态。以村中心涧沟为轴线，主要设施沿沟均布。依次形成山门→老爷庙广场→玫瑰广场等节点，居住用地的范围及基底大小基本保持现状。用地的周边结合山形环绕绿地，南端现有果园重点予以保护保留，作为采摘旅游项目经营。

b. 道路规划。对现有道路硬化、绿化、亮化，打通个别死胡同。为满足消防以及救护的要求，适应私人汽车发展的需要，在尽量少拆民房的前提下，在村民居住区设置一条环形车道及三条单行车道，保证各户都具有良好的可达性。沿涧沟的内侧结合景观设计设置个体特色商业步行街，形成完整的村中心区步行道路网。在整个道路网系统中重点导向进香古道，将村庄旅游与村域旅游整合为一个整体。

c. 基础设施规划。重点解决村民反映强烈的问题，同时也为将来的发展留有余地。增设一口机井，以满足农户以及旅游的用水要求。在每个饮水点加设净水设备，铺设供水管道入户。对现有的污水、供电等线路重新进行整合设计，增设雨水、电信等管线，并结合路面的硬化统一入地。新建与改造公厕一并纳入污水处理系统。垃圾的处理采取村里收集，由镇级统一运输，区级统一处理的方式。

d. 公共设施规划。以方便村民生活为主导，本着节约的原则，充分利用现有建筑改造和扩建。增设村民活动中心、村民就业培训中心、小超市、公共浴室等，并引进更多的医疗设备及现代化生活设施，提高村民文化素质和生活质量。

e. 房屋的拆建与改造。此项内容也是村庄整治改造规划重点内容之一。对村中现有房屋建筑质量，我们通过详细调研分为三个等级：(a) 近期新建筑；(b) 需要改动立面或局部构造的房屋；(c) 拆除重建。大部分民居主要是对建筑进行修缮和改造，不大拆大建，改造后基本与原来的数目持平。对沿路房屋及院墙重点进行整治，还用地于道路；拓宽调直道路以院墙的修整为主，不得已需要拆除建筑的，以拆除厢房不动主房为原则；对于拆除房屋的农户，在对拆迁房屋价格进行评估的基础上与村民协商进行补偿。

④ 村庄总体规划　涧沟村的远期规划是在村庄建设规划的基础上进一步的提高和完善，适度超前建设现代化的农村。更加突出玫瑰的主题，建设玫瑰博物馆、玫瑰作坊等，将品牌做大做强。对道路网系统进一步优化设计，形成完整的车行系统，为将来的发展提供更多可能性。增强土地的集约性使用，开拓更多的居住用地，以满足人口的进一步发展需要。引进更多的旅游设施以及服务设施，进行现代生活区的配套设计，以适应时代的发展。对景观轴线进行更深入的设计，达到与自然和谐的目的。户型的设计在提高现代化与节能的前提下，保持村庄的地方特色。如：增加家庭旅馆型、底商上住型、前店后住型等"商住混合型"农舍，引领新农村居住社区和社区经济的新风尚（图3-82～图3-83）。

(3) 山区村落规划设计的思考与启示

村落的规划往往是突显特色的规划。通过涧沟村的规划设计实例，反映出北京山区，特

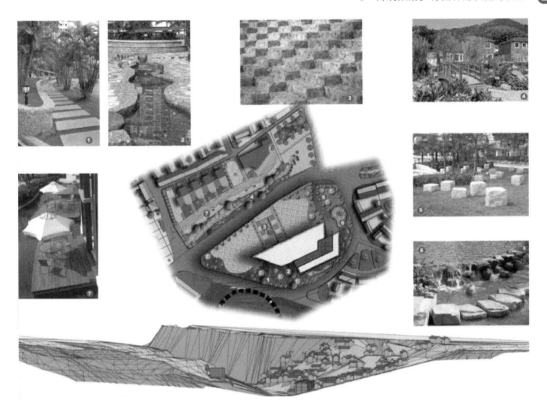

图 3-82　村镇中心景观

图 3-83　鸟瞰图

别是京西山区村落的共同问题与特点，引发思考，给予启示。

① 村庄的整治性规划设计迫在眉睫　村庄规划中的"务实"与"务虚"中，务实为主，"近期"与"远期"结合中以近期为主。尽快改变农村面貌的最有效最直接的办法，是尽快推广普及进行村庄的整治性（近期建设）规划设计。有如下 4 个原则。

（a）不做"假、大、空"、不搞劳民伤财、不要大拆大建，以小规模改造为主，以建设部（现住建部）规定的"十一项"指标为标准。

（b）以市政基础设施和商业服务设施为优先建设重点。

（c）保持村庄的"原生态"文化与空间形态，这一点对"古镇名村"尤为重要。不要做"建设性破坏"的"城市化"的蠢事。

（d）整治规划建设注意与远期的总体规划结合，不要设置障碍与"钉子"，反对急功近利的"短视行为"。

② 抓住重点，强化地方特色　涧沟村有一条涧水从村中穿越而过，将规划用地划分为几个部分。涧沟是唯一的泄洪通道，同时也是村庄的中轴线，村庄的主要道路也都依附沟渠而建。京西山区村镇都有着类似的特点："两山夹一谷"，中间的河谷川地既是主要的建设用地，又是主要或唯一的交通要道。商业、生产、生活和交通的矛盾，景观与防灾的矛盾等相互交织。形成了这种线形形态村落的改造重点，应是妥善处理中心轴线的问题。

现状是涧沟管道明铺于沟中，垃圾随意堆放，杂草丛生，使得沟中的环境很差。在改造规划中除了对管道的暗铺，环境的整治，最重要的无疑是对涧沟形态的再塑造。如果对之全部用混凝土板进行表层覆盖，虽然在保证其排洪功能的正常使用情况下，大大增加了山区村庄的宝贵用地，但是既泯灭了村落的特色，破坏了村庄的空间形态，也不利于其日常的清理，真正变成了城市型的"污水地沟"。我们的做法是保持涧沟的整体形态，在一些道路节点以及广场的位置对沟进行部分覆板。对一些窄而深的沟，景观价值较差，则采用直接覆板，上面进行绿化，以扩大公共过渡空间的面积。而大面积的涧沟仍保持开敞空间，沿沟内侧，我们采用悬挑搭板的手法，利用涧沟本身的上部沿岸空间，开辟步行商业街。既节约村庄建设用地，保持涧沟的本身形态，同时通过对悬挑步行街及沟的整体设计，形成了新的景观点。而在远期的规划中，我们更是引入了水的元素，建设小型泵站，形成涧水自身的水循环系统。在大部分涧沟开放的景观空间上，创造更加诗情画意的环境。这种循序渐进的景观和环境再造模式是适应时代发展的，适应农村实际情况的。不断地更新，才能持续焕发新农村的面貌（图 3-84）。

3.4.3　永春县五里街镇大羽村鹤寿文化美丽乡村精品村规划

（设计：福建水立方建筑设计有限公司冯惠玲、刘静、郑文笔　　指导：骆中钊）

3.4.3.1　设计说明

（1）区位分析

① 永春县概况。

永春，古称"桃源"，地处福建省东南部，东与仙游县相连，西和漳平市交界，南同南安市、安溪县接壤，北和大田县、德化县毗邻。永春白鹤拳自创始形成、传播发展、衍化变革，以至形成完整技术理论体系，迄今已三百余春秋，虽几经沧桑，亦创造辉煌。现支分派衍，枝繁叶茂，虽各自开宗垂统，然情结祖庭。

图 3-84　润沟溪景观效果图

② 五里街镇概况。

五里街镇位于福建永春县城西北，属县城规划区，这里交通便利，历史上是文明海内外的闽南商贸重镇。全镇总面积 42.66 平方公里，总人口 3 万多人，辖 8 个村、3 个居委会、116 个村民小组。五里街镇地理条件优越，基础设施完善，镇区建设初具雏形。文体娱乐设施齐全，社区文化、村居文化、企业文化日益繁荣，是闻名遐迩的文明礼仪之乡。

③ 大羽村概况。

福建省永春县五里街镇大羽村位于永春县五里街镇西北部，距县城 2 公里，这里山清水秀，空气清新，是中国特色村、福建省省级卫生村、泉州市精品村和宽裕型文明村、永春白鹤拳文化特色村。全村有 4 个村民小组，101 户，390 人，均为汉族。地域面积 2.76 平方公里，耕地 251 亩，山地 870 亩，有芦柑 485 亩，人均芦柑产量 5.5 吨，还有 80 多亩大橘、赤花梨、橙等国内外名优特水果基地和百亩茭白基地（图 3-85）。

（2）现状概况

泉州永春县五里街镇大羽村是风靡全球的永春拳的发源地，永春白鹤拳于明末清初由方七娘所创。永春县五里街镇大羽村荣获"中国永春拳第一村"称号，大羽村武术文化底蕴深厚，其以独特的健身、防身功用和"以德制武"、"学仁、学义、学武功"的训诫名扬海内外，到清朝中叶已传至大江南北、长城内外，并逐步传至东南亚一带。清乾嘉年间，在闽东一带演化成宗鹤、鸣鹤、飞鹤、食鹤、宿鹤五种分支流派，同时由福州传入日本，在日本演变成空手道刚柔流。同期广东演化成咏春拳（永春拳）。但由于缺乏文化创意，未能激活村庄的山、水、田、人、文、宅资源。村民主要从事传统农业，外出务工居多，经济发展滞

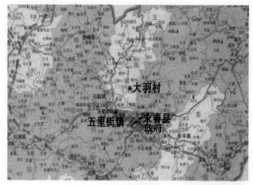

地理位置

与周边主要城市距离

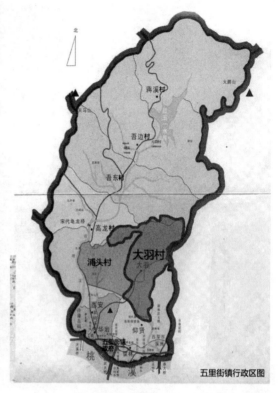

五里街镇行政区图

图 3-85 大羽村地理位置与行政区图

后。村庄建筑缺乏统一规划，造成房屋乱建、垃圾乱堆。污水乱排十分严重。2007 年，大羽村被福建省泉州市委、市政府定名为市级新农村建设示范村。

2002 年 6 月 15 日，时任福建省省长的习近平总书记到大羽村调研时指出，新村建设要因地制宜，要有自己的特色，如果能把白鹤拳与文化结合起来就更好了。在习近平调研后，五里街镇党委、镇政府和大羽村开始注重挖掘永春白鹤拳文化，近些年大羽村充分发挥自身优势，通过举办永春白鹤拳文化节、推广白鹤拳、拍摄白鹤拳电影及动漫等活动，大力弘扬白鹤拳文化，形成了浓厚的白鹤拳文化氛围。电影《叶问》热播后，世界各地的武术爱好者发现叶问的师傅就是永春白鹤拳的创始人方七娘，于是纷纷到此地祭祖拜师、交流武术。2009 年，通过《永春县白鹤拳创意性生态文化特色村规划》，借助白鹤拳发祥地的地理优势，努力开展特色乡村旅游建设，逐渐打响了永春白鹤拳第一村的声誉。村民人均年收入也从 2002 年不足 2000 元增至 2012 年人均达 11936 元。

为了更好地推进五里街现代生态农业乡村公园的建设，大羽村作为乡村公园中富有历史文化和自然生态文化的特色产业景区，拟通过本次规划打造大羽鹤寿文化美丽乡村的精品村。

（3）现状分析

① 自然条件、人口。

大羽村属五里街镇镇辖行政村，设村委会，聚落呈分散状沿山边布置。境域内被以山地为主体的群山所环绕，地处大鹏山下西坡之下，地势南低北高。土壤为山地红壤及黄壤为

白鹤拳国际文化交流中心

三月黄花

农具展示

图 3-86 大羽村现状展示

主。泉水较丰富、地下水位较浅。植被主要以森林、竹林、乔木、灌木、草本、藤木及果森等为主，经济作物以芦柑、竹林等为主（图 3-86）。

② 区位优势。

永春县城经由泉三高速公路至泉州仅半小时，距厦门、三明也仅为 1 小时多。而大羽村距县城仅 2km，且由于山地海拔高于县城，夏季温度比县城可低 3～4℃，山林茂密，并有多种水果可供四季尝鲜，这为促进大羽村的生态旅游发展和创意生态文明特色村的建设创造了颇为有利的条件。

③ 经济发展。

大羽村目前经济主体为农林副多种经营。大羽村特产大橘，质量优良，远近驰名，全村耕地 245 亩主要种植水稻和茭白。芒柑与竹业的种植是其经济的主要来源。现有大橘、芦柑300 余亩。种植毛竹，盛产竹笋等农产品。大羽村具有优良的自然生态环境和山村风土民情，旅游资源丰富，其中，大橘及芦柑、竹林、山林、风情民俗游等在白鹤拳文化的带动下，都是开发创意生态文化的好资源，都能为发展休闲度假观光产业创造行件，是促进大羽经济发展的基础。2008 年村民年人均收入 8500 元。

④ 土地利用。

大羽村村域范围内土地使用可分为居住用地、产业用地及自然山体林地三部分。其中，居住用地为本村农民住宅用地，兼有部分手工业及公共服务设施用地，面积约为 10.4 公顷；产业用地主要是村域范围内的耕地和大橘、芦柑种植园、竹林以及产业服务设施用地等，面积约 36.4 公顷；自然山体林地主要指村域范围内的乔木和灌木等的自然生长用地，面积约为 58.4 公顷。村域的道路以大羽村到县城的公路及原来连接芦柑种植园到山地部分上山步行道及土路为主，为大羽村域内旅游资源的开发创造了良好的先决条件。这几条道路建设年限较短，路面状况良好。村庄农民住宅用地内部的现有道路均为自然形成的步行路，部分路面做了硬化，但有相当一部分路面仍为土路，道路狭窄、拐角多、不连通。村中现有一处停车场，位于村委会前面的小广场。

⑤ 基础设施。

现有市政基础设施配套不全、设备落后，亟待解决。随着社会经济的发展和人们物质生活水平的提高，对水的需求量不断地增加，原有供水系统及供水能力已不能满足现有的需要。现有自来水供应主要来自山泉水，没有饮用水净化设备，排洪沟缺乏统一规划。给水系统由于时间长，系统已运行多年，管道老化严重，蓄水池不能满足需要，水资源浪费严重。村中的排水设施不健全，污水四处横流、甚至直接流到路上。公共厕所数量较少，垃圾收集点过于简易，甚至直接堆放到路边和排洪沟中，导致环境脏乱。

⑥ 公共服务设施。

现仅有村委会和新建的白鹤拳史馆、缺乏专用卫生医疗站、文化活动站等公共服务设施，不能满足新农村发展的要求。村中尤其缺乏商业服务和旅游配套服务设施，乡村游等旅游设施存在着布局散乱、设施落后、卫生条件差、缺乏集中管理等问题。

⑦ 历史文化资源。

大羽村是白鹤拳的发祥地，村中新建的史馆和尚保留着的郑礼故居展现了永春白鹤拳的历史文化。一批保存尚好传统古大厝传承着大羽的优秀民情风俗，这些都为开展创意性生态文化特色村提供了有利条件。

⑧ 自然生态资源。

大羽村广大村民对自然生态资源十分珍惜，大羽《咏春白鹤拳创意性生态文化特色村规划》强调必须加强生态环境保护，为开展生态旅游新村建设创造条件。大羽村东、西两侧的山谷蕴藏着很多的水渠沟壑，可供开发，山坡荒地也可开发各县特色的瓜果廊架，组成独具观赏性的景观。组织大羽村周边的村庄山林用地进行统一布局，优合组合，使其优良的自然生态资源便于进行深入开发和利用。

⑨ 产业结构。

大羽村主要产业依赖大橘、芦柑等种植业，果树品种单一、树龄较长，亟待解决。缺乏创意性的农业文化产业和深度的加工设备，主要还是靠天吃饭，缺乏农林灌溉系统。就现状而言，开发旅游活动，基本是集中在白鹤拳的习武养生和瓜果采摘季节。其他景观比较缺乏，沿主要道路几乎没有景观设施，缺乏景观节点和绿化，不利于游人徒步游览。缺乏相关的旅游业开发和服务设施。现在村中参与乡村游的农户不多，且普遍缺乏相应吃住游服务管理知识，饭菜制作水平以及住宿条件都相对较差，很难留住游客。卫生条件虽有初步的改善，但仍有待提高。

大羽村旅游资源丰富，遗憾的是缺乏创意性的开发。其与周边区域相连紧密，北接环境优美的仰贤瀑布，其周边环境宜人，海拔较高，空气清新，没有受到污染。在酷夏季节比县城能低3~4℃，是避暑纳凉的好地方。

⑩ 农村住宅区。

原有农民住宅极为分散，原有土木结构的古大厝除三座保留较为完好，其余都破烂不堪，并与新建的砖混结构相参差，使得村庄面貌杂乱无章。

（4）地形分析

不利条件：坡度大，水量小，道路不便捷，部分路面仍为土路，道路狭窄、拐角多、不连通。垃圾多，杂草丛生（图 3-87）。

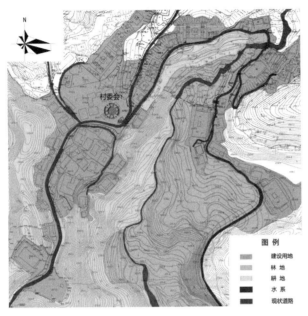

现状道路多断头路，道路狭窄，不连通。

整体村域道路高差较大，道路坡度大。

部分道路端头与水塘未及时清理垃圾，造成垃圾堆积较多，环境较差。

村宅沿地形起伏建造，沿路建筑立面叠合效果良好。

不利条件：
坡度大,水量小，道路不便捷，部分路面仍为土路，道路狭窄、拐角多、不连通。垃圾多，杂草丛生。

图 3-87　地形分析

（5）竖向分析（图 3-88）

《公园设计规范》规定，支路和小路纵坡宜小于 18%，超过 18% 的纵坡，宜设台阶、梯道。并且规定，通行机动车的园路宽度应大于 4m，转弯半径不得小于 12m。一般室外台阶比较舒适度高度为 12cm，宽度为 30cm，纵坡为 40%。

国际康复协会规定残疾人使用的坡道最大坡度为 8.33%，所以，主路纵度上线为 8%，山地公园主路纵坡应小于 12%。

（6）建筑分析（图 3-89）

（7）规划依据

①《城市规划法》

②《土地规划法》

③《村镇规划标准》

④《风景名胜区规划规范》

⑤《福建省村镇规划标准》

⑥《福建村庄规划编制技术导则》

⑦《福建省村庄环境整治技术指南》

⑧《福建省风景名胜区管理条例》

⑨《永春县县城总体规划》

⑩《永春县旅游发展总体规划》

⑪《永春县土地利用总体规划》

⑫《永春县五里街镇域总体规划》

⑬《永春白鹤拳创意生态文化特色村规划》

大羽景区现状地形全貌

《公园设计规范》规定，支路和小路纵坡宜小于18%，超过18%的纵坡，宜设台阶、梯道。并且规定，通行机动车的园路宽度应大于4m，转弯半径不得小于12m。一般室外台阶比较舒适度高度为12cm，宽度为30cm，纵坡为40%。

国际康复协会规定残疾人使用的坡道最大坡度为8.33%，所以，主路纵度上线为8%。山地公园主路纵坡应小于12%。

图例
地形坡度
坡方向
场地标高
水溪示高

图 3-88　竖向分析

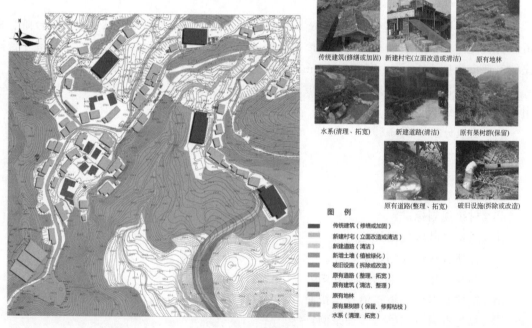

传统建筑(修缮或加固)　新建村宅(立面改造或清洁)　原有地林
水系(清理、拓宽)　新建道路(清洁)　原有果树群(保留)
原有道路(整理、拓宽)　破旧设施(拆除或改造)

图　例
传统建筑(修缮或加固)
新建村宅(立面改造或清洁)
新建道路(清洁)
新增土墙(植被绿化)
破旧设施(拆除或改造)
原有道路(整理、拓宽)
原有建筑(清洁、整理)
原有地林
原有果树群(保留、修剪枯枝)
水系(清理、拓宽)

图 3-89　建筑分析

⑭《永春县五里街镇现代生态农业乡村公园概念性规划》
⑮《关于建设永春拳创意生态文化特色村的初步设想》
（8）规划目标
① 新村建设目标。

努力弘扬永春白鹤拳的优秀传统文化，开展寻根溯源的大型活动、开发习武养生，休闲度假观光产业和发展青少年素质教育实践基地。建设以突出鹤法，辅以农耕的创意生态文化激活农村经济统筹发展的特色村。

② 环境保护目标。

强化环境保护措施，确保山林和自然生态环境不被破坏。实施果林、山林和禽畜、瓜果、蔬菜、农作物的无害化生产。采用各种可再生能源，节约能源，加强对各种有害废气、废水和固体废弃物的防治。尤其是做好污水处理和垃圾回收。努力创造清洁、舒适的生活和生产环境，提高农民的生活水平和环境质量。

③ 经济发展目标。

依托白鹤拳的优秀历史文化和现有种植业和生态环境资源，整合开发并拓展习武养生的度假休闲旅游产业以及农副产品的加工业和服务业，特别是应对大橘、芦柑、竹林加工和禽畜养殖业进行创意生态文化开发，提高农副产品的附加值，促进全村经济的持续发展，确保农民稳定性收入的大幅提升。

④ 社会发展目标。

大羽村在挖掘白鹤拳历史文化传统习武养生的基础上，开发多元生态农业文化，激活农村经济发展的基础上，应着力健全新村的各项社会福利设施（包括医疗卫生、文化教育、养老助残等），努力培养有文化、懂技术、会经营的新型农民。才能发挥广大农民建设新农村的主体作用。

（9）规划原则（图 3-90）

① 基本原则。

a. 规划应具有战略性、控制性和可实施性。

b. 突出规划的综合协调作用，坚持生态环境保护和可持续发展的原则。因地制宜，合理开发，远近期建设相结合。

c. 力求观念新、起点高、体系明、特色强。

② 规划总则。

a. 产业调整。农村经济发展战略应考虑以传承永春白鹤拳文化为村寨的支柱产业和以农耕文化为辅的辅助产业。

b. 产业完善。对于已有种植业，应进行调

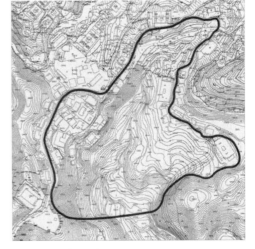

图 3-90　景区规划范围

整，完善产业链，扩大规模和品种，发展创意生态农业文化、树立品牌、开发服务业。

c. 产业、观光、展销结合。把传承白鹤拳优秀文化的展示与农业生产的观光和展销结合在一起。使其形成一个独具特色的习武养生休闲度假为龙头的新型农村产业基地。

d. 开发与保护。对于自然环境的水土、森林、植被、岩石、瀑布、流泉、溪流进行全方位保护。同时，结合整治开发为生态农业文化的观光度假旅游区。

e. 容量控制。对规划区内的建设、生产、旅游各环节进行容量控制，保持在一定的生态自循环系统的稳定。

f. 自我完善。大羽住宅试点小区建设的启动先期需要依靠政府的倡导和支持，其后期

开发应立足本地，因地制宜，自力更生，有步骤分阶段地自我完善，把大羽村建设成为环境优美，经济富裕的创意生态文化特色村。

g. 环境整治。村落中心的水、电、路、房、厕、场、园要达到卫生、整洁、安全、优美，要靠全体村民共同努力。

h. 可持续发展。产业的发展一定要从长远利益出发，一定要把握有所为有所不为，不能因小失大，因近碍远。

i. 文化兴村。文化素质的提高是全体村民更远大的理想和目标，大家把希望寄托于下一代，而文化传统的起点应靠集体的投入和努力。应配合新村建设，建设文化学习和活动场所，弘扬优秀传统文化。

③ 规划细则。

a. 生态性原则。

ⓐ 以生态保护（人文生态和自然生态）为主线，打造文化旅游和生态旅游；

ⓑ 突出以绿色自然景观为基底，衬托人文景观的生态环境当地人文内容，集生态山水、农耕餐饮、山林等资源，开发四季赏花和寓教于乐的乡村休闲度假观光产业；

ⓒ 规划应具有战略性、可控性和操作性，近中远期相结合，逐步推进，先易后难；

ⓓ 综合协调，坚持花乡、水乡、果乡、山乡的"四乡"生态环境保护原则和以人为本、生态优先的可持续发展原则。

ⓔ 实现大羽村自然环境的六种意境升华：

"沥泉水，群山抱，水环绕，碧蓝天，强地磁"的风水气势；

"观胜景，揽云雾，鲜氧气，闻奇香"的自然体验；

"听泉声，茗山茶，水乐亲，伴蝉鸣"的野趣生活；

"度优雅，天人和，民心净，国安宁"的养性目的；

"花常开，四序美，田园秀，山村奇"的世外桃源；

"住农家，尝鲜蔬，纯天然，全生态"的度假胜地。

b. 集约化原则。

以村农业合作为基础成立股份合作公司，对大羽村乡村公园实现统一的规划和经营管理，以公司加农户的合作方式和监督机制，将乡村文化和闽南文化进行整合和创新，形成独具风格的生态社会主义新农村。

对现有村落和道路系统进行合理规划和统一整治，严格控制景区建筑高度、体量和色彩，同时对立面进行统一治理，塑造闽南风格的特色山村。坚持生态保护优先的原则，因地制宜，合理开发，远近期建设相结合。

（10）设计理念

① 设计背景。

永春山青水秀，景色宜人，福建省第二大山脉——戴云山脉自德化延伸本县，延绵全境。境内地势由西北向东南倾斜，以蓬壶马跳为界，大致可分为两部分。西北群山叠嶂，幽壑高岩，泉清树绿；东南丘陵起伏，盆地相间，犹如珠串散布。南宋著名理学家朱熹曾经数游永春，不禁赞道"千浔瀑布如飞练，一簇人烟似画图"。永春民风淳朴，劳动力充足，素质良好。

② 设计依据。

a. 时任福建省长的习近平总书记2002年6月15日到大羽村调研时指出："新村建设要

因地制宜，要有自己的特色，如果能把白鹤拳文化结合起来，就更好了。"

b.《永春拳创意生态文化特色村规划》提出的基本原则：突出鹤法，辅以农耕。

c. 2013 年《永春县五里街镇现代生态农业乡村公园概念性规划》提出的创建乡村公园的基本理念。

ⓐ 创建美丽乡村公园。以乡村为核心，以村民为主题；村民建园，园住农民；园在村中，村在园中。

ⓑ 创建美丽乡村公园。充分激活乡村的山、水、田、人、文、宅资源。通过土地流转，实现集约经营；发展现代农业，转变生产方式；合理利用土地，保护生态环境；传承地域文化，展现乡村风貌；开发创意文化，确保村民利益。

ⓒ 创建美丽乡村公园。涵盖现代化的农业生产、生态化的田园风光、园林化的乡村气息和市场化的创意文化等内容。

ⓓ 创建美丽乡村公园。实现产业景观化、景观产业化；达到农民返乡，市民下乡；让农民不受伤，让土地 生黄金。

ⓔ 创建美丽乡村公园。推动乡村建设、社会建设、文化建设和生态文明建设的同步发展，促进城乡统筹发展，开辟城镇化发展的新途径。

ⓕ 创建美丽乡村公园。是社会主义新农村建设的全面提升，也是城市人心灵中回归自然、返璞归真的一种渴望。是"美景深闺藏，隔河翘首望；创意架金架，两岸各欢笑"立意的体现。

③ 设计立意。

依据在 2009 年《永春白鹤拳创意文化特色村规划》中提出"突出鹤法，辅以农耕"的规划原则，本规划的设计理念是"大羽无鹤鹤成群，鹤寿文化绘山村"。

立足大羽，因地制宜，挖掘白鹤拳，拓展鹤文化；提出了营造鹤寿文化十八趣，包括鹤法拜祖、鹤舞关锁、鹤田农耕、鹤寿无量、鹤颈花廊、鹤祥千禧、鹤溪水趣、鹤寿无量、鹤岗桂香、鹤榕祈福、鹤翔九天、鹤群伴荷、鹤龟延年、鹤鹿永春、鹤鸣报晓、鹤舍迎宾（即十八个景区）构思，并融入观光农业，有机农业，配套民宿，体验农耕，水果采摘，产业休闲度假，植物认养，观鱼摸虾等，使其形成五里街镇现代农业乡村公园的产业景观。完善白鹤拳的鹤寿、技艺和传承，延伸拓展至禅修、养生、养老等服务项目，形成充分整合，利用和激活大羽山、水、田、人、文、宅等资源的新型旅游产业，促进大羽村的经济发展，确保村民致富。从而打造一个以鹤拳、鹤寿、鹤趣为特色的美丽山村。即：

塑造鹤寿文化生态景观

塑造鹤寿文化梯田景观

塑造鹤寿文化人文景观

塑造鹤寿文化滨水景观

④ 文化创意。

自从 2008 年进入大羽村进行特色村规划，感慨良多，大羽艰辛六载余，七娘英灵启睿智；众人齐力群鹤飞。本规划提出："突出鹤拳辅农耕，吟鹤景趣美山村；童叟伴鹤桃源里，鹤祥千禧人永春。"的文化创意。

3.4.3.2 景观规划

（1）总平面图（图 3-91）

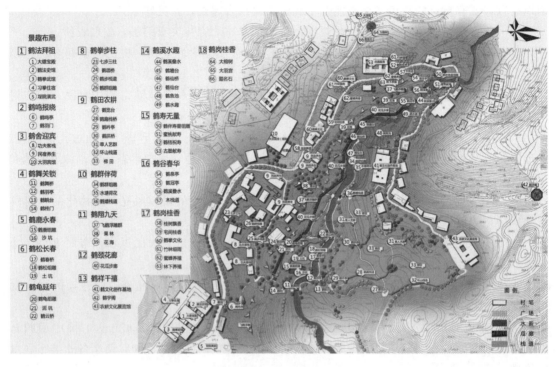

图 3-91　总平面图

（2）景趣分区（图 3-92）

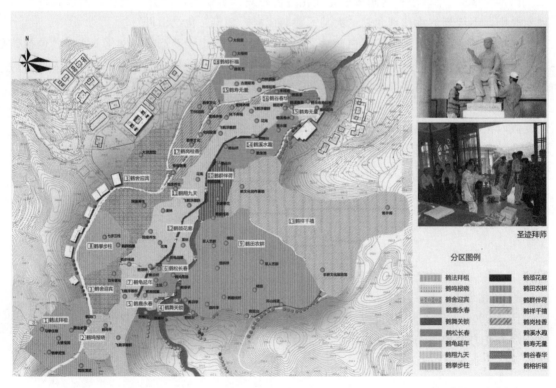

图 3-92　景趣分区

（3）规划结构（图 3-93）

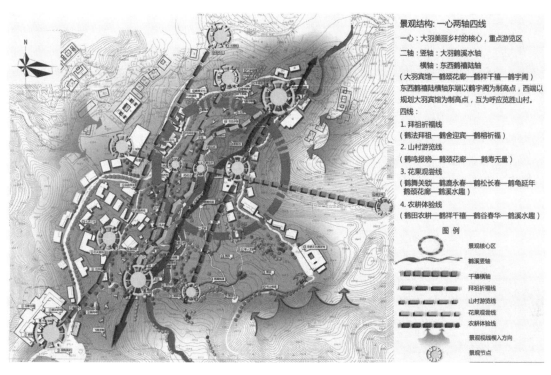

景观结构: 一心两轴四线

一心: 大羽美丽乡村的核心, 重点游览区

二轴: 竖轴: 大羽鹤溪水轴

　　　　横轴: 东西鹤禧陆轴

（大羽宾馆—鹤颈花廊—鹤祥千禧—鹤宇阁）

东西鹤禧陆横轴东端以鹤宇阁为制高点, 西端以规划大羽宾馆为制高点, 互为呼应览胜山村。

四线:

1. 拜祖祈福线

（鹤法拜祖—鹤舍迎宾—鹤榕祈福）

2. 山村游览线

（鹤鸣报晓—鹤颈花廊——鹤寿无量）

3. 花果观尝线

（鹤舞关锁—鹤鹿永春—鹤松长春—鹤龟延年
鹤颈花廊—鹤溪水趣）

4. 农耕体验线

（鹤田农耕—鹤祥千禧—鹤谷春华—鹤溪水趣）

图 例

⬭　景观核心区

〰　鹤溪竖轴

▭▭▭　千禧横轴

▭▭▭　拜祖祈福线

▭▭▭　山村游览线

▭▭▭　花果观尝线

▭▭▭　农耕体验线

　　　景观视线模入方向

⬭　景观节点

图 3-93　规划结构

（4）总体鸟瞰（图 3-94）

总体鸟瞰

图 3-94　总体鸟瞰

（5）步移景异（一）（图 3-95）

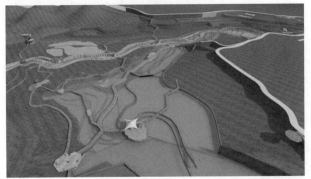

视点A鸟瞰

视点B鸟瞰

图 3-95　步移景异（一）

（6）步移景异（二）（图 3-96）

（7）景趣一览

产业文化创意是创建乡村公园的亮点，在"大羽无鹤鹤成群，鹤寿文化绘山村"的立意下，提出了"突出鹤拳辅农耕，吟鹤景趣美山村；童叟伴鹤桃源里，鹤祥千禧人永春"的文化创意。

以鹤韵十八趣的文化创意，突出鹤拳，辅以农耕。充分激活大羽山、水、田、人、文、宅的有限资源限制。使其原先没有景观效果变成有景观价值，从而进一步通过规划设计的文化创意，将"死"的变成"活"的；将"活"的变成"神"的；将"神"的变成"灵"的。以达到吸引游客、留住游客、招揽回头客，促进大羽村旅游业的发展，做强农业、靓美农村、致富农民，确保大羽社会、政治、经济、文化、生态五位一体的同步发展，把大羽建成独具特色魅力的美丽乡村的精品村和五里街镇现代农业乡村公园的白鹤拳历史文化产业景区，以促进大羽村乡村旅游业的发展，达到做强农业、靓美农村、致富农民的目标（图3-97）。

（8）景趣1——鹤法拜祖（图3-98）

弘扬永春的白鹤拳文化，五里街镇政府多方集资，于 2006 年在大羽村狮子山下建成了一幢三进的白鹤拳史馆，供奉白鹤拳创始人方七娘祖师，展示部分史料和举行白鹤拳表演，现在，大羽偏僻的小山村每年迎来了十多万人次的海内外拳师和广大游客。

根据弘扬和传承白鹤拳文化的需要，为了进一步发掘白鹤拳文化，以满足广大游客各方面的要求，在五里街镇现代生态农业乡村公园的开发和大羽美丽乡村精品村的建设中，对史

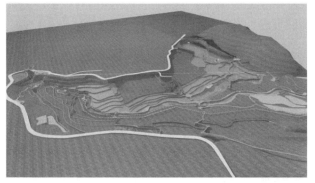

视点C鸟瞰

视点D鸟瞰

图 3-96 步移景异（二）

十八景趣一览表

序号	景趣	景点
01	鹤法拜祖	①大雄宝殿、②鹤法史馆、③鹤拳武馆、④习拳住宿、⑤境院演武
02	鹤鸣报晓	⑥鹤鸣亭、⑦鹤羽门
03	鹤舍迎宾	⑧功夫客栈、⑨民宿养生、⑩大羽宾馆
04	鹤舞关锁	⑪鹤舞桥、⑫鹤羽亭、⑬鹤眺台、⑭鹤桂门
05	鹤鹿永春	⑮鹤鹿组雕、⑯沙坑
06	鹤松长春	⑰鹤春桥、⑱鹤松组雕、⑲土坑
07	鹤龟延年	⑳鹤龟组雕、㉑泥坑、㉒鹤云桥
08	鹤拳步柱	㉓七步三站、㉔鹤颂桥、㉕鹤步栈道、㉖鹤群组雕
09	鹤田农耕	㉗鹤览台、㉘鹤趣栈桥、㉙鹤吟亭、㉚鹤拱桥、㉛草人艺群、㉜环山栈道、㉝梯田
10	鹤群伴荷	㉞鹤群组雕、㉟水塘荷花、㊱鹤嬉栈道
11	鹤翔九天	㊲飞鹤浮雕群、㊳果林、㊴花海
12	鹤颈花廊	㊵花瓜长廊
13	鹤祥千禧	㊶鹤文化创作基地、㊷鹤宇斋、㊸农耕文化展览馆
14	鹤溪水趣	㊹鹤溪叠水、㊺鹤戏台、㊻鹤仙台、㊼鹤仙坛、㊽鹤鱼池、㊾鹤水趣
15	鹤寿无量	㊿鹤伴寿星组雕、蜜桃献寿、鹤桔祝寿、古屈献寿
16	鹤谷春华	鹤泉台（鹤泉居名）、鹤冠亭、鹤溪叠水、木栈道
17	鹤岗桂香	桂树飘香、宅间挂香、鹤拳文化、竹林细雨、蜜蜂养殖、林下养殖
18	鹤榕祈福	大榕树、大羽宫、题名石

图 3-97 景趣一览

馆的扩建提出了更高的要求。为此，在 2009 年《永春白鹤拳创意性生态文化特色村规划》中便已提出把现状史馆改为大雄宝殿，供奉如来佛祖，以展示方七娘祖师在寺中织布受白鹤亮翅之启发，独创白鹤拳之因缘；在现史馆东、西两侧增建两幢与现状相同的闽南风格建筑，东侧为鹤法史馆，用于供奉白鹤拳创始人方七娘祖师，展示鹤法之历史和海内外广为传

图 3-98　景趣 1—— 鹤法拜祖

播的史迹，同时开展文化学术研究；西侧鹤拳武馆即用作鹤拳交流和武功表演。左文右武与中间的大雄宝殿组成鹤法拜祖一殿二馆的主体建筑，并在这主体建筑的东、北、西三面依地形之变化布置北高南低的习拳住宿建筑，供海内外拳师和爱好者来此交流习拳的住宿。从而形成一组突出鹤法研究的宏伟建筑群，让人们在永春县城便可瞭望到代表白鹤拳故乡的地标性建筑。埕院演武即可利用演武场，举办定期群众性和中、小学生的武术表演，以吸引游客驻足参观。

大雄宝殿供奉如来佛祖。鹤法史馆，展示鹤法史迹。鹤拳武馆，举办鹤拳表演。习拳住宿，广招天下志士。埕院练拳，群师练拳展示。

（9）景趣 1—— 鹤法拜祖展示（图 3-99）

大雄宝殿：大羽佛教文化　　　　鹤法史馆：大羽鹤法史迹

鹤拳演武：举办鹤拳表演　　　　习拳住宿：广招天下志士弘扬鹤拳文化

（10）景趣 2—— 鹤鸣报晓（图 3-100）

（11）景趣 3 —— 鹤舍迎宾总述（图 3-101）

借助村中在建的功夫客栈为试点组织庭院景观设计，以穿庭路与游览路为主要结构，两个院门和一条围栏营造出庭院空间，利用原有树木造景，架上长木为椅，树上软装红色灯笼衬托迎宾之喜，卵石散铺的枯山水和小石桥丰富景观，点缀石卧鹤雕映衬鹤舍主题，另搭配木椅，花架，木台及石桌凳为辅助设施，以满足宾客休息，观景之用，民宿养生，即可把大量农宅内的空闲房间通过装饰，改善卫生条件，激活作为接待游客的民宿，大量农宅具备生产资料的特点。远期规划酌情考虑建设大羽宾馆，接待大量游客以形成"鹤舍迎宾"景区。

（12）景趣 3 —— 鹤舍迎宾展示（图 3-102）

（13）景趣 4 —— 鹤舞关锁（图 3-103）

图 3-99 景趣 1——鹤法拜祖展示

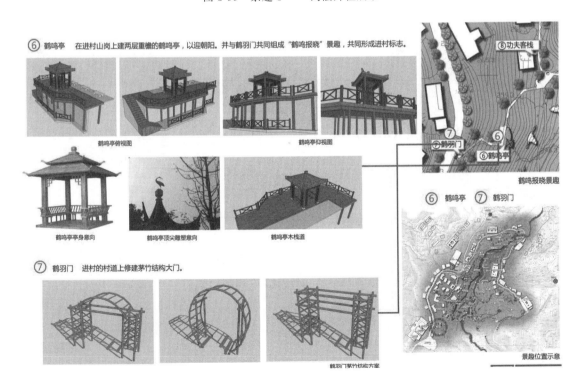

图 3-100 景趣 2——鹤鸣报晓

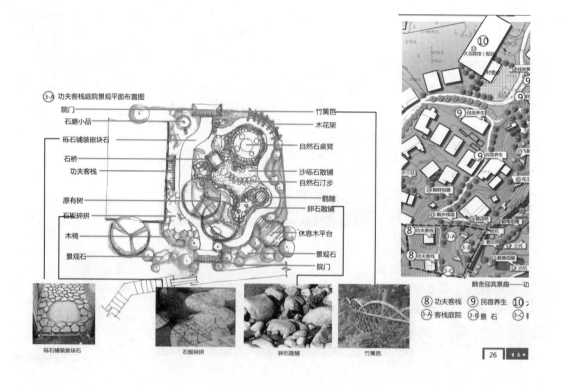

图 3-101　景趣 3 —— 鹤舍迎宾总述

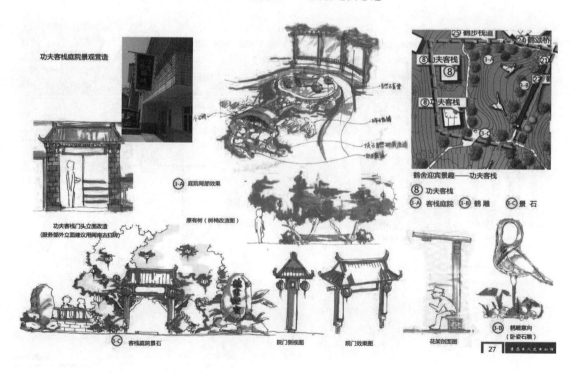

图 3-102　景趣 3 —— 鹤舍迎宾展示

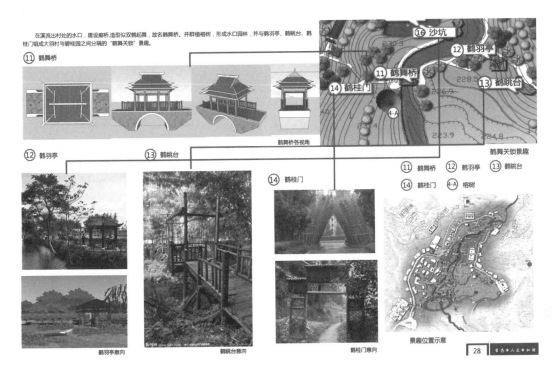

图 3-103 景趣 4 —— 鹤舞关锁

（14）景趣 5—— 鹤鹿永春（图 3-104）

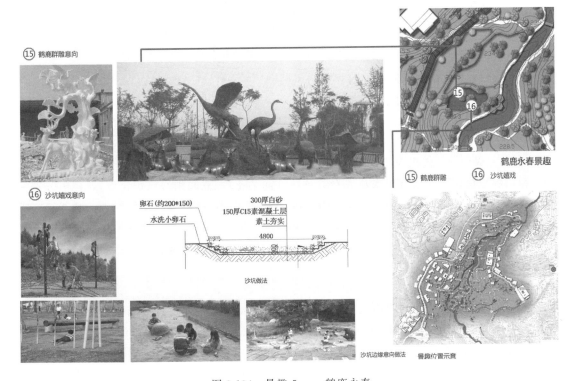

图 3-104 景趣 5—— 鹤鹿永春

以自然草皮，或者太阳花群围合一个沙坑，供孩子们嬉戏玩耍，坑内布置一组天然的鹤鹿雕塑，组成"鹤鹿永春"景趣。

（15）景趣6——鹤松长春（图3-105）

以自然草皮，或者太阳花群围合一个土坑，供孩子们嬉戏玩耍，坑内布置一组天然的鹤松雕塑，组成"鹤松长春"景趣。

图3-105　景趣6——鹤松长春

（16）景趣7——鹤龟延年（图3-106）

（17）景趣8——鹤拳步柱（图3-107）

以村书记周金盛独创的"七步三站"步法石桩为依据，配以鹤群组成"鹤拳步柱"景趣。

（18）景趣9——鹤田农耕（图3-108）

利用台地梯田，开展有机农耕。春尝黄花（油菜花），夏闻稻香（稻花香），稻田分别种螺、泥鳅、鱼及螃蟹，稻田摸鱼，挖螺等农趣。秋观菊奇，游客参与割稻脱粒，晒谷等农耕体验。冬采菜蔬，冬日种植各种蔬菜茭白，并结合鹤览台、鹤吟亭、鹤拱桥、鹤吟台、鹤趣栈桥、环山栈道和草人艺群共同组成"鹤田农耕"景趣。让游人寓教于乐之中感受到各式农耕乐趣。

（19）景趣10——鹤群伴荷（图3-109）

将原有梯田砌筑成阶梯状荷花池，池中遍种荷花，荷塘里面设置群鹤雕塑，以白鹤伴荷飞舞，形成"鹤群伴荷"景趣。

（20）景趣11——鹤翔九天（图3-110）

在梯田对面，鹤溪西侧花海里放置鹤雕塑群，组成大羽村群鹤飞翔的景象，雕塑背景是由九种颜色的群花果木组成的花海，象征着九重天，故谓之"鹤翔九天"景趣。

红色花海：蔷薇、月季、石榴、山茶、象牙红等；

置一组鹤龟雕塑于泥坑中,组成"鹤龟延年"。供孩童嬉水伴鹤。

图 3-106 景趣 7—— 鹤龟延年

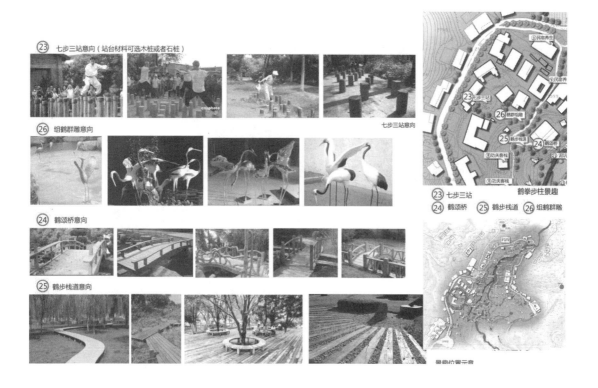

图 3-107 景趣 8 ——鹤拳步柱

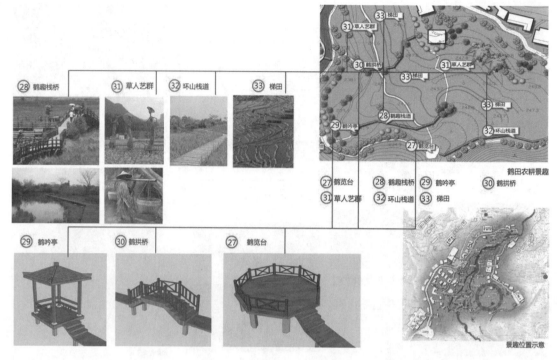

图 3-108　景趣 9——鹤田农耕

图 3-109　景趣 10——鹤群伴荷

黄色花海：连翘、金针花、油菜花、白菜花等；
橙色花海：孔雀草、万寿菊、雏菊、矢车菊等；
紫色花海：蝴蝶花、长春花、勿忘我等；
白色花海：茉莉、栀子、银桂、晚香玉、葱兰等；
青色花海：八仙花、鸢尾、风信子等；

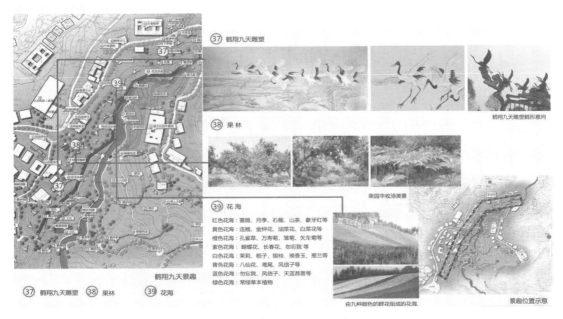

图 3-110　景趣 11——鹤翔九天

蓝色花海：勿忘我、风信子、天蓝苜蓿等；

绿色花海：常绿草本植物。

（21）景趣 12——鹤颈花廊总述（图 3-111）

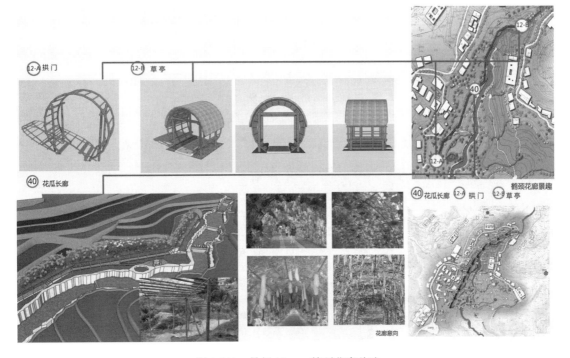

图 3-111　景趣 12——鹤颈花廊总述

利用山坡沿田埂的鹤溪畔布置花廊，供游客在游玩时增加娱乐性，花果瓜廊分段采取不同的铺装廊道，廊道各段采用不同的地面材料。花果瓜廊种植不同的花卉和瓜果，游客享受大自然的美景时，可以采摘各自喜爱的花果，各得其乐。使得原先缺乏特色的山坡变成充满生机、令人流连忘返的景趣。

（22）景趣12——鹤颈花廊展示（图3-112）

地面分段铺装。

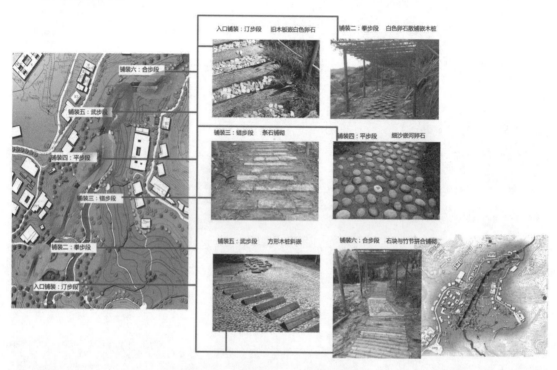

图3-112　景趣12——鹤颈花廊展示

（23）景趣13——鹤翔千禧总述（图3-113）

图3-113　景趣13——鹤翔千禧总述

利用古大厝，开发大羽文化创意园，供奉方七娘，开展学折千禧鹤、学画简单鹤，举办各种鹤文化诗、书、画大赛，有关鹤语的成语竞赛；发掘鹤文化的永春特色纸编和竹编，传承民间工艺；开发鹤食餐饮。以让游人与鹤为伴，乐在其中，并携带自己的作品登鹤宇阁或到"鹤榕祈福"景趣，寄托对亲友的祝福。故谓之"鹤祥千禧"景趣。既激活古大厝，又可传承民间工艺。使其形成颇具吸引力的景区，是大羽鹤寿文化村的鹤文化创意所在。

（24）景趣13——鹤翔千禧展示（图3-114）

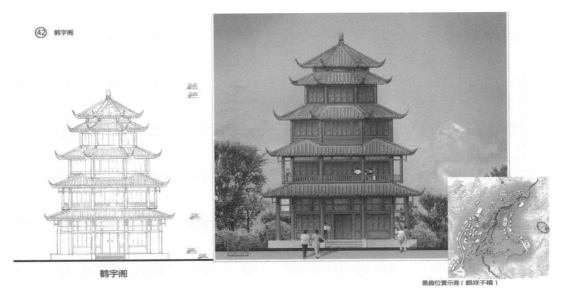

图 3-114　景趣 13——鹤翔千禧展示

（25）景趣14——鹤溪水趣总述（图3-115）

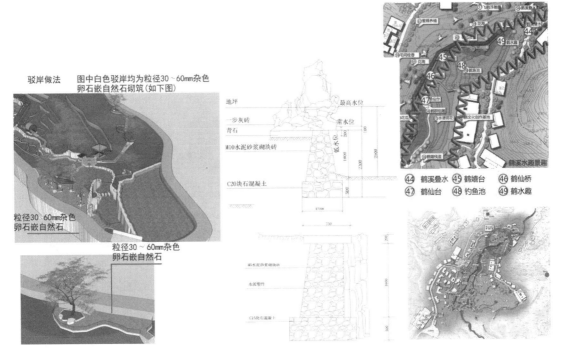

图 3-115　景趣 14——鹤溪水趣总述

水是生命之源，人们从出生便保留着亲水的习性。"山有仙则灵、有水则明"。为此，整治大羽村的鹤溪便成为点亮大羽美丽乡村建设的重点所在。通过整治，沿溪布置鹤溪叠水、鹤嬉台、鹤仙桥、鹤仙台、鱼池、鹤水趣等景点。既整治了原先脏乱的环境，又可通过分段蓄水，吸引游客和孩童。夏日嬉水，其乐无穷。从而激活了大羽的鹤溪，使其形成大羽鹤寿文化美丽乡村精品村景观的主轴。

（26）景趣14——鹤溪水趣展示1（图3-116）

图3-116　景趣14——鹤溪水趣展示1

（27）景趣14——鹤溪水趣展示2（图3-117）

图3-117　景趣14——鹤溪水趣展示2

（28）景趣 14——鹤溪水趣展示 3（图 3-118）

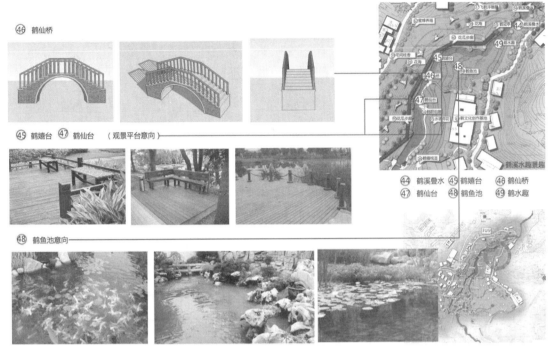

图 3-118　景趣 14——鹤溪水趣展示 3

（29）景趣 14——鹤溪水趣展示 4（图 3-119）

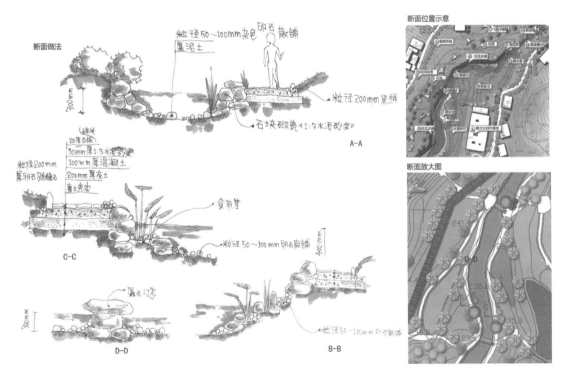

图 3-119　景趣 14——鹤溪水趣展示 4

（30）景趣 14——鹤溪水趣展示 5（图 3-120）

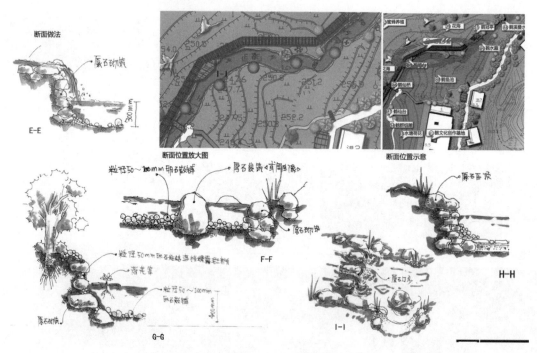

图 3-120　景趣 14——鹤溪水趣展示 5

（31）景趣 15——鹤寿无量总述（图 3-121）

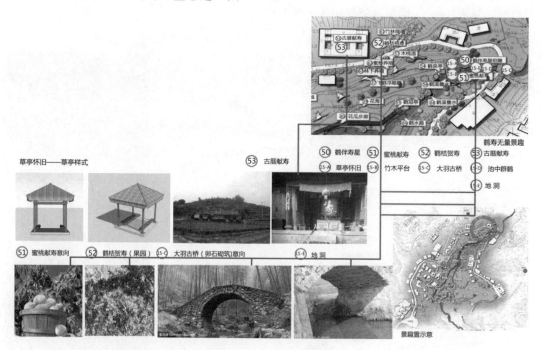

图 3-121　景趣 15——鹤寿无量总述

　　利用保留完好的古大厝，在厅堂举办为老人祝寿盛宴，展示"寿"字的各种鹤书法及诗画，传承中华民族优秀的"孝"文化。以大羽独特的桂花蜜制作桂花糕，意为"年年高"；以各种带有"寿"印的点心,意为"点点孝心"和特色长寿面等展现永春的乡村特色糕点,以此独特创意,既可以吸引游客陪同老人到乡村踏青尝果,又可制作为独特的伴手旅游礼品。

依托周边自然生态环境布置鹤伴寿星、蜜桃献寿、鹤橘贺寿(大橘加以包装)、古厝寿宴和草亭怀旧、木平台、地洞。并在水池中布置一组天然石鹤、凤鸳鸯、苍鹭、喜鹊组成的群雕。展示"鹤寿无量"的景趣,激活古大厝和自然环境的资源,使其形成颇为吸引人的景区。从而成为大羽村促进经济、社会、政治、文化和生态文明建设的"寿"、"孝"文化创意亮点。

(32)景趣 15——鹤寿无量展示 1(图 3-122)

图 3-122 景趣 15——鹤寿无量展示 1

(33)景趣 15——鹤寿无量展示 2(图 3-123)

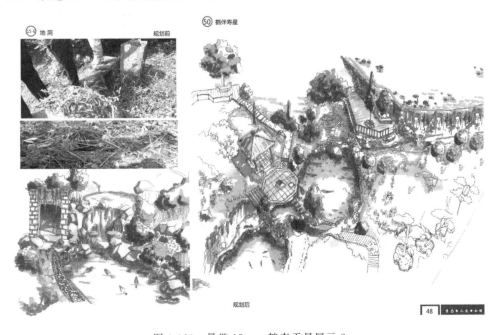

图 3-123 景趣 15——鹤寿无量展示 2

（34）景趣 15——鹤寿无量展示 3（图 3-124）

图 3-124　景趣 15——鹤寿无量展示 3

（35）景趣 15——鹤寿无量展示 4（图 3-125）

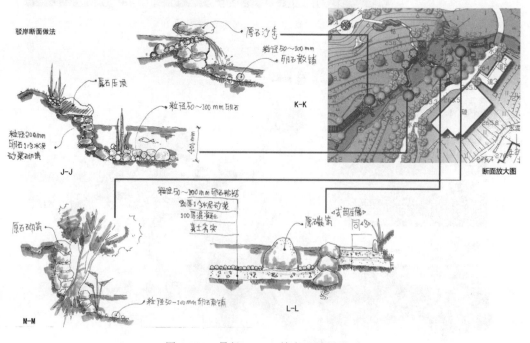

图 3-125　景趣 15——鹤寿无量展示 4

（36）景趣 16——鹤谷春华（图 3-126）

把鹤溪小溪流整治激活之后两岸种桃栽柳，形成"鹤谷春华"景趣，为游人提供尝春观景和鹤泉品茗的休闲景趣。

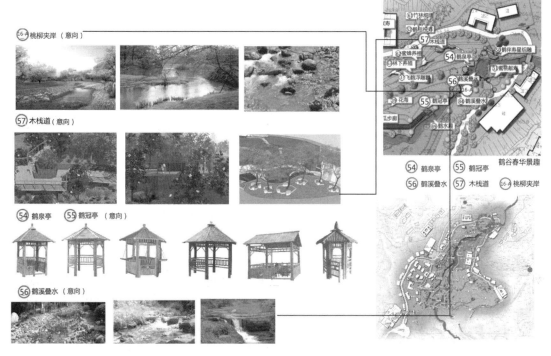

图 3-126　景趣 16——鹤谷春华

（37）景趣 17——鹤岗桂香总述（图 3-127）

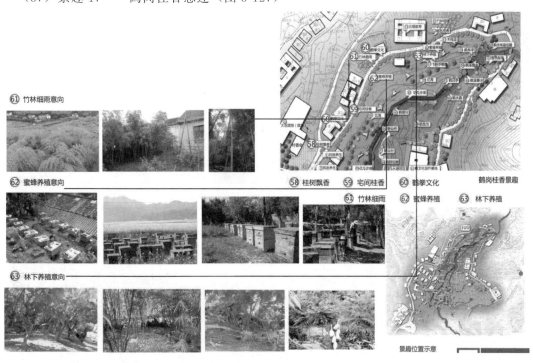

图 3-127　景趣 17——鹤岗桂香总述

利用冈峦山头广栽各种桂花树，兼种各种果树和竹林，开展林下养殖家禽和蜜蜂，并从规划范围起步逐渐转向大羽的养殖产业，既衬托出"鹤翔九天"的鹤群，又具特色的花果园地。每逢秋日，花果飘香、果硕累累，供游人采摘品尝，丰收景色极为诱人，谓之"鹤岗桂香"景趣，从而努力打造文化创意形成县城碧桂园住宅区的后花园。

（38）景趣 17——鹤岗桂香展示 1（图 3-128）

图 3-128　景趣 17——鹤岗桂香展示 1

（39）景趣 17——鹤岗桂香展示 2（图 3-129）

图 3-129　景趣 17——鹤岗桂香展示 2

（40）景趣 17——鹤岗桂香展示 3（图 3-130）

图 3-130 景趣 17——鹤岗桂香展示 3

（41）景趣 17——鹤岗桂香展示 4（图 3-131）

图 3-131 景趣 17——鹤岗桂香展示 4

（42）景趣 18——鹤榕祈福（图 3-132）

将原有大羽宫及赤榕树加以组织，并赋予文化创意，在古榕树上高挂许愿灯笼或红丝带和亲手折的千禧鹤，供游人对亲友遥寄祝福。树下配以景石，形成"鹤榕祈福"景趣。

图 3-132　景趣 18——鹤榕祈福

（43）道路交通（图 3-133）

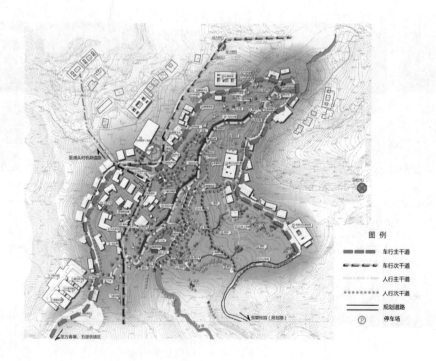

图 3-133　道路交通

（44）旅游路线（图 3-134）

① 全面游（环形游览线路）。

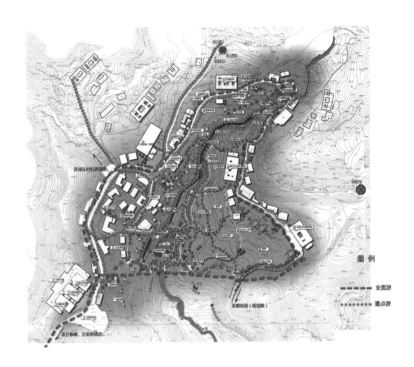

图 3-134　旅游路线示意

演武场——鹤法拜祖——鹤拳步柱——鹤岗桂香——鹤谷春华——鹤寿无量——鹤溪水趣——鹤祥千禧——鹤群伴荷——鹤田农耕——鹤舞关锁——鹤鸣报晓——鹤法拜祖

② 重点游（分支线路）。

a. 休闲娱乐线。

鹤拳步柱——鹤舍迎宾——鹤松长春——鹤鹿永春——鹤龟延年——鹤舞关锁

b. 瓜果采摘线。

鹤舍迎宾——鹤颈花廊——鹤翔九天——鹤溪水趣——鹤谷春华——鹤岗桂香——鹤拳步柱——鹤法拜祖

c. 亲水娱乐线

鹤舍迎宾——鹤颈花廊——鹤翔九天——鹤溪水趣——鹤谷春华——鹤寿无量——鹤溪水趣——鹤祥千禧——鹤群伴荷——鹤田农耕——鹤舞关锁——鹤法拜祖

d. 白鹤文化游

演武场——鹤法拜祖——鹤拳步柱——鹤岗桂香——鹤谷春华——鹤寿无量——鹤群伴荷——鹤祥千禧——鹤宇阁——鹤田农耕——鹤舞关锁——鹤法拜祖

（45）春色满园（图 3-135）

春季时节，梯田油菜花，溪边桃花盛开，岸边柳树与鹤翔九天花海初绿为春季村庄背景颜色。鹤岗桂香与鹤颈花廊中初春盛开的部分红、黄色花朵点缀在一片初绿之中。

（46）夏日花海（图 3-136）

夏季时节，梯田种植水稻，溪边绿树成荫，溪中鹤舞伴荷。鹤翔九天花海九种颜色象征九重天。鹤岗桂香与鹤颈花廊中鲜花盛开。以翠绿的生机勃勃衬托出九重花海。

（47）秋果丰硕（图 3-137）

图 3-135 春色满园

图 3-136 夏日花海

图 3-137 秋果丰硕

金秋时节，梯田稻谷丰收，鹤岗桂香金桂飘香。衬托出鹤颈花廊硕果累累。

（48）冬采菜蔬（图 3-138）

寒冬时节，梯田种植水生植物（茭白、菱角等），局部水面衬托出暗绿色植物，满山遍野展现出寂静山林一片祥和的景象。

图 3-138　冬采菜蔬

3.4.3.3　景观营造

（1）景观栈道（图 3-139）

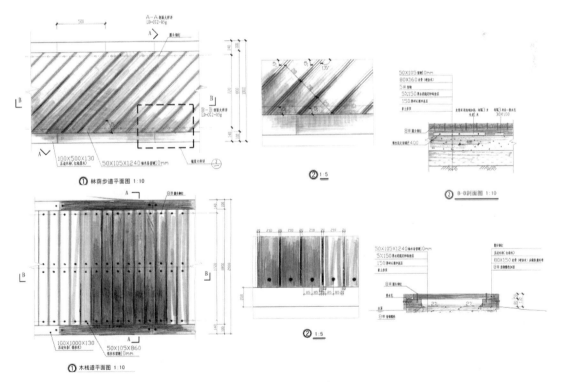

图 3-139　景观栈道

（2）景观围栏与雕塑（图 3-140）

围栏意向

雕塑意向

图 3-140 景观围栏与雕塑

（3）景观铺装（图 3-141）

铺装意向

趣味步道

图 3-141 景观铺装

（4）景观意向 1（图 3-142）

农耕工具

装饰意向

图 3-142 景观意向 1

（5）景观意向 2（图 3-143）

驳岸意向

牌楼意向

图 3-143　景观意向 2

（6）小品意向（图 3-144）

配套系统设备意向图

图 3-144　小品意向

（7）植物种植（图 3-145）

图 3-145　植物种植

3.4.3.4　经营管理

（1）观光休闲（图 3-146）

夏日休闲

布置秋千,桌椅等设施,为游客提供良好的户外休闲场地。

观光农业

整治和修建景观小品,组织村内旅游路线,引导游客参观游览。

图 3-146　观光休闲

（2）植物拓展（图 3-147）

（3）农耕美食（图 3-148）

（4）乡村水趣（图 3-149）

（5）武艺传承（图 3-150）

（6）养老禅修（图 3-151）

植物认养

在水景周围的绿化带和山地,可规划为一部分为蔬菜和果树等农作物的认养区,这种方式既
提高了土地的利用价值,又增加了乡村旅游体验的趣味性,也同时增加了农民的经济收益,一举多得。

水果采摘

周末带着妻儿老小到近郊,呼吸新鲜空气,顺便采摘些新鲜水果打包回家,也是一种美好的生活体验,
一方面减少了人工采摘运输等成本,又增加了度假休闲的趣味性。

图 3-147　植物拓展

农家菜肴

    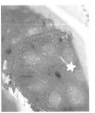

村口严格把控,杜绝化肥农药流入村中,保证食材纯天然无污染,有机生态,
并运用本村土家做法的特色,精华烹制,使本村农家菜健康有特色。

农耕体验

布置各种传统农具,既能作为景观小品,又能丰富游客体验项目,帮助儿童了解食物来之不易。

图 3-148　农耕美食

水渠摸虾

在水景和农田散着河鲜,既增加单位农产值,又为环境增添野趣,也丰富了游客的游览体验。

溪流戏水

利用地形特点,在水系中布置各类亲水,戏水场所,丰富游客活动体验。

图 3-149　乡村水趣

鹤拳传承

传承和发扬白鹤拳文化,提供一定的武术培训和武术交流文化节。

武艺功夫

发扬大羽村文化特色,为游客提供白鹤拳武术表演。

图 3-150　武艺传承

安养禅修

延伸鹤法文化,拓展禅修项目。为游客提供远离城市喧嚣的精神文化生活。

愉悦养生

拓展鹤寿文化,修建养老场所,完善设备及服务,打造养老产业与农村休闲相结合的特色产业。

图 3-151　养老禅修

3.4.3.5 建设实践（图 3-152～图 3-155）

图 3-152 层层叠水

图 3-153 细水长流

图 3-154　特色路标

图 3-155 特色小路

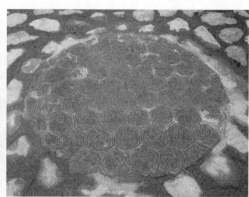

图 3-155　多种栈道

4 城镇园林景观设计的指导思想与基本原则

4.1 城镇园林景观设计的指导思想

城镇往往镶嵌于广阔的农村之中，相对于城市来讲，城镇与大自然的联系更为紧密，存在更多的人与人、人与社会的交融。城镇的园林景观同时具有了村庄的恬静与惬意和城市的喧哗与热闹。介于动与静之间的城镇的园林景观成为了地方特色风貌的重要展示平台，也更能够多方位立体地展现出城镇特色风貌。为此，城镇的园林景观必须合理协调各景观要素，以营造优美富有情趣的环境并能够体现地方特色的城镇景观。

城镇特殊的环境位置决定了它与自然的紧密联系，城镇的园林景观要充分认识到维护自然是利用自然和改造自然的基本前提。在城镇的园林景观规划和设计中，必须对整体山水格局的连续性进行维护和强化，尽可能减少对自然的影响和破坏，以保证自然景观体系的健康发展。要尽可能利用地形地貌、山川水系、森林植被、飞禽走兽及独特的气候变化等自然元素造景，使人工景观自然的融合到自然景观之中，从而保证城镇园林景观与乡村景观相互协调。

以人为本，在现代景观以人为本的思想指导之下，结合现代生产生活的发展规律及需求，在更深层的基础上创造出更加适合现代的园林景观。更多地从使用者的角度出发，在尊重自然的前提下，创造出具有较强舒适性和活动性的园林景观。一方面要在建筑形式和空间规划方面要有适宜的尺度和风格的考虑，居住环境上应体现对使用者的关怀；另一方面要对多年龄层的使用者加以关注，特别是适合老人和儿童的相应服务设施和精神空间环境。创造更多的积极空间，以满足大多数人的精神家园。

营造特色，这是树立城镇良好形象的关键。城镇范围的小决定了形成特色园林的景观要素的少，城镇园林景观的"小而精，少而特"就显得格外重要。要体现景观特色就需要对环境有敏感和独特的构思，在充分分析利用当地的地理条件、经济条件、社会文化特征以及生活方式等多方面的因素的基础上，反映出地方传统和空间特征（包括植物、建筑形式等地方特色），努力塑造出园林景观特色。

4.1.1 融于环境

城镇的园林景观依托于周围广阔的自然环境，贴近于自然，田园风光近在咫尺，有利于创造舒适、优美的景观。自然资源是这一区域的最重要的景观优势，设计者应当充分维护自然，为利用自然和改造自然打好坚实的基础。

（1）创造良好的生态系统

随着城镇的发展与变化，人们的物质文化生活水平也得到提高，人们对良好环境的要求也越发强烈，创造良好的生态系统成为了城镇园林景观建设的重要原则。在保护好环境的前提下，坚持生态原则，对现有的生态系统进行尽可能小的影响的人工景观改造，减少对自然景观的破坏（图4-1和图4-2）。

图 4-1　意大利南部的城镇保留着优美的田园风光　　图 4-2　建筑与自然景观相互融合

（2）园林景观与城镇景观相互协调

城镇的规模介于城市与农村之间，景观特征也兼顾了城市的喧闹与村庄的恬静，是动与静的交汇点。城镇的景观既需要有聚集的喧闹场所，也拥有相对安静的居住区域，较小的尺度使得这一区域具有很高的宜居性。园林景观就要照顾到城镇的双重角色，适应城镇的需求。

（3）建立高效的园林景观

城镇的规模有限，对于园林景观的建设方面也应当以提高其使用效率来增加景观的价值。结合城镇的自身环境、人文环境和经济格局等特点，设立具有多重功能的园林景观，在增加城镇生态环境和生活舒适度的同时，为当地居民提供一个活动的场所，使有限的空间功能多样而丰富。

未来与生态息息相关，城镇景观的生态化是一个必然趋势。以牺牲生态环境为代价进行景观建设，是对城镇景观缺乏宏观规划造成的，往往导致城镇景观生态环境恶化。营造良好的城镇生态环境，应该成为城镇发展永恒的主题。城镇景观规划与设计的重点应把城镇置于区域内的自然生态系统之中，坚持生态的原则，使人工生态系统与自然生态系统协调发展，在建造人工景观的同时，尽量减少破坏自然景观。城镇接近自然，环境条件好，就应充分利用这个优势，以"绿"为主，将人工景观与自然景观融为一体，谋求人与自然和谐共生的城镇景观环境。

崇武大地岩雕群是我国目前规模最大的岩雕群，自1992年建成以来，备受艺术界专家学者和社会各界的赞誉，深受广大群众喜爱，吸引了国内外大量游客。饮誉四海的崇武大地岩雕群促进了崇武古镇的园林景观建设。如今，崇武古镇已建成融于环境、绿树成荫、游客如织的海滨园林景观旅游区。它以大地岩雕、崇武古城、惠女风情为特色，在大海、沙滩、岩礁和蓝天的衬托下，极富情趣，令人流连忘返；同时，也为城镇园林景观建设提供了很好的参考素材（图 4-3～图 4-6）（详见第 6.5.1 部分）。

图 4-3　浪拍巨龟

图 4-4　结伴听涛

图 4-5　大师题壁

图 4-6　石鱼跃波

4.1.2　以人为本

人与自然之间的关系和不同土地利用之间关系的协调在现代景观设计中越来越重要，以人为本的原则更是重中之重。这一原则应深入到城镇园林景观设计当中：尊重自然，满足人的各种生理和心理要求，并使人在园林中的生活获得最大的活动性和舒适性。具体地说，要从两个层次入手。

第一个层次是建筑造型上，应使人感到亲切舒服；空间设计上，尺度要适宜。能够充分体现设计者对使用者居住环境的关怀。

第二个层次是园林景观设计不应该只考虑成年人，还应当更多地去考虑老人与儿童。增加相应的服务设施，使老人与儿童心理上得到满足的同时精神生活也更加丰富和多姿多彩。将空间设计成为所有人心目中的精神家园。

总的来说，城镇园林景观设计就是要达到这样的一个目的，即充分利用自然环境的同时将人为环境加以改造，使之优美、清净、舒适，更加适合去建设、去工作与生活。如福建省永定县坎市镇在镇区寨子山公园建设了一个投资仅几万元的院士亭，既弘扬了传统文化，又展现了时代新意，体现了对老人的关怀，对青少年也是一种激励。

一个建筑的好坏取决于人住在里面是否舒适与开心。而一个城镇的建设更是要满足人的需求。因此以人为本这一设计原则在城镇景观规划与设计中显得尤为重要。因此设计出来的城镇应该让人感觉到是自己的城镇，住在里面很舒适方便，对其很认同，心理上对其产生共鸣，并有一种想要在里面生活的强烈欲望。这就要求设计者应当对当地的人文景观及风土人情十分了解，在设计中加以保护并挖掘出其中的潜在内容，并在其中加入人的活动，使得城镇的景观富有乐趣与人情味。

如福建省永定县坎市镇在镇区寨子山公园建设了一个投资仅几万元的院士亭，既弘扬传统文化，又展现时代新意（详见第6.5.3部分）。

4.1.3 营造特色

城镇能否树立一个良好形象的关键在于它是否拥有自己的特色。城镇小，能够产生园林景观特色的要素也不多，因此城镇的景观只能"小而精，少而特"。要达到这一要求，不能将景观要素简单地罗列在一起，而是应该总揽全局，有主有次，充分利用已有的景观要素，通过对当地环境、地理条件、经济条件、社会文化特征以及生活方式的了解，加入自己的构思，充分体现地方传统和空间特征（包括植物、建筑形式等地方特色），将其园林景观特色发挥得淋漓尽致。如福建惠安利用崇武古城海滨的岩礁随纹理加工创作的大地岩雕便是一个极有参考价值的实例。

（1）弘扬传统造园理论

"天人合一"是自古以来中国人的观念，它影响着一代又一代人，它同时也是中国古代景观理论体系的核心。罗哲文先生1998年在《园冶注释》总序中指出："《园冶》总结了中国古典园林的造园艺术，是我国第一部系统全面论述造园艺术的专书，促进了江南园林艺术的发展，是我国造园学的经典著作。此书的诞生不但推动了我国园林历史的进程，而且传播到了日本和西欧。日本人大村西崖在他所撰的《东洋美术史》中所提到的刻本《夺天工》即是《园冶》，日本造园名家本多静六博士曾称《园冶》为世界最古之造园书籍。"由此可见，中国园林不仅在中国源远流长，它还对日本以及欧美园林景观的发展产生了深刻的影响。我们在城镇园林景观设计中也应该认真学习并积极弘扬这个理论。

（2）体现文化特征和时代感

只有深入了解我国优良的传统造园文化，深入了解传统造园文化的精髓，才会明白该怎样在设计中体现出这种文化的真与美，体现出这种文化的底蕴与自信。同时，我们还要清楚地认识到自己所处的时代，认识到它的进步，认识到它的优缺点，并从它的角度去设计城镇的园林景观，在设计中展现时代的气息，并彰显现代中国独特的新城镇园林景观特色。

（3）注重文化内涵

城镇有着深厚的历史文化背景，还有着独特的风俗习惯，这些在园林设计当中都可以体现出来。这需要设计者对城镇本身的历史文化如古迹遗址、古树名木、历史人物、民间传说及民情风俗等要十分地熟悉，并在城镇的园林设计中体现出来。通过园林设计来宣扬当地的历史，保护当地的文物古迹，使园林设计的形式更加丰富并且具有地方特色的同时还能够展示当地的风土人情，使人在城镇里流连忘返。这样的园林景观设计才真正地具有文化内涵，才能真正在精神上使人产生共鸣，人们生活在这个城镇才会产生归属感。如福建省龙岩市新罗区东肖国家森林公园创建的"中华成语碑林"，以天然的碑石与原始森林互为呼应，融为一体，而森林公园科普教育又和成语碑文的文化内涵相映成趣，激活了森林公园的文化内涵。

（4）与当地实际情况相结合

　　我国第一部系统全面论述造园艺术的专著——《园冶注释》指出：园林巧于"因""借"，精在"体""宜"。我国的园林设计理论十分强调因地制宜，地形上完全随着地势的起伏而变化，取景的时候依山傍水，和当时当地的情况相一致。与大自然五光十色的环境融为一体，这对园林景观设计来说有着至关重要的意义。在设计中材料的选择上要多运用具有当地特色的造景材料（如不同的石材、竹木和树种），虽然简陋，但十分自然，可以更好地体现当地的景观特色。从而使城镇的形象更加丰满，特色更加明显，为更多的人所喜爱。

　　一个建筑的特色是通过它和其他建筑的对比体现出来的。同样的道理，一个城镇想要拥有特色，那它必须要拥有不同于其他城镇的地方；不是简单地罗列各种景观要素，而是通过多方面的手段去重新排列组合这些景观，使之能够体现"生态优化""以人为本"的原则。之所以要深入研究城镇的景观设计与规划，是希望能够通过这些研究来提高设计者城镇景观设计的水平，建造出更多具有多种地域特色、不同建筑风格、多样历史文化、独特生活习俗的城镇。

　　在龙岩市新罗区东肖森林公园创建的中华成语碑林，是真正集知识性、学术性、艺术性、趣味性、实用性于一体的扛鼎之作，得到社会各界的热情支持。可以深信，中华成语碑林的创建，必将激活东肖森林公园的文化气息，使其更具吸引力（详见 6.5.3 部分）。

4.1.4　公众参与

　　无论是古代中国的园林还是世界各地的园林景观，在其出现之初，公共参与就与之相伴。然而园林景观发展到现在，现代理念不断更新，公众参与却逐渐消失。对于城镇的园林景观的建设就要努力创造条件，从当地的环境出发，创造出可以使居民对周围环境产生共鸣和认同感，对居民的行为进行引导，提高公众参与的兴趣与意识。结合当地的民风民俗及人文景观，利用当地、政府企事业单位的带头作用，激发城镇园林景观的活力，形成公众参与的社会氛围（图 4-7 和图 4-8）。

图 4-7　巴黎近郊公园的信息厅

图 4-8　公园中的信息厅

4.1.5　精心管理

　　靓丽的园林景观是一个发展中的动态美，要始终展现出一个较为完美的景观状态是一个比较复杂生物系统的工程，需要社会各界人士的广泛支持，更需要公众对其有意识的维护。特别是在大力投资建设之后，管护的作用就更加突显，要坚持"三分建设、七分管理"，特别要注重长期性经常性维护。首先，刚建成的园林景观通常都不能直接达到最佳景观效果，需要一个较长时间的养护工作。管理的好坏直接决定了植物及景观的发展趋势，良好的管理可以创造出意想不到的景观效果。其次，要对公众进行正确良好的引导和教育，让公众自觉自律自己的行为，主动地保护身边的优美环境，共同创造一个和谐的生态环境。再次就是要建立健全管理和监督机制，加强管理的力度，建立和落实管理责任，保证人员、设备和资金到位。

4.2 城镇园林景观的设计原则

城镇的园林景观需要紧密结合当地的规划，综合考虑、全面安排，正确地处理好土地、环境的现状与园林景观建设的关系。将园林景观广泛地渗透在城镇的规划建设之中，发挥潜在力量，与工业区布局、居住区详细规划、公共建筑分布、道路系统规划密切配合与协作，不能孤立地进行。

结合当地特点，因地制宜。各城镇之间的自然条件差异较大，面临的景观现状与问题也各有不同，因此不同城镇的景观规划和设计都必须和当地实际情况紧密结合，从实际情况出发，创造性地设计独特地域风格的园林景观。

不均衡分布，比例合理，满足城镇居民休息、游览的要求。城镇园林景观应结合城镇规模小、居民分散的特点，避免大型公共绿地的地段，将园林景观面积分散到街区、小型空间之间。在城镇居民相对集中的地区，结合当地功能上的需求，适当增加较少数量的大面积绿地。综合考虑，以避免给将来城镇发展规划的完善改造工作造成困难。

制订分期规划目标，分批分层次地设计完成，既要有远景目标，也应有近期安排，做到远近结合，同时还要照顾到由远及近的过渡措施。

注重地方特色的体现。城镇具有自身特殊的地理、自然、历史、文化等因素，且各具特色。在开发潜在的风景资源的同时弘扬历史文化，保护文物遗迹，最终形成别具一格的地方特色。注重对街道的景观与绿化，结合水系、山系等自然地理环境，配合植物及造景，创造出适合城镇自身特点的园林景观。

4.2.1　协调发展

耕地不多，可利用土地紧张是我国现有土地的总体情况，合理利用土地是当务之急。在城镇园林景观的设计建设中，首先要合理地选择园林景观用地，使得园林景观有限的用地更好地发挥改善和美化环境的功能与作用；其次在满足植物生长的前提下，要尽可能地利用不适宜建设和耕种的破碎地区，避免良田面积的占用。

园林景观用地规划是综合规划中的一部分，要与城镇的整体规划相结合，与道路系统规划、公共建筑分布、功能区域划分相互配合协作。切实地将园林景观分布到城镇之中，融合在整个城镇的景观环境之间。例如，在工业区和居住区布置时，就要考虑到卫生防护需要的隔离林带布置；在河湖水系规划时，就要考虑水源涵养林带及城市通风绿带的设置；在居住区规划中，就要考虑居住区中公共绿地、游园的分布以及宅旁庭园绿化布置的可能性；在公共建筑布置时，就要考虑到绿化空间对街景变化、镇容、镇貌的作用；在道路管网规划时，要根据道路性质、宽度、朝向、地上地下管线位置等统筹安排，在满足交通功能的同时，要考虑到植物种植的位置与生长需要的良好条件。

4.2.2 因地制宜

中国的国土面积广阔，跨越多个地理区域，囊括了众多的地理气候，拥有各色自然景观的同时也具有各自不同的自然条件。城镇就星罗棋布地散落在广阔的国土上。因而在城镇的园林景观的设计中要根据各地的现实条件、绿化基础、地质特点、规划范围等因素，选择不同的绿地、布置方式、面积大小、定额指标，从实际需要和规范出发，创造出适合城镇自身的景观，切忌生搬硬套，脱离实际地单纯追求形式。

城镇是介于城市和乡村之间的过渡地带，它不同于大中城市，它贴近自然，建筑规模小，我们要充分发掘和利用城镇自然之美的这种特色。多数城镇由于其独特的地理形态，依山傍水，会形成山水城镇、水乡小镇或者海滨小城，其自然山水之美的特色是任何一个大中城市无可比肩的优势。因此，保护与利用自然之美的生态优先原则理应成为景观设计的首选。要实现生态优先的景观设计原则，应做到如下几点。

首先，在景观设计中，应大力保护城镇地方生态环境，充分利用自然界的光能、热能、风能；因地制宜有效利用土地、自然资源，治理污染；保护地方自然生态，走人与自然和谐共生、可持续发展之路。

其次，在城镇景观设计中应善待自然，善于借自然美景，应以自然景观资源为设计基础，切不可肆意设计，以人工取代天然。当前国际上一种先进的景观设计思想就是将自然原野地作为公园，然后再巧妙点缀一些石凳、园林灯、步行小径、自行车道等人工设施，使之成为一处宜人的休闲好去处。在城镇景观设计中务必要根据当地的地理特征，对地貌与水体进行合理的改造与利用，尽可能保持原生状态的自然环境，切不可照搬国内大中城市的错误做法。很多的大城市盲目地参照国外的模式，完全不根据具体的国情情况，把城市仅有的自然地改造成花园式公园，其拙劣手法是将城郊山林的落叶乔木代之以"常青树"；乡土"杂灌"被剔除而代之以"四季有花"的异域灌木；自然的溪涧被改造成人工的"小桥流水"；滨水的曲线形自然河岸被拉直，变为人工石砌的岸壁直墙，再在岸边设计一些或方或圆的园林建筑、人工水池，使自然水岸景观荡然无存。这不仅耗费人力、物力、财力，更重要的是舍本逐末，是对大自然的亵渎。

再次，要合理选择建筑装饰材料，提倡就地取材、因地制宜的绿色设计。营造健康良好的城镇生态景观，切不可舍弃天然材质代之以瓷砖、不锈钢，将自然景观改造为人工草坪，将生长在山林的大树移进城镇，劳民伤财，破坏生态（图4-9和图4-10）。

图 4-9　米罗公园借助原有的坡地
改建成为城镇的居住区公园

图 4-10　坡地成为公园热闹环境和
居住区安静环境的天然屏障

4.2.3　均衡分布

城镇的规模无法与大、中城市相比，具有居民相对分散，大型公共绿地的区域有限等特点。随着城镇的发展，居民对周围服务环境有了更高的要求。园林景观均衡分布在城镇之中，在充分利用空间的基础上增加了新的功能。这种均衡的布局更方便公众的使用与参与，比较适合城镇的建设。在建筑密度较为低的区域可依据当地实际情况的要求增加数量较少的具有一定功能性质的大面积城镇绿地等，这些公共场所必将进一步提升城镇的生活品质。

4.2.4　分期建设

规划建设就是要充分满足当前城镇发展及人民生活水平，更要制订出满足社会生产力不断发展所提出的更高要求的规划，还要能够创造性地预见未来发展的总趋势和要求。对未来的建设和发展做出合适的规划，并进行适时的调整。在规划中不能只追求当前利益，避免对未来的发展造成困难。在建设的同时更要注重建设过程中的过渡措施和整体资源利益。例如，对于建筑密集、质量低劣、卫生条件差、居住水平低、人口密度高的地区，应结合旧城改造，新居住区规划留出适当的绿化用地，待时机成熟时即可迁出居民，拆迁建筑，开辟为公共绿地。在远期规划为公园的地段内，近期可作为苗圃，既能为将来改造成公园创造条件，又可以防止被其他用地侵占，起到控制用地的作用。在园林景观养护的过程中，逐步地完善其他的基础设施，最终建立一个多功能立体的景观。

城镇园林景观的分期建设是城镇规划的重要组成部分，例如，舟山市的绿地系统规划中明确提出了近期、中期和远期的规划内容与目标。规划依照统一规划分期实施的原则编制，近期 2002～2005 年，中期 2006～2010 年，远期 2011～2020 年。近期（2002～2005 年）建设完成项目包括长岗山森林公园一期建设（137 公顷）、海山植物园建设（30％建成）、西山公园建设（70％建成）等 10 余个公园，以及全市各区主要河道的绿化、全市主要交通干道的绿化、全市老住宅小区环境改造建设（70％完成）；中期（2006～2010 年）建设完成项目包括长岗山森林公园建设完成、海山植物园建设完成、西山公园建设完成、五奎山公园（70％建成）等 8 个公园的建设，还包括临城至普陀间的生产苗圃建设，部分开发新区的绿化建设；远期（2011～2020 年）建设完成项目包括长春岭公园建设完成、黄杨尖公园建设完成等，各工厂、企业环境绿化建设全部完成，其他结合旧城改造的一些城区道路、街头绿地的建设完成。通过规划城镇不同阶段的园林景观建设内容，使城镇的景观能够高效地完成，并保证景观体系的完整性。

4.2.5　展现特色

我国的传统城镇、古村落，因为处于同一民族文化体系，它们建筑的构造、形态、审美在许多方面保持一致，但是由于风水观念、地理气候环境、等级制度、宗教信仰深刻地影响着造城观念和建筑形制，因而使得传统的城镇景观能与地方环境紧密结合，呈现出风格迥异的乡土特色与地域特色。

地域性原则主要侧重的是城镇的历史文脉和具有乡土特色的景观要素等方面的问题。建筑是城镇景观形象与地域特色的决定因素，原生态的建筑的形制、建筑群体的整体节奏以及所形成的城市整体面貌就是城镇的主体景观形象的体现。创造具有地方特色的城镇景观就是要在景观设计中保护和改造具有传统地方特色的建筑，以及由建筑组合形成的聚落、城镇（图 4-11 和图 4-12）。

图 4-11 徽州宏村独具特色的建筑群

图 4-12 建筑群之间的公共空间

传统的城镇聚落中的街巷和院落也是体现城镇空间形象特色的重要因素。其适宜的尺度成了人们活动的发生点，促进了人们的步行交通和户外的停留。传统村镇聚落中的街巷是由民居聚合而成的，充满了人情味，是一种人性空间，充分体现了"场所感"。这种巷道空间是居住环境的扩展和延伸，是最理想的交往空间，甚至是居民们最依赖的生活场所。很多城镇由于盲目不切实际的开发，忽略了当地人们的生活特色本质，在面貌和风格上趋向一致，使得人们对自身所陷入的居住环境感到茫然、矛盾和失衡，失去了凯文·林奇所说的"城市意象"，失去了场所认同感。而城镇园林景观设计的根本目的是为了创造人类自身健康愉快、舒适安全的生活。因此，无论是传统的还是现代的城镇，都应关注当地居民的生活，注重鲜明的地域景观特色，其景观设计不能脱离民情，更不能盲目搞不切实际的形象工程，而应保持城镇的整体风貌与地域特色，保持地方性、民族性和历史传统。古街古巷是一种不可再生的传统，体现了历史文脉，是一种具有地域特色的景观资源，因此，在城镇景观设计中，应对某些历史地段、古街古巷实施历史景观保护性设计。在设计时维持现存历史风貌，确保其久远性、真实性的历史价值，从而体现其独特的历史人文景观与地域特色（图 4-13 和图 4-14）。

图 4-13 意大利南部的巴洛克小镇

图 4-14 奥斯图尼白色小镇

4.2.6 注重文化

由于地域的不同和经济结构发展的不同，不同的城镇会有不同的文化传统，这就形成了城镇不同的发展特色，在城镇的发展建设中我们要挖掘和保护这种文化景观。但是随着中国经济的快速发展，由于地理区域位置的优势，东南部的"温州模式、苏南模式、广东模式"等区域的城镇发展速度处于领先地位，在发展地方经济中起到了举足轻重的作用，为全国的城镇建设积累了宝贵的经验。但是它们都存在一个共同的缺陷，即在城镇现代建筑景观中对传统建筑、文化景观的保护与继承还不够，造成一些文化特色的殆尽和遗失。

文化景观包括社会风俗、民族文化特色、人们的宗教娱乐活动、广告影视以及居民的行为规范和精神理念。这是城镇的气质、精神和灵魂。通常形象鲜明、个性突出、环境优美的城镇景观需要有优越的地理条件和深厚的人文历史背景做依托。无论城镇景观设计从何种角度展开，它必定是在一定的文化背景与观念的驱使下完成的，要解决的是城镇的文化景观和景观要素的地域特色等方面的设计问题。因此，成功的景观设计，其文化内涵和艺术风格应当体现鲜明的地域特色、民俗土风与宗教信仰。具有地域特色的历史文脉和乡土民俗文化是祖先留给我们的宝贵财富，在设计中应该尊重民俗，注重保护城镇传统和特色，并有机地融入现代文明，创造具有历史文化特色的、与环境和谐统一的新景观（图4-15和图4-16）。

图 4-15　中国传统村落的牌坊

图 4-16　欧洲小镇中的教堂

5 城镇园林景观设计模式

5.1 城镇园林景观的形式与空间设计

容纳自然绿化是城镇园林景观必备的条件，它可以给予城市居民宁静感。树荫和水系给城镇人工化的环境带来令人欣喜的自然气息。就发展规律而言，城镇的发展是注定要破坏自然环境的原生形态的，这也是城镇本身的性质。如何在自然中再造出更合适的人造自然美就成为了城镇园林景观建设的首要问题。

有计划地保留绿化地带，加强城镇的园林景观建设是保存城镇绿地行之有效的方法之一。公共绿地分层次合理布局，点、线、面、环、网等多种布局形式的运用，是在城镇绿地系统规划中提高城镇绿化水平的坚实保证，绿地系统的建立更为城镇园林景观的建设增添几分秀气与灵气。

在城镇绿地系统规划建设中考虑城镇景观规划与设计，应注意以下几点。

（1）针对城镇园林绿地系统的规划布局，要联系地看问题，紧密地联系城镇周边环境，分析出适合地域环境特点的绿地系统。孤立地进行绿地系统建设不能形成真正有效的绿地景观生态系统。只有充分借助地区的自然基础，将城郊的防护林体系与城镇的绿地系统相结合，使城镇园林景观成为防护林带的环境延伸部分，才会在城镇环境中真正起到重要作用。

（2）要按规定标准划定绿化用地面积，力求公共绿地分层次合理布局；要根据当地情况，分别采取点、线、面、环、网等多种布局形式，切实提高城镇绿化水平。建立并严格实行绿化"绿线"管理制度，明确划定各类绿地范围控制线。对于平原地区，由于地势相对平整，其绿地的布局可沿原有的绿地基础"环"状或"带"状发展；对于海岛型城镇，可以充分利用区域大环境，形成"山、河、城、水、绿"互融共生的景观风貌，建立"环-心-轴"式的绿地系统空间结构模式；对于山地地区，应主动连接山体绿化，建立网状绿地系统结构模式，使人工绿化与山体自然绿化相互融合（图5-1～图5-4）。

（3）在量化指标上，应按照生态维护与建设用地功能的综合平衡要求，结合建城［1993］784号文件《城市绿化规划建设指标的规定》及有关城镇园林绿地系统规划方面的研究探讨，到2010年，城镇的人均公共绿地面积应不少于8m²；城镇的绿地率的指标应不低于30%～40%；绿化覆盖率应不低于32%～42%；单位附属绿地面积占单位总用地面积不低于30%；生产绿地面积占城市建成区用地总面积不低于2%。2005年新修订的《国家园林城市标准》规定：小城市人均公共绿地面积应大于8.5m²；城镇绿地率指标应不低于34%～35%；绿化覆盖率应不低于38%～40%。此外，还应提倡"集中使用绿地"的规划原则，并将现有公共绿地约占1/3、单位附属绿地约占2/3的规划布局比例颠倒过来，强化城镇生态绿地的系统性。

图 5-1　湿地基塘体系景观模式

图 5-2　南方丘陵区多水塘系统景观模式

图 5-3　平原区农田防护林网络体系景观模式

图 5-4　平原区农田防护林

（4）城镇绿地的建设质量也绝不能放松。在绿地的建设上，应该成立相应的职能部门，提高绿地建设质量，形成良好的绿化景观。对于城镇绿地的建设，应在满足居民休闲娱乐的基础上，借助植物和园林小品设施营造美丽的绿地景观，提高绿化质量和品位。

经济效益、社会效益和环境效益是相一致的，是相互制约、相互促进的，环境生态效益将会带来长期的、无法估计的经济效益。在城镇建设中，还应舍得拿出城区土地中完整的大面积绿化系统来改善环境，提高人们的生活质量，使城镇成为吸引人才、吸引投资、吸引旅游者的乐土。

此外，还应树立科技兴绿的观点，把不断提高园林绿化的整体水平建立在依靠科技进步的基础上。创建园林型生态城镇，实现生态城镇的发展目标，必须依靠科技进步。

5.1.1　点——景观点

点是构成万事万物的基本单位，是一切形态的基础。点是景观中已经被标定的可见点，它在特定的环境烘托下，背景环境的高度、坡度及其构成关系的变化使点的特性产生不同的情态。这些景观点通过不同的位置组合变化，形成聚与散的空间，起到界定领域的作用，成为独立的景点。具有标志性、识别性、生活性和历史性的城镇入口绿地、道路节点、街头绿地及历史文化古迹等景点是城镇园林景观规划设计中的重要因素（图 5-5 和图 5-6）。

图 5-5　孙家庄小庙白求恩像　　　　图 5-6　宽阔的田野处是村落的重要节点
　　　　　成为景观节点

5.1.2　线——景观带

　　景观中存在着大量的、不同类型和性质的线形形态要素。线有长短粗细之分，它是点不断延伸组合而成的。线在空间环境中是非常活跃的因素。线有直线、曲线、折线、自由线拥有各种不同的性格。如直线给人以静止、安定、严肃、上升、下落之感；斜线给人以不稳定、飞跃、反秩序、排他性之感；曲线具有节奏、跳跃、速度、流畅、个性之感；折线给人转折，变幻的导向感；而自由线即给人不安、焦虑、波动、柔软、舒畅之感。景观环境中对线的运用需要根据空间环境的功能特点与空间意图加以选择，避免视觉的混乱。

　　景观中充满着错综复杂的线的系统，这需要在规划设计中对景观带的功能和要求及其在景观体系中的作用进行多方位多角度的研究分析，使其在统一中求变化，组织开合有序的带状景观体系，使其达到步移景换、引人入胜的景观效果（图 5-7 和图 5-8）。

图 5-7　水系与街道组成的带状景观　　图 5-8　狭窄的街巷形成有尽端景观的线性结构

5.1.3　面——景观面

　　从几何学上讲，面是线的不断重复与扩展。面的形式有多种，不同的组合可以形成规则和不规则的几何形体，具有不同的性格特征。平面能给人空旷、延伸、平和的感受；曲面在景观的地面铺装及墙面的造型、台阶、路灯、设施的排列等广泛运用。平面图形从几何分布上有多种形式，景观造型中常见用的是矩形模式、三角形模式和圆形模式。

（1）矩形模式

在园林景观环境中，方形和矩形是较常见的组织形式。这种模式最易与中轴对称搭配，经常被用在要表现正统思想的基础性设计。矩形的形式尽管简单，它也能设计出一些不寻常的有趣空间，特别是把垂直因素引入其中，把二维空间变为三维空间以后。由台阶和墙体处理成的下陷和抬高的水平空间的变化，丰富了空间特性（图5-9～图5-14）。

图 5-9　矩形方案实例 1

图 5-10　矩形方案实例 2

图 5-11　矩形方案实例 3

图 5-12　矩形的结构简洁大方

图 5-13　矩形的应用 1

图 5-14　矩形的应用 2

（2）三角形模式

三角形模式带有运动的趋势能给空间带来某处动感，随着水平方向的变化和三角形垂直元素的加入，这种动感会愈加强烈（图 5-15～图 5-18）。

图 5-15　三角形在广场的应用

图 5-16　三角形铺地

图 5-17　三角形砌墙

图 5-18　三角与矩形的叠合，给人强烈的视觉冲击

（3）圆形模式

圆是几何学中堪称最完美的图形，它的魅力在于它的简洁性、统一感和整体感。圆被赋予了众多哲学思想的同时也象征着运动和静止的双重特性，正如本杰明·霍夫（Benjamin Hoff）所说："圆规的双腿保持相对静止却能绘出完美的圆。"

单个圆形设计出的空间将突出简洁性和力量感，多个圆在一起所达到的效果就不止这些了。而多圆组合的基本模式是不同尺度的圆的叠加或相交（图 5-19～图 5-31）。

（4）螺旋线模式

精确的对数式螺线可以从黄金分割矩形中按数学方法绘制，尽管用数学方法绘出的矩形有令人羡慕的精确性，但在园林设计中广泛应用的还是徒手画的螺旋线，即自由螺线。

有两类主要的螺旋体对于螺旋形的自由发展是很重要的。一类是三维的螺旋体或双螺旋的结构。它以旋转楼梯为典型，其空间形体围绕中轴旋转，并同中轴保持相同的距离。另一类是二维的螺旋体，形如鹦鹉螺的壳。旋转体是由螺旋线围绕一个中心点逐渐向远端旋转而成。两类螺旋体都存在于自然界的生物之中。

图 5-19　圆形中间视觉休息区

图 5-20　多圆组合细胞群效果

图 5-21　圆形组成的轴线

图 5-22　圆形成强烈围合感

图 5-23　圆组成的中心区

图 5-24　圆弧感觉柔和

图 5-25　圆形组合实例

图 5-26　圆弧具有强烈的线条感

图 5-27　圆形组合实例 1

图 5-28　圆形组合实例 2

图 5-29　圆也可以如此浪漫

图 5-30 圆门组合视觉门

图 5-31 椭圆实例

5.1.4 体——景观造型

体属于三维空间，它表现出一定的体量感，随着角度的不同变化而表现出不同的形态，给人以不同的感受。它能体现其重量感和力度感，因此它的方向性又赋予本身不同的表情，如庄重、严肃、厚重、实力等。另外体还常与点、线、面组合构成形态空间。对于景观点、线、面上有形景观的尺度、造型、竖向、标高等进行组织和设计。在尺度上，大到一个广场、一块公共绿地，小到一个花坛或景观小品，都应结合周围整体环境从三维空间的角度来确定其长、宽、高。如座凳要以人的行为尺度来确定，而雕塑、喷泉、假山等则应以整个周围的空间以及功能、视觉艺术的需要来确定其尺度（图 5-32 和图 5-33）。

图 5-32 雕塑设计与座椅功能结合

图 5-33 雕塑小品与座椅结合，体量感很强

5.1.5 园林景观设计的布局形态

（1）"轴线"

轴线通常用来控制区域整体景观的设计与规划，轴线的交叉处通常有着较为重要的景观点。轴线体现严整和庄严感，皇家园林的宫殿建筑周边多采用这种布局形式。北京故宫的整体

规划严格地遵循一条自南向北的中轴线，在东西两侧分布的各殿宇分别对称于东西轴线两侧。

（2）"核"

单一、清晰、明确的中心布局具有古典主义的特征，重点突出、等级明确、均衡稳定。在当代建筑景观与城市景观中，多中心的布局形式已经越发常见。

（3）"群"

建筑单体的聚集在景观中形成"群"，体现的是建筑与景观的结合。基本形态要素直接影响"群"的范围、布局形态、边界形式以及空间特性。

（4）自然的布局形态

景观环境与自然联系的强弱程度取决于设计的方法和场地固有的条件。城镇园林景观设计是重新认识自然的基本过程，也是人类最小程度地影响生态环境的行为。人工的控制物，如水泵、循环水闸和灌溉系统，也能在城镇环境中创造出自然的景观。这需要设计时更多地关注自然材料如植物、水、岩石等的使用，并以自然界的存在方式进行布置。在人造的环境里，设计的形状和布局方式要遵循自然界的规律。这些形式可能是对自然界的模仿、抽象或类比。抽象是对自然界的精髓加以抽提，再被设计者重新解释并应用于特定的场地之中。平滑的流线型曲线看似自然界之物，但却不能看作是蜿蜒的小溪。类比是来自基本的自然现象，但又超出外形的限制。通常是在两者之间进行功能上的类比。人行道旁明沟排水道是小溪的类比物，但看起来和小溪又完全不同（图5-34和图5-35）。

图5-34　对自然小溪的模仿　　　　图5-35　小区内自然水体设计

就像正方形是建筑中最常见的组织形式一样，蜿蜒的曲线是景观设计中应用最广泛的自然形式。它的特征是由一些逐渐改变方向的曲线组成，没有直线。从功能上说，这种蜿蜒的形状是设计一些景观元素的理想选择，如某些机动车和人行道适用于这种平滑流动的形式。在空间表达中，蜿蜒的曲线常带有某种神秘感。蜿蜒曲线似乎时隐时现，看不到尽头（图5-36和图5-37）。

一条按完全随机的形式改变方向的曲线能够刻画出自然气息浓郁的空间环境（图5-38和图5-39）。

5.1.6　园林景观设计的分区设计

（1）景观元素的提取

图 5-36　曲线塑造另类效果

图 5-37　曲线形水池

图 5-38　自然形成的线条

图 5-39　曲水流觞景观

城镇园林景观应充分展现其不同于城市景观的特征，从城镇的乡村园林景观、自然景观中提取设计元素。城镇独具特色的景观资源是园林景观设计的源泉所在。城镇园林景观设计从乡村文化中寻找某些元素，以非物质性空间为设计的切入点，再将它结合到园林规划设计中，创造新的生命力与活力。景观元素可以是一种抽象符号的表达，也可以是一种意境的塑造，它是对现代多元文化的一种全新的理解。在现代景观需求的基础上，强化传统地域文化，以继承求创新。

城镇园林景观元素的来源既包括自然景观也包括生活景观、生产景观，这些传统的、当地的生活方式与民俗风情是园林景观文化内涵展现的关键要素。城镇园林景观的形式与空间设计恰恰是从当地的景观中提炼元素，以现代的设计手段创造出符合人们使用需求的景观空间，来承载城镇人群的生活与生产活动。

（2）景观形式的组织

城镇的园林景观具有很强的地域表象，如起伏的山峦、开阔的湖面、纵横密布的河流和一望无际的麦田等等，这些独特的元素形成的肌理是重要的形式设计来源。在这些当地传统的自然与人文景观肌理、形态基础上，城镇园林景观设计以抽象或隐喻的手法实现形式的拓展。

案例 1：格勒诺布尔新城公园

这个项目建于 20 世纪 60～70 年代，位于法国中部的格勒诺布尔新城。当时的法国和现在的中国有些相似，经济的快速发展对自然造成了破坏，城市一天天吞噬乡村。当时很多人喜欢自然、追寻自然，风景园林设计师通过这个项目向公众阐释了城市和自然并不矛盾，园林师可以把自然风光和城市风光融合在一起，或者说把自然元素引入到城市景观中。公园中设计了一些小山丘，山丘上栽植的树木基本在一定程度上反映了周边乡村树木生长的情况。通过这样的形式符号将乡村景观引入到城市中来，这样也就很好地将城市和乡村联系在一起（图5-40～图5-43）。

图5-40　格勒诺布尔新城

图5-41　地形与植物

图5-42　公园起伏的地形和蜿蜒的小径

图5-43　靠近城市的边缘是规则的景观形式

案例2：法国波尔多植物园

法国波尔多植物园的设计理念与传统的分类植物园完全不同，设计师把注意力集中在乡土植物和普通的自然生境中，设置了各块展现不同作物的"耕作田"。应用农作物材料高粱、小麦、燕麦、水稻、亚麻、油菜等，分布种植在21块排成6行的"耕作田"中，每一块旁边都配好属于自己灌溉用的小型金属储水池。每块田地中的不同农作物的发芽、生长、成熟的变化，是植物园不同季节景观变化的主体。农作物的应用，耕作形式的延续，都反映了设计师对于"融入城市"的乡村景观的关注（图5-44和图5-45）。

（3）景观空间的塑造

城镇园林景观的空间设计以景观形式的表达为依托，将提炼的景观元素恰当地组织，形成符合当地人使用的景观空间，承载不同的使用需求与生活方式。空间的塑造多种多样，城镇的人口密度与城市相比通常较低，活动空间的使用频率也并不高，园林景观通常依托于现有的自然景观或历史景观资源存在。这就要求城镇园林景观空间的塑造过程中需要充分地考

图 5-44 植物园的耕种景观形式

图 5-45 植物园中的耕作田

虑现有的资源情况，并以此为基础进行适当的改造，满足现代人的使用需求。

城镇园林景观空间具有尺度小、分布广的特点，同时，因拥有较好的自然资源而形成多样丰富的空间体验。在景观设计的过程中要充分把握这些空间特征，以田野与树丛围合开敞的空间，以地域的构筑物遮挡休息的空间，以植物与水系围合活动空间，创造符合城镇地域要求的特色景观（图 5-46 和图 5-47）。

图 5-46 植物围合休息的空间

图 5-47 植物围合观赏的空间

5.2 城镇园林景观意境拓展

5.2.1 中国传统造园艺术

（1）如诗如画的意境创作

创造好的城镇景观与营建舒适的居住环境并不是等价的。因为有了好的环境，人们往往希望能拥有美好的心理感受，这就要求在景观设计中考虑到意境的创造。意境是强调景象关系的概念，它对城镇景观的理解通过"意"与"境"两者的结合来实现。"意"是人们心目中的自然环境和社会环境的综合，它包含了人的社会心理和文化因素。"境"是形成上述主观感受的城镇形象的客观存在。城镇景观的意境正是这种主客观、心理和现实两方面统一而形成的和谐整体。

中国传统山水城市的构筑不仅注重对自然山水的保护利用，而且还将历史中经典的诗词歌赋、散文游记和民间的神话传说、历史事件附着在山水之上，借山水之形，构山水之意，使山水形神兼备，成为人类文明的一种载体。并使自然山水融于文明之中，使之具有更大的景观价值。中国传统山水城市潜在的朴素生态思想至今值得探究、学习、借鉴（图5-48和图5-49）。

① "情理"与"情景"结合　在中国传统城市意境创造过程中，"效天法地"一直是意境创造的主旨。但同时也有"天道必赖人成"的观念，其意是指：自然天道必须与人道合意，意境才能生成。"人道"可用"情"和"理"来概括。在城镇园林景观中，"情"是指城镇意境创造的主体——人的主观构思和精神追求；"理"是指城镇发展的人文因素，如城镇发展的历史过程，社会特征、文化脉络、民族特色等规律性因素。

在城镇园林景观设计中，"人道"如何融入城镇景观意境中呢？其主要途径是将"情理"与"情景"结合，将城镇发展的规律性因素领悟透彻，融会贯通，通过人的主观构思，将景观空间情理体现于具体的山水环境及城镇空间环境之中。如传统文化通过山水的象征意义寄情山水；通过"水口"环境的处理镇锁"气脉"；通过林木的"障空补缺"，"调和阴阳"；通过"文笔锋""方笔塔"的建造将"兴文运"等情理融入情景（图5-50和图5-51）。

图5-48　拙政园——拙者之为政也　　　　图5-49　颐和园"借"玉泉山玉泉塔

② 对环境要素的提炼与升华　在城镇园林景观的总体构思中，应对城镇自然和人文生态环境要素细致深入地分析，不仅要借助于具体的山、水、绿化、建筑、空间等要素及其组合作为表现手法，而且要在深刻理解城镇特定背景条件的基础上，深化景观艺术的内涵，对环境要素加以提炼、升华和再创造，营造蕴含丰富意境的"环境"，建立景观的独特性，使之反映出应有的文化内涵、民族性格以及岁月的积淀、地域的分野，使其成为城镇环境美的核心内容，使美的道德风尚、美的历史传统、美的文化教育、美的风土人情与美的城镇的园林景观环境融为一体（图5-52～图5-55）。

③ 景观美学意境的解读和意会

城镇景观的人文含义与意境的解读和意会，不仅需要全民文化水准和审美情趣的提高，还需要设计师深刻理解地域景观的特质和内涵，提高自身的艺术修养和设计水平，把握城镇

图 5-50　环秀山庄入口

图 5-51　框景

图 5-52　拙政园长廊

图 5-53　拙政园小飞虹对景和水面的分隔

图 5-54　扬州瘦西湖钓鱼台圆洞门所
框五亭桥与白塔

图 5-55　留园花架形成的虚景与建筑的实景

景观的审美心理，把握从形的欣赏到意的寄托的层次性和差异性，并与专门的审美经验和文化素养相结合，创造出反映大多数人心理意向的城镇景观，以沟通不同文化阶层的审美情趣，成为积聚艺术感染力的景观文化。如江南城镇大多依水而建，形成一个个亲"水"的城镇。水巧妙地将河桥、街路、宅院融汇成景。这样一种具有"水文化＋鱼文化＋稻文化＋蚕桑文化＋船文化"的才智艺术型地方文化，孕育于"重群体、尊道德、讲究和谐、崇尚中庸之道"的中华文化母胎之中，凝练出了它的智巧、细腻、素雅、平和的城镇文化特征。

（2）理想的居住环境应和谐有情趣

一般而言，能够满足安全安宁、空气清新、环境安静、交通与交往便利，较高的绿化率、院景及街景美观等要求，就是很好的居住环境。但这离"诗意地居住"尚有一定的距离。笔者认为，"诗意地居住"的环境，大体上应满足如下要求。

一是背坡临水、负阴抱阳。这是诗意栖居者基本的生态需求。背坡而居，有利于阻挡北来的寒流，便于采光和取暖。临水而居，在过去便于取水、浇灌和交通，现在它更重要的是风景美的重要组成。当代都市由于有集中供暖和使用自来水，似乎不背坡临水也无大碍。但从景观美学上考察，无山不秀、无水不灵，理想的居住环境还是要有坡有水的。从生态学意义上看，背坡临水、负阴抱阳处，有良好的自然景观生态景观、适宜的照度、大气温度、相对湿度、气流速度、安静的声学环境以及充足的氧气等。在山水相依处居住，透过窗户可引风景进屋（图 5-56 和图 5-57）。

图 5-56　坐北朝南的自然阶梯看台　　　　　　　　　图 5-57　向阳的草坡

二是除祸纳福、趋吉避凶。由于中国传统文化根深蒂固的影响，今天这二者依然是人们选择居所时的基本心理需求。住宅几乎关系到人的一生，至少与人们的日常生活密切相关。因此住宅所处的地势、方位朝向、建筑格局、周边环境应能满足"吉祥如意"的心理需求。

三是内适外和，温馨有情。这是诗意地居住者精神层面的需求。人是社会的人，同时又是个体的人，有空间的公共性和空间的私密性、领域性需求。很显然，如果两幢房子相距太近，对面楼上的人能把房间里的活动看得一清二楚，就侵犯了人们的私密性和领域感，会倍感不适，难以"诗意地居住"。但如果居住环境周围很难看到一个人，也同样会有不适感。鉴于人的这种需求特点，除楼间距要适宜外，居所周围也应有足够的、相对封闭的公共空间供住户散步、小憩、驻足、游戏和社交。公共空间尺度要适宜，适当点缀雕塑、凉亭、观赏石、小石几等小品，使交往空间更富有人情味，体现出温馨的集聚力。

四是景观和谐，内涵丰富。这是诗意地居住者基本的文化需求。良好的居住环境周围应富有浓郁的人文气息。周边有民风淳朴的村落、精美的雕塑、碧绿的草坪、生机盎然的小树林是居住的佳地。极端不和谐的例子是别墅区内很精美，周围却是垃圾填埋场，或者一边是洋房，一边是冒着黑烟的大工厂。只有环境安宁、景观和谐、文化内涵丰厚的环境，才能给人以和谐感、秩序感、韵律感和归宿感、亲切感，才能真正找到"山随宴座图画出，水作夜窗风雨来"的诗情画意（图 5-58 和图 5-59）。

图 5-58　诗意的环境　　　　　　　　　　　　　　　　　图 5-59　舒适的乡村庭院

（3）建设充满诗意的花园城镇和园林社区

如何适应现代人的居住景观需求，建设富有特色的城镇景观，开发人与环境和谐统一的住宅社区是摆在设计师面前的重要课题。由于涉及的技术细节是多方面的，这里仅谈几点建议：

其一，将建设"花园城市"、"山水城市"、"生态城市"作为城镇建设和社区开发的重要目标。没有良好的城镇大环境，诗意地居住将会"皮之不存，毛之焉附"。因此，在建设实践中要高度重视建筑与自然环境的协调，使之在形式上、色彩运用上既统一，又有差别。在城镇开发建设中不能单纯地追求用地大范围，建设高标准，不能忽视城镇绿地、林荫道的建设，至于挤占原有的广场、绿化用地的做法更应力避之。还要注意城镇景观道路的建设，如道路景观、建筑景观、绿化景观、交通景观、户外广告景观、夜景灯光景观等。景观道路虽是静态景观，但若以审美对象而言，随着欣赏角度的变化，人坐在车上像看电影一样，又是动态的。

其二，在城镇建设或住宅开发中注意对原有自然景观的保护和新景观的营建。有人误以为自然景观都是石头、树木，没什么好看的，只有多搞一些人工建筑才能增加环境美。因此，在建设中不注意对原有山水和自然环境的保护，放炮开山，大兴土木，撕掉了青山绿衣，抽去了绿水之液，弄得原有的青山千疮百孔。有很多城市市内本不乏溪流，甚至本身就是建在江畔、湖滨、海边，可走遍城市却难以找到一处可供停下来观赏水景的地方。有很多城市依山建城，或城中本来有小山，但山却被楼宇房舍所包围。这些都是应注意纠正的。

其三，建设富有人情味的园林型居住社区。所谓建设园林型社区，就是要吸收中国古典园林的设计思想，在楼宇的基址选择、排列组合、建筑布局、体形效果、空间分隔、人口处理、回廊安排、内庭设计、小品点缀等方面做到有机地统一，或在住宅社区规划中预留足够的空间建设园林景观，使居住者走入小区就可见园中有景，景中有人，人与景合，景因人异。在符合现状条件的情况下，可在山际安亭，水边留矶，使人亭中迎风待月，槛前细数游鱼，使小区内花影、树影、云影、水影、风声、水声、无形之景、有形之景交织成趣。在社区中心应有足够的社区公共交往空间，可以建绿地花园，也可以设富有乡土气息的井台、戏台、鼓楼，或以自然景观为主题的空间。小区内的道路除供车辆出行所必需外，应尽可能铺一些鹅卵石小路，形成"曲径通幽"的效果。住宅底层的庭园或入口花园也可以考虑用栅栏篱笆、勾藤满架来美化环境，使居住环境更别致典雅。

其四，充分运用景观学和生态学的思想，建设宜人的家居环境。现代的住宅环境全部要求居住之所依山临水不大现实，但住宅新区开发中应吸收景观生态学的基本思想，建设景观型住宅或生态型住宅。可在建房时注意形式美和视觉上的和谐，注意风景予人心理上和精神上的感受，并使自然美与人工美结合起来。注意不要重复千篇一律的"火柴盒"、兵营式的建筑，应充分运用生态学原理和方法，尽量使建筑风格多样化，富有人情味，使整个居住环境生机盎然（图 5-60 和图 5-61）。

图 5-60　城镇住区庭院内的
休息聚会场所

图 5-61　茶具组成的雕塑小品别具情趣

5.2.2　乡村园林的自然属性

城镇景观中的自然景观元素以其自然的形态特征产生审美作用。与人造景观相比较，它受人类实践活动的影响少，主要是保持自然的本来面貌。当然，要成为人的审美对象，自然景观必定会与人类的实践发生联系。在城镇景观中，自然和人工组合而成的景观比单纯的自然美更重要。因此，在城镇景观中的自然景观元素应被积极保护与合理利用，而非消极地保留。

（1）山谷平川

地壳的变化造成地形的起伏，千变万化的起伏现象赋予地球以千姿百态的面貌。在城镇景观的创作中，利用好山势和地形是很有意思的。

在城镇的整体景观形象的营造中，充分考虑山与建筑群构成的空间关系，构筑"你中有我，我中有你"的相依相偎的关系。当山为主体时，就要把城镇放在从属的地位。在这种情况下，城镇的空间布局必须把山峦作为主体，把人工的环境融合在自然环境之中。那里的建筑必须严格地保持低矮的尺度，绝不能同山峰去比高低。使人远观城镇，能够看到山的美妙姿态和千般韵味。当山城相依时，城镇建筑就应很好地结合地形变化，利用地形的高差变化创造出别具特色的景观。这就要求建筑物的体量和高度与山体相协调，使之与山地的自然面貌浑然一体（图 5-62 和图 5-63）。

（2）江河湖海

山有水则活，城镇中有水则顿增开阔、舒畅之感。不论是江河湖泊，还是潭池溪涧，在城镇中都可以被用做创造城镇景观的自然资源。当水作为城镇的自然边界时，需要十分小心地利用它来塑造城镇的形象。精心控制界面建筑群的天际轮廓线，协调建筑物的体量、造

图 5-62　海岸山地小镇

图 5-63　海滨城镇

型、形式和色彩，将其作为显示城镇面貌的"橱窗"。当利用水面进行借景时，要注意城镇与水体之间的关系作用。自然水面的大小决定了周围建筑物的尺度；反之，建筑物的尺度影响到水体的环境。当借助水体造景时，需慎重考虑选用。水面造景要与城镇的水系相通，最好的办法就是利用自然水体来造景而不是选择非自然水来造景。如我国江南的许多城镇，河与街道两旁的房屋相互依偎。有的紧靠河边的过街门楼似乎伸进水中，人们穿过一个又一个的拱形门洞时，步移景异，妙趣横生。此外，也可以充分利用城镇中水流，在沿岸种植花卉苗木，营造"花红柳绿"的自然景观。

（3）植物

很多城镇或毗邻树林，或有良好的绿带环绕，这些绿色生命给人们带来的不仅仅是气候的改善，还有心理上的满足。从大的方面来讲，带状的防护林网是中国大地景观的一大特色。在城镇园林景观设计过程中，可以把这些防护林网保留并纳入城镇绿地系统规划中。对于沿河林带，在河道两侧留出足够宽的用地，保护原有河谷绿地走廊，将防洪堤向两侧退后或设两道堤，使之在正常年份河谷走廊可以成为市民休闲的沿河绿地；对于沿路林带，当要解决交通问题时，可将原有较窄的道路改为步行道和自行车专用道，而在两林带之间的地带另辟城镇交通性道路。此外由于城镇中建设用地相对宽余，在当地居民的门前屋后还常常种植经济作物，到了一定季节，花开满院、挂果满枝，带来了独具生活气息的独特景观。与植物相对应，自家院落里养殖的牛、羊牲畜等也点缀了风景。晋陶渊明有诗写道"方宅十余亩，草屋八九间，榆柳荫后檐，桃李罗堂前，暧暧远人树，依依墟里烟，狗吠深巷中，鸟鸣桑树颠。"正是这样的美好景象（图 5-64 和图 5-65）。

此外，城镇中的自然景观元素还应包含日月星光、虹霞蜃景、自然声像、云雾霜露等，由于它们的形成与当地的气候、地理位置有密切的关系，景观的呈现具有非同一般的独特性。城镇的园林景观建设应及时对这种自然景观加以保护，不要人为地去破坏珍贵的景观资源。

总之，"一方水土养育一方人"，大自然给予的山川河流、峡谷险滩、飞禽走兽、花草树木，为城镇特色景观的形成提供了基础。这种自然的环境不同于人文景观，很难"创造"。城镇赖以存在的自然环境一经确定，就不容易通过人类活动再进行二次选择。人们只能适应和在一定程度上改善自然环境，否则将不利于自然环境资源的可持续发展，得不偿失。

5.2.3　城镇园林景观的文化传承

改革开放，踯躅多年后的城市化进程终于开始发力，自 2000 年始，以每年 1% 的增速

图 5-64　城镇的农田景观

图 5-65　城镇的天然林地

改变着城镇空间景观。WTO 签订后，全球化浪潮对于传统文化的冲击也随之而来。中国在阵痛中迎来了城镇园林景观发展的今生。将西方工业革命几次变革压缩在短期内完成的中国，跃进式的发展并不能在短期内将积淀了几千年的、以农业文明为基石的传统文化冲淡。灼刻在城镇园林景观之中的地域景观特征根植于城镇的文化当中，融化在日常的生活里面，并表现在城镇景观环境的方方面面。

由于没有了相适应的城镇空间作为依托，一些传统文化成为飘浮在当代城镇上空的浮云，只有当它们遮住了现代文明的光芒，在城镇景观空间上投下阴影时，人们才意识到这样的文化遗存的存在。例如，每个城镇都会出现各种各样的侵蚀街道公共空间、破坏城镇景观的失谐现象，这实际上是由于传统市井文化在现代城镇空间中突围时而造成的尴尬境遇。不仅如此，由于乡村生活的文化基因并没有断链，在许多的城镇中，具有明显乡村特征的景观空间并没有在城市化的进程中消亡，而以另一种斑块的形式间杂在城镇当中，成为另一种城镇景观文化失谐的现象。

快速的城镇化脚步已将城镇的灵魂——城镇文化远远地甩在了奔跑的身影之后。在这个景观空间已经由生产资料转化为生产力的时代，又有哪个城镇会为传统文化中的"七夕乞巧"、"鬼节祭祖"、"中秋赏月"、"重阳登高"等人文活动留下一点点空间？创造新的城镇景观空间成为了一种追求，为了更快、更高、更炫，可以毫不犹豫地遗弃过去。但城镇的过去不应只是记忆，它更应该成为今日生存的基础、明日发展的价值所在。瑞士史学家雅各布·布克哈特（Jacob Burckhardt）曾说："所谓历史，就是一个时代从另一个时代中发现的、值得关注的东西。"无疑，传统文化符合这样的判断，它是历史，值得关注，但更应该依托于今天的城镇园林景观，并不断发展并传承下去。

5.2.4　城镇园林景观的适应性

从历史上看，城镇园林景观与城镇文化二者平行发展的时间并不多，更多时候表现为文化进步引发景观空间的变革，或是城镇建设促进文化发展的螺旋交替上升的过程。在观念上可以用平常心来看待当前城镇文化转型过程中节律的错乱、面对全球化时的手足无措以及在城镇园林景观发展中出现的各种混乱现象。但这不代表要消极地等待城镇景观建设与城镇文化合拍发展的到来，寻找有效的方法、运用积极的手段来减少二者的错位差距，对于当今城镇园林景观建设具有重要的现实意义。

因此，在当今城镇园林景观发展中拓展其适应性，并使之成为维系景观空间与文化传承之间的重要纽带，也是避免因城镇空间的物质性与文化性各自游离甚至相悖而造成园林景观文化失谐现象的有效措施。通过梳理城镇的文化传承脉络，重拾传统文化中"有容乃大"的精神内涵，创造博大的文化底蕴空间以减轻来自物质基础的震荡，建立柔性文化适应性体系，进而催化出新的城镇文化，是从根本上消融城镇园林景观文化失谐现象的有效途径。同时，这也是提高城镇文化抵御全球化冲击的能力，使之融于城镇现代化进程中得以传承并发展的必要保证。

传统文化中"海纳百川"的包容性、适应性精神也构成了中国传统城镇园林景观设计理念的重要核心，以"空"的哲学思辨作为营建空间的指导思想是最具有价值的观念。城镇园林景观设计及管理中缺少对文化的传承，应该重新审视设计中对于不同的气候、土壤等外界条件的适应性考虑，加大对于人的行为、心理因素等内在需求的适应性探索，最为重要的是对于城镇园林景观设计中"空"的本质理念的回归。"空"是产生城镇园林景观功能性的基础，是赋予景观空间生活意义的舞台，更是激发人们在城镇中进行人文景观再创作热情的行动宣言。

5.3 城镇园林景观设计实例分析

5.3.1　约克威尔村公园分析

摘录自：王晓俊．园林设计论坛［M］．南京：东南大学出版社，2003

地点：加拿大，多伦多，安大略省，约克威尔村

设计：Ken Smith，landscape architect Schwartz，Smith，Meyer

约克威尔村公园是在1991年多伦多市发起的国际竞赛中标方案基础上建成的，竞赛要求在一个地铁站顶部不足1英亩的场地上创造一种新型的公园，使公园成为城市居民的生态休闲场所；为城市创造一片绿洲，成为城市生态、教育、当地历史及区域个性的展示。

约克威尔村公园的这种设计理念可追溯到20世纪50年代后期，当时因多伦多市地铁系统的修建将坎伯兰街南侧的维多利亚王朝风格的成排房屋拆除。当地的居民强烈要求在地铁站上修建公园，但只修建了一个停车场。当地居民继续强烈要求，1973年修建公园的要求终于得到批准。公园的设计及修建花了20多年的时间。

公园设计反映了约克威尔村的历史及加拿大景观的多样性。设计的目的是要反映、加强和延续原来城镇的尺度和特点，从而为介绍和展示独特的内陆城市本土的植物种类和群落提供极好的生态学习的机会。设计也试图创造多种空间和感官体验、提高景观质量和加强公园功能，并且将公园与现有人行道和邻近的街区连接起来。

为实现这些目标，公园设计了一系列庭院，它们在宽度上有所变化，它们的框架用以象征那些曾经建在这块地上的成排的房屋。公园最东端的每一个庭园都包含着一个不同的植物群落，从高地的松柏类植物到落叶植物。公园的中心部分是低地和湿地的植物群落和一块巨大的花岗岩；西端是荫棚花园。最大的造景要素是一块置于地上的700吨重大岩石，它是从150英里远的地方搬运过来的，成为公园雕塑般的中心景观。

公园的设计思想是沿着以前房屋的轮廓位置将维多利亚风格的集合转变为加拿大不同空间景观的集合。这些思想使传统庭园转变为一个现代庭园，这种转变为解读现代城市中自然的传统概念提出了新的思路（图5-66～图5-72）。

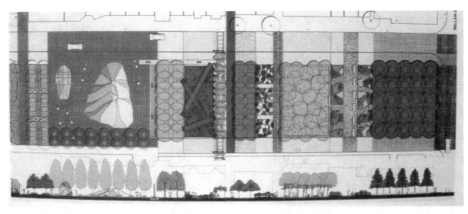

图 5-66 约克威尔村公园的平面图和剖面图

图 5-67 公园俯瞰

图 5-68 树池与座椅

图 5-69 公园周边的建筑

图 5-70 公园的灯光设计

5.3.2 长绍社区公园分析

摘录自：王晓俊．园林设计论坛［M］．南京：东南大学出版社，2003

地点：日本长绍

设计：Yoji Sasaki，Ohtori Consultants

长沼社区公园位于北海道长绍镇，该镇坐落于 Maoi 山脚下的广阔的牧场和田野间，从

图 5-71 公园中的天然石雕

图 5-72 休息的座椅

那儿到 Chitose 机场驱车要 30 分钟。这个公园是根据 1989 年设计竞赛中的方案修建的，它以地区性的规模配合温泉能量的利用和休养娱乐的功能进行开发。它位于政府经营的长绍温泉社区中心的中部，供当地居民使用。

图 5-73 公园俯瞰

第一个实现的项目是 Maoi 停车场，一个郊外的"汽车营地"，与周围的田园风光相融合。每个营地都以之字形排列向自然景观开敞。同时，建筑物也在绿荫中若隐若现。这些场地用 3 种基本颜色统一起来，基本颜色的应用使每块用地相呼应，也保持着些许轻微的张力。设计的意图是创造一个促进与自然交流的设施。

作为一个相邻的开放空间，水上公园是一个以北海道夜景为背景的水上舞台。公园成为观光者与自然接触的场所，而且

空间尺度十分宏伟（图 5-73～图 5-77）。

图 5-74 形式感很强的建筑

图 5-75 以景观建筑为中心的布局

图 5-76　矩形设计模式

图 5-77　公园建筑及周边台阶

城镇园林景观设计要素

6.1 城镇园林景观设计之植物造景

6.1.1　植物造景的原则与观赏特性

植物造景是城镇园林景观设计的重要组成部分，适宜的植物景观能够更好地彰显城镇的景观特征，恰当的植物品种选择也能有效地减少投资和维护费用。城镇的园林景观设计中，树种选择首先要遵循适地适树的原则，以适应当地生长的树木作为基调树和骨干树，以形成独具特色的植物景观。选择繁殖容易，移植后易于成活，生长迅速而健壮的乡土树种作为骨干树，适当地搭配株型整齐、观赏价值较高的树种，如花型、叶形或果实奇特，花色鲜艳，花期较长的植物，形成基础绿化和重点绿化相结合的植物造景模式。

城镇园林景观中植物通常自然气息较强，植物种植方式以群植或树林草地为主，规则式的种植形式较少。城镇因靠近乡村，自然环境较好，植物生长的空间更广阔，所以植物品种和数量相对较高，这为园林景观的建设提供了优势资源（图6-1~图6-4）。

图 6-1　周边植物围合了宽阔的草坪　　　　图 6-2　竹类植物配置体现统一与变化

6.1.2　街道广场的植物配植

城镇的街道广场通常规模较小，道路并不很宽，在选择植物品种时要适当考虑其冠幅与冠型的标准，以适应城镇的空间尺度。另外，街道广场是人与车辆活动较多的地方，应选择

图 6-3 植物色彩、体量配置体现协调与对比　　　　　图 6-4 水岸芦苇丛

适于管理粗放，对土壤、水分、肥料要求不高的树种；同时又要适应城镇的生态环境，有一定耐污染、抗烟尘能力的树种。街道广场由于人流较大，植物的选择应考虑发叶早、落叶迟的树种。根据城镇的当地自然条件，选择一些晚秋落叶期在短时间内就能落光的树种，便于集中清扫。对于道路两侧的行道树，要选择树干端直、分枝点较高，主枝角度与地面不小于30°，叶片紧密的树种。行道树的冠型由栽植地点的环境决定。一般较狭窄的巷道可以选择自然式冠型的乔木为主。凡有中央主干的树种，如杨树，侧枝点高度应在2.5m以上，下方裙枝需根据具体情况修剪。特别是在交通视线不良的弯道和岔路口等地段，要以安全考虑为主，注意视野的开阔性，以免引发交通事故。无中央主干的树种，如柳树、榆树、槐树，分枝点高度宜控制在2～3m。城镇的行道树间距可在6～8m，苗木规格分别以胸径7～8cm、3～4cm为宜。树体大小尽可能整齐划一，避免因高低错落不等、大小粗细各异而影响审美效果并给管理造成不便。

街道广场的植物配置通常是点与线的种植方式相结合。道路两侧的植物绿化可根据道路绿地的宽度设计高低层次不同的植物群落，如大乔木、小乔木、花灌木和地被植物，以形成屏风形式的植物布景。同时要注意不同植物之间的生长特性，不同生理特性和生态特性的植物组成的群落，生长状态也会有所差别，丰富的复层植物群落结构有助于生物多样性的实现。广场景观作为道路系统的节点，可适当种植观赏性植物，形成植物景观的焦点，同时也可以为使用者提供舒适的休闲观赏空间（图6-5～图6-12）。

图 6-5 南方人工栽培植物群落　　　　　图 6-6 凤凰木

图 6-7　大王椰子

图 6-8　杭州西湖边城市道路绿化

图 6-9　公园中的园路景观

图 6-10　江阴市天桥公园道路交通植物景观

图 6-11　道路周边的公园

图 6-12　植物围合的草坪景观

6.1.3　住户庭院的植物配置

　　绿色的植物是住户庭院的重要设计元素，正是因为有了植物的生长才使优美的庭院犹如大自然的怀抱，处处散发着浓郁的自然气息。绿色植物除了能有效地改善庭院空间的环境质量，还可以与庭院中的小品、服务设施、地形、水景相结合，充分体现它的艺术价值，创造丰富的自然化庭院景观。底层庭院能否达到实用、经济、美观的效果，在很大程度上取决于对园林植物的选择和配置。园林植物种类繁多，形态各异。在庭院设计中可以大量应用植物来增加景点，也可以利用植物来遮挡私密空间，同时利用植物的多样性创造不同的庭院季相景观。在庭院中能感觉到四季的变化，更能体现庭院的价值。

　　在住户庭院的景观元素中，植物造景的特殊性在于它的生命力。植物随着自然的演变生长变化，从成熟到开花、结果、落叶、生芽，植物为庭院带来的是最富有生机的景观。在庭院的种植过程中，植物生长的季相变化是创造庭院景观的重要元素。"月月有花，季季有景"是园林植物配置的季相设计原则，使得庭院景观在一年的春、夏、秋、冬四季内皆有植物景观可赏。做到观花和观叶植物相结合，以草本花卉弥补木本花木的不足，了解不同植物的季相变化进行合理搭配。园林植物随着季节的变化表现出不同的季相特征，春季繁花似锦，夏季绿树成荫，秋季硕果累累，冬季枝干苍劲。根据植物的季相变化，把不同花期的植物搭配种植，使得庭院的同一地点在不同时期产生不同的景观，给人不同的感受，在方寸之间体会时令的变化。庭院的季相景观设计必须对植物的生长规律和四季的景观表现有深入的了解，根据植物品种在不同季节中的不同色彩来创造庭院景观。四季的演替使植物呈现不同的季相，而把植物的不同季相应用到园林艺术中，就构成了四季演替的庭院景观，赋予庭院以生命（图6-13～图6-18）。

图6-13　庭院植物景观

图6-14　庭院灌木与花卉搭配种植

图6-15　南天竹与粉墙的协调配置

图6-16　金黄的银杏打破林子的幽深

图 6-17 杭州白堤上桃树柳树
间隔排列体现韵律感和变化

图 6-18 酒瓶椰子等阔叶常绿
植物组成的热带植物景观

园林植物作为营造优美庭院的主要景观元素，本身具有独特的姿态、色彩和风韵之美。既可孤植以展示个体之美，又可参考生态习性，按照一定的方式配置，表现乔灌草的群落之美。如银杏干通直，气势轩昂，油松苍劲有力，玉兰富贵典雅，这些树木在庭院中孤植，可构成庭院的主景；春、秋季变色植物，如元宝枫、栾树、黄栌等可群植形成"霜叶红于二月花"的成片景观；很多观果植物，如海棠、石榴等不仅可以形成硕果累累的一派丰收景象，还可以结合庭院生产，创造经济效益。色彩缤纷的草本花卉更是创造庭院景观的最好元素，由于花卉种类繁多，色彩丰富，在庭院中应用十分广泛，形式也多种多样。既可露地栽植，又可盆栽摆放，组成花坛、花境等，创造赏心悦目的自然景观。许多园林植物芳香宜人，如桂花、腊梅、丁香、月季、茉莉花等，在庭院中可以营造"芳香园"的特色景观，盛夏夜晚在庭院中纳凉，种植的各类芳香花卉微风送香，沁人心脾。

利用园林植物进行意境创作是中国古典园林典型的造景手法和宝贵的文化遗产。在庭院景观创造中，也可借助植物来抒发情怀，寓情于景，情景交融。庭院植物的寓意作用能够恰当地表达庭院主人的理想追求，增加庭院的文化氛围和精神底蕴。如苍劲的古松不畏霜雪严寒的恶劣环境；梅花不畏寒冷傲雪怒放；竹子"未曾出土先有节，纵凌云处也虚心"。三种植物都具有坚贞不屈和高风亮节的品格，用其配置，意境高雅而鲜明（图 6-19 和图 6-20）。

图 6-19 竹林与睡莲形成了雅致的庭院景观

图 6-20 竹林与精致的铺装

除了植物的各类特性的应用，在庭院景观设计中还应注意一些细节处的绿化美化。如住宅屋基的绿化，包括墙基、墙角、窗前和入口等围绕住宅周围的基础栽植。墙基绿化可以使建筑物与地面之间形成自然的过渡，增添庭院的绿意，一般多采用灌木做规则式配置，或种植一些爬蔓植物，如爬山虎、络石等进行墙体的垂直绿化。墙角可种植小乔木、竹子或灌木丛，打破建筑线条的生硬感觉。住宅入口处多与台阶、花台、花架等相结合进行绿化配置，形成住宅与庭院入口的标志，也作为室外进入室内的过渡，有利于消除眼睛的强光刺激，或兼作"绿色门厅"之用（图 6-21 和图 6-22）。

图 6-21　垂吊植物造景

图 6-22　庭院一角的植物配置

6.1.4　公园绿地的植物配置

　　城镇公园绿地是面积相对较大的绿地类型，其植物配置在不同的功能分区内表现出不同的特征。城镇公园绿地的体育活动区是居民们经常健身娱乐的区域，要求有充足的阳光，其植物不宜有强烈的反光，树种及颜色要单纯，以免影响运动员的视线，最好能将球的颜色衬托出来，足球场用耐踩的草坪覆盖。体育场地四周应用常绿密林与其他区域区分开。树种的选择应避免选用有种子飞扬、结果的、易生病虫害、分别性强、树姿不齐的树木。

　　儿童活动区是公园绿地中不可缺少的功能分区，采用的植物种类应该比较丰富，这些可以引起儿童对自然界的兴趣，增长植物学的知识。儿童集体活动场地应有高大、树冠开展的落叶乔木庇荫，不宜种植有刺、有毒或易引起过敏症的开花植物、种子飞扬的树种，尽量不用要求肥水严格的果树或不用果树。主要配置富于色彩和外形奇特的植物，要用密林或树墙与其他活动区分开。总之，该区的绿化面积不宜小于全区面积的 50%。

图 6-23　白玉兰形成的植物景观

图 6-24　红叶李的植物景观

　　城镇公园绿地的安静休息区用地面积较大，应该采用密林的方式绿化，在密林中分布很多的散步小路、林间空地等，并设置休息设施，还可设庇荫的疏林草地、空旷草坪，设置多种专类花园，再结合水体效果更佳。此区内以自然式绿化配置为主（图6-23～图6-26）。

图6-25　藤本野蔷薇所形成的景观

图6-26　色叶树种——红枫形成的植物景观

　　文娱活动区在较大的公园绿地中占主要的位置，常常有大型的建筑物、广场、道路、雕塑等，一般采用规则式的绿化种植。在大量游人活动集中的地段，可设开阔的大草坪，留出足够的活动空间，以种植高大的乔木为宜。

　　城镇公园绿化的种植比例与城市相似，一般常绿树与阔叶树在不同地域表现出不同的比例特征：华南地区常绿树占70%～80%，落叶树占20%～30%；华中地区：常绿树占50%～60%，落叶树占40%～50%；华北地区：常绿树占30%～40%，落叶树占60%～70%（图6-27～图6-34）。

图6-27　色叶树种——红枫形成的植物景观

图6-28　南方植物的植被群落

图6-29　南方植物的植被群落

图6-30　耐阴植物——龟背竹、蕨类等

图 6-31　杭州太子弯公园的植物景观

图 6-32　杭州太子弯公园的林下植物景观

图 6-33　林下植被

图 6-34　杭州植物园裸子植物区景观

6.2 城镇园林景观建筑及小品

6.2.1　园林建筑

6.2.1.1　园亭

《园冶》中说"亭者，停也。所以停憩游行也。"说明园亭是供人停留歇息赏景的地方。园亭在园林景观中起画龙点睛的作用。建亭位置要从两方面考虑，一是由内向外好看，二是由外向内也好看。园亭要建在风景好的地方，使入内歇足休息的人有景可赏留得住人，更要考虑建亭成为一处园林美景，园亭在这里往往可以起到画龙点睛的作用。《园冶》中有一段精彩的描述："花间隐榭，水际安亭，斯园林而得致者。惟榭只隐花间，亭胡拘水际，通泉竹里，按景山颠，或翠筠茂密之阿；苍松蟠郁之麓；或借濠濮之上，入想观鱼；倘支沧浪之中，非歌濯足。亭安有式，基立无凭。"

园亭的设计首先要确定传统或现代、中式或西洋式、自然野趣或奢华富贵的风格等。其次，同种款式中，平面、立面、装修的大小、形样、繁简也有很大的不同。再次，所有的形式、功能、建材是在不断变化和进步的，常常是相互交叉的，必须着重于创造。例如，在中国古典园亭的梁架上，以卡普隆阳光板做顶代替传统的瓦，古中有今，洋为我用，可以取得很好的效果。四片实墙的边框采用中国古典园亭的外轮廓，组成虚拟的亭，也是一种创造。

用悬索、布幕、玻璃、阳光板等，层出不穷。

（1）亭的造型变化多样（图 6-35 和图 6-36）

图 6-35　住户庭院中常用的亭子

图 6-36　木亭

① 按平面形状分类

a. 单体亭。包括：（a）正多边形，有正三角形亭、正四角形亭、正六角形亭、八角形亭等；（b）非正多边形，有圆亭、扇亭、长方形亭等。

b. 组合亭。包括：（a）单体亭组合，有双三角形亭、双方亭、双圆亭等；（b）亭与廊、花架、景墙结合。

② 按立面造型分类　单檐：最常见，较轻巧。重檐：较少见，稳重。

③ 按屋顶形式分类　古代有攒尖顶、歇山顶、卷棚顶等；现代有平顶、蘑菇顶、空顶、伞顶灯。

（2）亭的选址灵活机动

① 根据地势　亭应用于山地时，如设在山顶，则视野开阔，最适于远眺；如设在山腰，则视线可仰观可俯视，适于休憩观景。无论亭在山地设于何位置，不被树木遮掩视线，同时亭的外形丰富了山的轮廓，起到点景作用。但亭的大小、外形一定要与庭院协调，不能喧宾夺主。

② 根据水形　亭可以置于岸上、水边甚至水中。由于人有亲近水的天性，亭应尽量靠近水体、贴近水面。需要注意的是亭不要置于水面的中心，这样会丧失水面的自然感。

③ 根据绿化　亭可以在绿地、树林中随需布置，能打破地形上的平淡，成为构图中心（图 6-37 和图 6-38）。

（3）亭的施工方便迅速

亭一般由地基、亭柱和亭顶三部分组成。其中地基多以混凝土为材料，地上部分负荷如果较重，要经过结构计算后加钢筋；地上部分较轻的，则只需挖穴灌混凝土即可。亭柱的材料较多，水泥、石材、砖、木材、竹均可。亭子无墙，因此柱的形式、色泽要讲究美观。亭顶的梁架可以用木材，也可以钢筋混凝土或金属；亭顶的覆盖材料可以用瓦、稻草、树皮、芦苇、树叶、竹片、铝片等。

（4）亭的变化趋势

a. 式样越来越多，甚至出现了不对称形状，图 6-39 为与入口相结合的半边亭。

b. 色彩越来越丰富，不再拘泥于传统的皇家园林的黄色、私家园林的素色，颜色更加明快、大胆、丰富。

图 6-37 圆亭

图 6-38 四角攒尖亭

c. 材质的选择多元化，钢材、铁材、塑料、不锈钢、张力膜、铝塑板、玻璃等现代材料被广泛运用到亭子的各个结构中。即使是传统的木质材料，现在也出现了耐蛀、防腐的新木材。图 6-40 是采用半球型钢结构屋顶的欧式亭。

图 6-39 与入口相结合的半边亭

图 6-40 半球型钢结构屋顶的欧式亭

d. 体量变大。传统亭总是以小巧为宜，有的开间只有 1m 多一点，20 世纪 80 年代的小游园，开间 4m 的亭子就觉得很大了。现代公园、绿地、广场的面积较大，相应人流量大，有的亭开间在 10m 以上，只要符合人的需要和美的要求，亭的增大也是顺理成章的。

e. 亭的功能向更为实用的方向转化。亭的立面，虽因款式的不同有很大的差异，但有一点是共同的，那就是内外空间的相互渗透。园亭原先都是由柱子支撑着屋盖，为了实用，也有在周边装上门窗的，如苏州拙政园的塔影亭，现保留着园亭立面的开敞通透又可避风雨，使其更具实用价值。

6.2.1.2 廊架

廊架是廊和花架的统称，它是园林中空间联系与分割的重要手段。廊架不仅具有交通联系、遮风避雨的实用功能，而且对游览路线的组织串联起着十分重要的作用。廊架自身的长短、开合、高低，能把景区进行大小、明暗、起伏、对比的转换，从而形成有特色变化的不同景区。

（1）廊

计成《园冶》"廊者，庑出一步也，宜曲宜长则胜……随形而弯，依势而曲。或蟠山腰、或穷水际，通花渡壑，蜿蜒无尽……"这是对园林中廊的精炼概括。

廊是建筑物前面增加的"一步"（古建筑的一个柱间），有柱，有的还设栏杆。不但是厅堂内室、楼、亭台的延伸，也是由主体建筑通向各处的纽带。廊的物质功能是使室内不受风雨的吹打，夏秋之交也不受阳光的曝晒。廊在江南园林中运用较多，它不仅是联系建筑的重要组成部分，在园林建筑中起穿插、联系的作用，而且有划分空间、增加空间层次的作用。如苏州留园的石林小院，院周设一圈廊，建筑与院子以廊作为过渡空间。廊是组成一个个景区的重要手段，是园林景色的导游线，还是组成园林动观与静观的重要手法。如北京颐和园的长廊，它既是园林建筑之间的联系路线，或者说是园林中的脉络，又与各样建筑组成空间层次多变的园林艺术空间。

① 廊的特点与功能密切相关　游廊，连接亭台楼阁的走廊；回廊，曲折环绕的走廊。

a. 廊由连续的单元"间"组成。"间"，一般古代的尺寸为 1.2～1.5m，现代的尺寸为 2.5～3m。廊架常做到十几间长，也有数十间组成的廊，它将各景区、景点连成有序整体，配合园路，以"线"联系全园。

b. 廊敞开通透的特点使它可以围合、分隔景区，做到隔而不断，丰富了层次。

c. 廊选址的随意性几乎可以不受限制地造景。"或蟠山腰，或穷水际，通花渡壑，蜿蜒无尽"。同时，有顶的廊可防风吹日晒，给人提供良好的休憩环境。

② 廊的类型　廊有许多类型，有曲廊、直廊、波形廊、复廊等。按所处的位置分，有沿墙走廊、爬山走廊、水廊、回廊、桥廊等。除了上面的形式外，还有单独而设的廊，有的绕山，有的缘水，有的穿花丛草地。曲廊多逶迤曲折，一部分依墙而建，其他部分转折向外，组成墙与廊之间不同大小、不同形状的小院落，在其中栽花木叠山石，为园林增添了无数空间层次多变的优美景色。爬山廊大多建于山际，这样不仅可以使山坡上下的建筑之间有所联系，而且廊随地形有高低起伏的变化，使得园景丰富。水廊一般凌驾于水面之上，既可增加水面空间层次的变化，又与水面的倒影相映成趣。桥廊是在桥上布置亭子，既有桥的交通作用，又具有廊的休息功能。复廊的两侧并为一体，中间隔有漏窗墙，或两廊并行，又有曲折变化，起到很好的分隔与组织园林空间的重要作用。苏州怡园就以复廊着称，此廊将园分为东、西两大部分。上海豫园也有复廊，此处空间曲折多变，情趣无穷。拙政园的中部和西部景区，也以复廊分开，廊的西侧用水廊，即廊的地面似桥面，下部是水面，柱下设墩插入水中，廊水交融，和谐得体；而且此廊较长，做得既弯曲而又有些起伏，十分动人。

a. 从廊的剖面来看分为四种类型。

（a）双面空廊：指只有屋顶用柱支撑、四面无墙的廊，能两面观景，适于景色丰富的环境。

（b）单面空廊：在双面空廊的一侧筑实墙或半实墙，能使景色半掩半露，引人入胜。

（c）复廊：在双面空廊中夹一道墙，可以不露痕迹地分割出两面空间，同时产生空间双向渗透与联系，使景观层次饶有情趣（图 6-41）。

（d）双层廊：廊分为上下两层廊道，可以连接不同的标高景点，在立面上高低错落，丰富了廊架的外轮廓（图 6-42）。

b. 从廊的总体造型及与地形、环境的结合来分，廊有直廊、曲廊、爬山廊、水廊、桥廊等（图 6-43 和图 6-44）。

图 6-41 苏州怡园的复廊

图 6-42 双层廊

图 6-43 爬山廊内部

图 6-44 爬山廊的局部

（2）花架

花架在绿地中出现的频率很高，随着时代而不断地发展变化。花架在造型上有着很多变化，现代园林最为常见的是双排列柱，双面通透的花架。只有中间一排列柱的"单支柱式廊"运用也很广。新材料给花架带来了高度、跨度、弧度上的自由，使其更加多变。疏朗、开敞、空透、灵动，成为花架的设计时尚。在结构形式上，花架的观赏性越发引起重视，更加强调仰视、俯视以及远眺、近观的效果。一些花架造型细腻，干脆不用植物，让人欣赏建筑的造型美，表现出灵活的自由度（图 6-45～图 6-48）。

6.2.1.3 榭与舫

"……榭者，藉也。藉景而成者也。或水边，或花畔，制亦随态。"（《园冶》）

榭与舫的相同之处都是临水建筑，不过在园林中榭与舫在建筑形式上是不同的。榭又称为水阁，不但多建于水边，而且多设于水之南岸，使人视线向北观景。如网师园中的"濯缨水阁"（图 6-49），怡园中的"藕香榭"等，都是朝北的。建筑在南，水面在北，所见之景是向阳的；若反之，则水面反射阳光，很刺眼，而且对面之景是背阳的，也不够优美。榭的形式随环境而不同。它的平台挑出水面，实际上是观览园林景色的建筑，较大的水榭还有茶座和水上舞台等。榭的临水面开敞，也设有栏杆；基部一半在水中，一半在池岸，跨水部分多做成石梁柱结构。

舫又称旱船，是一种船形建筑，必建于水边，多是三面临水，使人有虽在建筑中，却又有着犹如置身舟楫之感。舫首的一侧设平板桥与岸相连，颇具跳板之意。舫体部分通常采用石块砌筑（图 6-50）。

图 6-45　单柱钢构花架

图 6-46　紫藤花架

图 6-47　扇形花架

图 6-48　水泥花架

图 6-49　濯缨水阁

图 6-50　舫

6.2.1.4　轩

园林中的轩多为高而敞的建筑，但体量不大。其形式类型也较多，有的做得奇特，也有的平淡无奇，如同宽的廊。在园林建筑中，轩这种形式也像亭一样，是一种点缀性的建筑。《园冶》中说得好，"轩式类车，取轩欲举之意，宜置高敞，以助胜则称"。意思是轩的式样类似古代的车子,取其高敞而又居高之意(车子前面坐驾驶者的部位较高)。轩建于高旷的地方对于景观有利,并以此相称。为此,造园者在布局时要郑重考虑何处设轩,因为它既非主体,但又有一定的视觉感染力,可以看作是引景之物。如网师园中的"竹外一枝轩",可谓引人入胜,经此处可通向"月到风来亭",又作为"濯缨水阁"之对景(图6-51)。拙政园中的"与谁同坐轩",是从中部园区经"别有洞天"至西部园区的第一眼所见之建筑,它是一座扇形的建筑,形象生动、别致。留园中的"揖峰轩",是石林小院中的一座主要建筑,体量不大,又有廊院及院中石林相伴,是一处园中之园。院内空间有分有合,隔中有透,层次分明。

6.2.1.5　楼

《园冶》称:"《说文》云重屋曰楼。言窗牖虚开,诸孔慺慺然也。造式,如堂高一层者是也。"

楼在园中是一个较大的建筑,高耸,所以是园中的主要视觉对象。楼有窗户,窗户上排列着窗孔,使建筑形象具有空灵感。楼应造于高处,以便于赏景。园中之楼,是构成一个景区的主体,要选择好位置,因此对其所处位置的选择至关重要,务必慎之。其周围再配以适当的山石、池水、林木,使得楼与园景融为一体,展现建筑与自然的和谐美。另外,楼之所以造得高耸主要是为了观景(图6-52)。

图6-51　竹外一枝轩

图6-52　拙政园见山楼

6.2.1.6　阁

阁的外形类似楼,四周常常开窗,攒尖顶,每层都设挑出的平坐等。阁的建筑,多为多层,颐和园的佛香阁(图6-53)为八面三层四重檐,高达41m,其下部砌有一座20多米高的大石台基,沿台基的四周建了一圈低矮的游廊作为陪衬。整个建筑庄重华丽,金碧辉煌,气势磅礴,具有很高的艺术性,是整个颐和园园林建筑的构图中心。但也有如苏州拙政园的浮翠阁、留听阁等单层建筑;临水而建的就称为水阁,如苏州网师园的濯缨阁等。

6.2.1.7　厅与堂

厅与堂在园林中一般多是园主进行各种生活、娱乐的主要场所。从结构上分,用长方形木料做梁架的一般称为厅,用圆木料者称堂。

(1)厅

厅有大厅、四面厅、鸳鸯厅、花厅、荷花厅、花篮厅。

　　a. 大厅往往是园林建筑中的主体，面阔三间五间不等。面临庭院的一边，柱间安置连续长窗（隔扇）。有的为了组景和通风采光，往往也在两侧墙上开窗，这样既解决了通风采光的要求，又成为很好的取景框，构成活的画面，如苏州留园中的五峰仙馆等。

　　b. 四面厅是为了满足四面景观的需要而置，不但四面设置门窗，而且四周围以回廊、长窗装于步柱之间，不砌墙壁，廊柱间设半栏坐槛，供坐憩之用，如苏州拙政园的远香堂（图6-54）。

图 6-53　颐和园佛香阁

图 6-54　远香堂

图 6-55　鸳鸯厅

　　c. 鸳鸯厅如留园的林泉耆硕之馆，平面面阔五间，单檐歇山顶，建筑的外形比较简洁、朴素、大方。厅内以屏风、落地罩、纱隔将厅分为前后两部分，主要一面向北，大木梁架用方料，并有雕刻；向南一面为圆料，无雕刻饰。整个室内装饰陈设雅静而又富丽（图6-55）。

　　d. 花厅，主要供起居、生活或兼作会客之用，多接近住宅。厅前庭院中多布置奇花异草，创造出情意幽深的环境，花厅室内多用卷棚顶，如拙政园的玉兰堂。

　　e. 荷花厅为临水建筑，厅前有宽敞的平台，与园中水体组成重要的景观。如苏州怡园的藕香谢、留园的涵碧山房等，皆属此种类型。荷花厅室内也都用卷棚顶。

　　f. 花篮厅与花厅、荷花厅基本相同，但花篮厅的中心步柱不落地，代以垂莲柱，柱端雕花蓝，梁架多用方木。

　　（2）堂

　　园林中的堂，因其高大且居正中之位，多为园中之主体建筑。堂不仅高大而对称，而且居于园林之中轴线。这在多以自由布局构园的我国古典园林中，堂是唯一必须居中轴线布置的，其余布局皆逶蜿曲折，表现出我国文人的观念形态——于自在中还需有一定的规矩制约自己。

6.2.2 园林小品

（1）门与窗

门窗在建筑中都是采光、通风和采景的位置，因此常常把门窗联系在一起。我国的先人们极为重视建筑与景观的关系。因此，在园林建筑中，对门窗的设置十分讲究。

① 门 门是中国民居最讲究的一种形态构成。"门第"、"门阀"、"门当户对"，传统的世俗观往往把门的功能精神化了，家家户户刻意装饰；门从功能角度看，它是实墙上的虚，而从精神上的意象或标志来看，它又是实墙"虚"背景上的"实"。在乡村园林景观中，村口、寨口也往往设门，从少数民族中哈尼族"巢居"到侗家寨前第一道门——风雨桥，汉民族村落的入口牌坊到一组环境构成的"水口"门户（优秀传统建筑文化风水学称水口为地域之门户），这些无异都是领域的标志，寄托着乡民的"聚合感"、"归宿感"、"安全感"。

门作为中国传统建筑中极其重要的组成部分，它是沟通内外空间的关键所在，往往被人们认为是民居的颜面、咽喉，甚至是兴衰的标志。

园林中的门，有进出厅堂、楼、阁等建筑物沟通室内外空间的门；也有作为沟通两个空间设置在隔墙上的门；还有一类属于象征性的门。但不管是什么门，也都是园林主人地位、等级和文化修养的展现，也是进出两个空间的标志，门上的匾额和题额更是内部空间特性的展示。例如，进颐和园之前，先要经过东宫门外的一系列门，即象征门的"涵虚"牌楼、东宫门、仁寿门、玉澜堂大门、宜芸馆垂花门、乐寿堂东跨院垂花门、长廊入口邀月门这7种形式不同的门，穿过气氛各异的院落，然后才能步入700多米的长廊。这一门一院形成不同的空间序列，既展现了不同的空间园林景观变化，又具有明显的节奏感，给人以步移景异的享受。

如南京瞻园的入口，虽仅小门一扇，但墙上藤萝攀绕，于街巷深处显得清幽雅静，游人涉足入门，空间则由"收"而"放"。一入门只见庭院一角，山石一块，树木几枝，经过曲廊，便可眺望到园的南部山石、池水建筑之景。这种欲露先藏的处理手法，达到了"景愈藏境界愈大"的空间效果，把景物的魅力蕴含在强烈的对比之中。

苏州留园的入口处理更是匠心独运。园门粉墙、青瓦、古树，构思极为简洁。入门后是一个小厅，过厅东行，先进一个过道，空间为之一收。在过道尽头是一横向长方厅，光线透过漏窗，厅内亮度较前厅稍明。从长方厅西行，又是一个过道，过道内左右交错布置了两个开敞小庭院，院中亮度又有增强。这种随着人的移动而光线由暗渐明、空间时收时放的布置，使游人产生了扑朔迷离的游兴。过了门厅继续西行，便见题额"长留天地间"的古木交柯门洞。门洞东侧开一月洞空窗，细竹摇翠，指示出眼前即为佳境。在这建筑空间的巧妙组合中，门起到了非常重要的作用。

在杭州"三潭印月"中心绿洲景区的竹径通幽处，通过圆洞门可看到竹影婆娑中微露的羊肠小径，这就是先藏后露、欲扬先抑的造园手法，这正如说书人说到紧要处来一个悬念，引人入胜，这都说明我国造园的艺趣。苏州拙政园的别有洞天门（图6-56）更是一处耐人寻味的景框。又如苏州沧浪亭，门外有木桥横架于河水之上，这里既可船来，又可步入，形成与众园不同的入口特点。

② 窗 在园林建筑中，窗不仅是采光通风的重要部位，更是观赏和组织景观的重要位置。南齐谢朓诗云："窗中列远岫，庭际俯乔林。"，唐代白居易诗曰："东窗对华山，三峰碧秀落。"凭借门窗观赏自然风光，可以陶冶情操，颐养身心。在中国古典园林的营造中也极

为重视窗的设置和艺术塑造。

为了适应园林景观设计和组景的需要，景窗的形式多种多样，有空窗、花格窗、博古窗、玻璃花窗等，一般与墙连为一体（图 6-57）。

图 6-56　拙政园别有洞天门

图 6-57　景窗

粉墙漏窗是我国古典园林建筑的特点之一。在我国的古园林中，经常都能观赏到精巧别致、形式多样的景墙。它既可用以划分空间，又兼有采景和造景的作用。在园林的平面布局和空间处理中，它能构成灵活多变的空间关系，既能化大为小，又能构成园中之园，也能以几个小园组合成大园。这也是"小中见大"的巧妙手法之一。景窗窗框的丰富多变，还为采景入画构成了情趣各异的画框。

作为景墙，就是在粉墙上开设玲珑剔透的景窗，使园内空间互相渗透。如杭州三潭印月绿洲景区的"竹径通幽处"的景墙，既起到划分园林空间的作用，又通过漏窗起到园林景色互相渗透的作用。

上海豫园万花楼前庭院的南面有一粉墙，上装有不同花样的漏窗，分割空间的同时又起到空间相连的作用，即使空间分而不裂。而那水墙的作用则更为巧妙，既分割了庭院，丰富了万花楼前庭院的空间关系，粉墙横于水系之上，又使溪水隔而不断，意趣无穷。同时，粉墙横于水系之上，与其在水中的倒影一起，极大地丰富了水面景色。

北京颐和园中的灯窗墙，是在白粉墙上饰以各式灯窗，窗面镶有玻璃。在明烛之夜，窗墙倒映在昆明湖上，水光、灯影以及灯影上生动的图案，令人叹为观止。

苏州拙政园中的枇杷园，其园中园的景观就是用高低起伏的云墙分割形成；而苏州留园东部多变的园林空间，大部分是靠粉墙的分割来完成的。

（2）墙

墙是园林中分隔、围合空间的人工构筑物。墙在平面上是呈现线形分布，相对简单，而立面上却自由生动，异常丰富。园林中的墙使空间变化多端，层次分明，起着控制立面景观、引导游览路线的作用，墙本身也是被观赏的景物，同时还具有工程上的实际作用。

① 墙的分类

a. 围墙：主要作为界墙，起着安全防护、便于管理的作用，给人提供相对封闭、安静、美观的环境。

b. 景墙：主要功能是造景与装饰。正如《园冶》中所说"如内花端、水次、夹径、环山之垣……从雅遵时，令人欣赏，园林之佳境也"。

c. 挡土墙：作用是防止土坡坍塌，承受侧向压力，还可以消减高差，运用广泛（图6-58和图6-59）。

② 墙的特点　现代景观中墙的设计除了满足其不同类型的基本功能外，又延伸了许多新的特点。

a. 注重内涵：墙作为一种载体，反映设计者的立意与构思。由于可以在墙上方便地融入各类门类的艺术创作如雕刻、书法、绘画，甚至标牌说明，可以更直接地向人们传达信息（图6-60）。

b. 注重装饰：墙越来越在线条、质感、色彩上力求精致与多变。墙的外形不再是简单的长方形，出现了各种几何形体。墙的材质有天然的、人工的，林林总总：粗犷的石材传达着古朴的气息，植物材料（竹、树皮等）体现着自然，玻璃、金属、马赛克等又创造了现代氛围。就连光影也被用来创作立面效果，因为设计家认为"光影也是一种材料，活动的材料"（图6-61）。

图 6-58　墙体与艺术的结合

图 6-59　石砌挡土墙使得有高差的场地也能得到利用

图 6-60　书简与文字的运用使得景墙
带有的浓郁的中国文化韵味

图 6-61　墙体中光影的运用

c. 注重整体：墙是独立的构筑物，但并不是孤立的，要与绿化、水景、园路、山石等紧密结合（图6-62）。

d. 注重生态：生态不应只是空洞的修饰词，而要落实到具体的实际中。生态墙透气、透光、透水，为小型动植物提供了生长栖息地，特别适合于野生动物园、植物园、高速公路选用（图 6-63）。

图 6-62　这堵墙被设计的既似水景又似屏风

图 6-63　绿墙

（3）雕塑

雕塑的历史悠久，题材广泛，是视觉焦点。按艺术形式可以把雕塑分为两大类：一类是以写实和再现客观对象为主的具象雕塑；另一类是以对客观形体加以主观概括、简化或强化，或运用点、线、面、体块等进行组合的雕塑。

设计雕塑要把握好下列原则。

① 内容与形式的统一　雕塑都有一定的主题，必须通过视觉形象来体现、反映主题。即使是现代的"无题"雕塑，也像无标题音乐一样，还是表现设计者的思想感情的。关键在于雕塑的形体表现能否让大众理解到设计者的意图。在我国，大众对雕塑的欣赏大多停留在"是什么""像什么"的层面上，设计者需要在抽象与具象上掌握最佳的结合点。

② 环境与雕塑的协调　雕塑要置于一定的空间范围内，因此雕塑与环境应是相辅相成的关系。

雕塑与观赏效果之间的联系也很重要。雕塑有无基座、观赏视线的长短、距离的远近、质感如何都直接影响到雕塑效果（图 6-64 和图 6-65）。

图 6-64　庭院雕塑小景

图 6-65　乾隆碑

（4）景观装置

景观装置一般没有雕塑体量大，摆放位置也很随意，但它们种类多样、数量繁多、精美新颖、富有创意、饶有趣味、引人遐思。

无论是雕塑还是景观装置，从材质上分为天然石、金属、人造石、高分子、陶瓷几大类，或质朴天成，或自由现代，根据需要选定（图6-66～图6-70）。

图6-66　天然石、金属、陶瓷相结合的观赏性小品

图6-67　天然石材小品

图6-68　高分子材质

图6-69　人造石材质

图6-70　金属材质

（5）园林栏杆

栏杆在绿地中起分隔、导向的作用。栏杆是一种长形的、连续的构筑物，因为设计和施工的要求，常按单元来划分制造。栏杆的构图要单元好看，更要整体美观，在长距离内连续地重复，产生韵律美感，因此某些具体的图案、标志，例如动物的形象、文字往往不如抽象的几何线条组成给人感受强烈。

不同的栏杆高度会产生不同的空间围合感，低栏0.2～0.3m，中栏0.8～0.9m，高栏1.1～1.3m，要因不同情况来选择。一般来讲，草坪、花坛边缘用低栏，明确边界，也是一种很好的装饰和点缀，在限制入内的空间、人流拥挤的大门、游乐场等用中栏，强调导向；在高低悬殊的地面、动物笼舍、外围墙等用高栏，起分隔作用。

栏杆是一种长形的、连续的构筑物，因为设计和施工的要求，常按单元来划分制造。栏杆的构图要单元好看；更要整体美观，在长距离内连续地重复，产生韵律美感，因此某些具体的图案、标志，例如动物的形象、文字往往不如抽象的几何线条组成给人感受强烈。栏杆的构图还要服从环境的要求（图6-71和图6-72）。

（6）假山、置石

① 假山　假山艺术最根本的原则是"由真为假，做假成真"。大自然的山水是假山创作的艺术源泉和依据。真山虽好，却难得经常游览。假山布置在城镇园林景观中，作为艺术作

品，比真山更为概括、更为精炼，可寓以人的思想感情，使之有"片山有致，寸石生情"的魅力。人为的假山又必须力求不露人工的痕迹，令人真假难辨。与中国传统的山水画一脉相承的假山，贵在似真。

图 6-71　木栏杆　　　　　　　　　　　　　　　　图 6-72　栅栏

假山按材料可分为土山、石山和土石相间的山（土多称土山戴石，石多称石山戴土）；按施工方式可分为筑山（版筑土山）、掇山（用山石掇合成山）、凿山（开凿自然岩石成山）和塑山（传统是用石灰浆塑成的，现代是用水泥、砖、钢丝网等塑成的假山）；按在园林中的位置和用途可分为园山、厅山、楼山、阁山、书房山、池山、室内山、壁山和兽山。假山的组合形态分为山体和水体。山体包括峰、峦、顶、岭、谷、壑、岗、壁、岩、岫、洞、坞、麓、台、磴道和栈道；水体包括泉、瀑、潭、溪、涧、池、矶和汀石等。山水宜结合一体才能相得益彰。

假山的主要理法有相地布局，混假于真，宾主分明，兼顾三远，依皴合山。依皴合山是按照水脉和山石的自然皴纹，将零碎的山石材料堆砌成为有整体感和一定类型的假山，采用包括大小、曲直、收放、明晦、起伏、虚实、寂喧、幽旷、浓淡、向背、险夷等对比衬托的手法，使其达到远观有"势"，近看有"质"的艺术景观效果。在工程结构方面的主要技术是要求有稳固耐久的基础，递层而起，石间互咬，等分平衡，达到"其状可骇，万无一失"的效果。❶

② 置石　置石在园林中有多种运用方法。

a. 特置。又称孤置，江南又称"立峰"，多以整块体量巨大、造型奇特和质地、色彩特殊的石材作成。常用作园林入口的障景和对景，漏窗或地穴的对景。这种石也可置于廊间、亭下、水边，作为局部空间的构景中心。如苏州留园的冠云峰，形成全园的构景中心（图6-73）。

特置选石宜体量大，轮廓线突出，姿态多变，色彩突出，具有独特的观赏价值。石最好具有透、瘦、漏、皴、清、丑、顽、拙的特点。为突出主景并与环境相谐调，特置山石前有框景（前置框景），后有"背景"，并使山石最富变化的那一面朝向主要观赏方向，同时利用植物或其他方法弥补山石的缺陷，使特置山石在环境中犹如一幅生动的画面。此外，特置山

---

❶　相地布局是指选择和结合环境条件确定山水的间架和山水形势。

宋代画家郭熙《林泉高致》说："山有三远。自山下而仰山巅谓之高远；自山前而窥山后谓之深远；自近山而望远山谓之平远。"

石作为视线焦点或局部构图中心，应与环境比例合宜。

b. 对置。这是指在建筑物前两旁对称地布置两块山石，以陪衬环境，丰富景色。对置由于布局比较规整，给人严肃的感觉，常用于规则式园林或入口处。对置并非对称布置，作为对置的山石在数量、体量以及形态上无需对等，可挺可卧，可坐可偃，可仰可俯，只求在构图上均衡和在形态上呼应，以给人稳定感（图6-74）。

图6-73　苏州留园的冠云峰　　　　　图6-74　在园入口对置山石形成稳定与均衡感

c. 散置。又称散点，即"攒三聚五"的做法。常用于布置内庭或散点于山坡上作为护坡。散置按体量不同，可分为大散点和小散点，北京北海琼华岛前山西侧用房山石做大散点处理，既减缓了对地面的冲刷，又使土山增添奇特嶙峋之势。小散点，显得深埋浅露，有断有续，散中有聚，脉络显隐。

d. 群置。应用多数山石互相搭配布置称为群置或称聚点、大散点。群置常布置在山顶、山麓、池畔、路边、交叉路口以及大树下、水草旁，还可与特置山石结合。群置配石要有主有从，主次分明，组景时要求石之大小不等、高低不等、石的间距远近不等。群置有墩配、剑配和卧配三种方式，不论采用何种配置方式，均要注意主从分明、层次清晰、疏密有致、虚实相间。

e. 山石器设。为了增添园林的自然风光，常以石材做石屏风、石栏、石桌、石几、石凳、石床等都使园林景色更有艺术魅力（图6-75）。

f. 山石花台。布置石台是为了相对地降低地下水位，安排合宜的观赏高度，丰富庭园空间，使花木、山石显出相得益彰的诗情画意。园林中常以山石做成花台，种植牡丹、芍药、红枫、竹、南天竺等观赏植物。花台要有合理的布局，适当吸取篆刻艺术中"宽可走马，密不容针"的手法，采取占边、把角、让心、交错等布局手法，使之有收放、明暗、远近和起伏等对比变化。对于花台个体，则要求平面上曲折有致，兼有大弯小弯，而且曲率和间隔都有变化。如果利用自然延伸的岩脉，立面上要求有高下、层次和虚实的变化，有高擎于台上的峰石，也有低隆于地面的露岩，如苏州留园"涵碧山房"南面的牡丹台。

g. 同园林建筑相结合的置石。它们减少了墙角线条平板呆滞的感觉而增加了自然生动的气氛。建筑入口的台阶常用自然山石做成"如意踏跺"，两旁再衬以山石蹲配。

置石运用的山石材料少，结构简单，如果置石得法，可以取得事半功倍的效果。置石的布局要点有：造景目的明确、格局严谨、手法洗炼、寓浓于淡、有聚有散、有断有续、主次分明、高低起伏、顾盼呼应、疏密有致、虚实相间、层次丰富、以少胜多、以简胜繁、小中见大、比例合宜、假中见真、片石多致、寸石生情。

置石作为主景，在环境中被赋予一定的目的和感情色彩，使置石具有独特的艺术感染力，吸引人们观赏。

置石还可划分和组织空间，引导游览路线，丰富景观层次。例如用石做踏步、汀步，具有划分空间、丰富地面水面景观和引导游览路线的多重功能（图6-76）。

图6-75　石几、石凳结合水景与植物　　　　图6-76　汀步丰富水面景观并引导游览线路
　　　　　　形成趣味的园林景观

置石可与植物组景。用石来填充植物下部或围合根部，或用石衬托优美的树姿，二者能互为补充，在对比和调和中营造轻松自然的园林景观。本来呆板、僵硬的山石线条在植物的点缀、映衬下，会显得自然随意，富有野趣（图6-77）。

置石与水体组景。水体在浑厚的石块衬托下更显轻盈、活泼、明澈，再配以佳树，树木使石与环境融为一体，石块在植物的点缀下随意自然。水石相依的幽静环境，令人流连忘返（图6-78）。

图6-77　置石与植物组景　　　　　　图6-78　置石与水体、植物所组成的自然园林景观

（7）庭院灯

庭院灯是沿园路布置的重要服务设施，合理的庭院灯安排能够塑造独具特色的城镇夜景，同时能够提供居民夜晚的活动场所，激发城镇公共空间的活力。按照不同的照明需求，

选择富于特色、照明效果好的庭园灯，包括广场灯、草坪灯、局部射灯等。庭院灯的布局既要考虑城镇夜晚的照明效果，也要考虑白天的园林景观，庭院灯在夜晚会有强烈的导向性。在喷水池、雕像、入口、广场、花坛、园林建筑等重要的场所要有重点的照明，并创造不同的环境气氛，形成夜景中的不同节奏。城镇中心广场可用有足够高度和亮度，装饰性较强的柱灯。铺装地面可预埋地灯或 LED 灯，增加广场的趣味性。水池有专用的水下灯，强化水景的灯光效果（图 6-79 和图 6-80）。

图 6-79　广场庭院灯　　　　　　　　　　图 6-80　天桥公园庭院灯

沿园路布置照明设施时，应按照所在园林的特点、交通的要求，选择造型富于特色、照明效果好的柱子灯（庭园灯、道路灯）或草坪灯。定位时既要考虑夜晚的照明效果，也要考虑白天的园林景观，沿路连续布置。一般柱子灯的间距保持在 25～30m，草坪灯 6～10m，这样具有强烈的导向性。

喷水池、雕像、入口、广场、花坛、亭台楼阁等局部需要重点的照明，要创造不同的环境气氛，形成夜景中的高潮。园林广场空间常用有足够高度和照度、装饰性强的柱子灯，广场地面可预埋地灯，树下预埋小型聚光灯。入口、雕像、亭台楼阁除了"张灯结彩"，还常以大型聚光灯照射。游乐场所、商场以霓虹灯招徕顾客。喷水池有专用的水下灯。古典园林用宫灯、走马灯、孔明灯、石灯笼等。各种照明设施中，一部分是固定设施，一部分是节假日的临时设施，以达到五彩缤纷、灯红酒绿的效果。因此，园林供电管网设计时，要预留接线点，预留耗电量。

除了"点"、"线"上的灯，为了游人休憩和管理上的需要，绿地各处还要保持一定的照度，这是"面"上的照明。此类照明间距因地形的高低起伏、树丛的疏密开朗而有所不同。大致每亩地一盏灯，其照度要求约为道路的 1/5。

在重要景观场所的灯，造型可稍复杂、堂皇，并以多个组合灯头提高亮度及气势；在"面"上的灯，造型宜简洁大方，配光曲线合理，以创造休憩环境并力求效率。一般园林柱子灯高 3～5m，正处于一般灌木之上、乔木之下的空间；广场、入口等处可稍高，7～11m。足灯型（草坪灯、花坛灯）不耀眼、照射效果也好，但易损坏，多在宾馆房地产开发等专用绿地和公共绿地的封闭空间中使用，其灯具设计有模仿自然的，也有简洁抽象的现代造型。

（8）桥

在自然山水园林中，由于地形、水体的变化，需要桥来连接两端的道路，沟通景区。在一些景区，由于桥的优美身姿、流畅曲线、多变造型，使桥成为主景。

在园林中，桥的形象要比路明显。桥的作用大体有三：一是通行，物质性的功能；二是

图 6-81　水上木桥

观赏桥的形态，精神性功能；三是组景。人在桥上行，由于水面空阔，所以此处是赏景佳处。桥可分割水面空间，使水面空间有层次，所以园中水面设桥，总是将池面分割得有大有小，使水面主次分明（图 6-81）。

桥是人类跨越山河天堑的技术创造，给人带来生活的进步与交通的方便，自然能引起人的美好联想，固有人间彩虹的美称。在中国自然山水园林中，地形变化与水路相隔，非常需要用桥来联系交通，沟通景区，组织游览路线，而且造型优美形式多样的桥也是园林中重要造景建筑之一。因此小桥流水成为中国园林及风景绘画的典型景色。在规划设计桥时，桥应与园林道路系统配合，方便交通，联系游览路线与观景点。设计应注意水面的划分与水路的通行通航，还应注意组织景区的分隔与联系。有管线通过的园桥，应同时考虑管道的隐蔽、安全、维修等问题。

① 园桥的主要类型　园桥的主要类型分为平桥（板式桥、梁式桥）、拱桥、亭桥与廊桥、吊桥与浮桥、步石五大类型。桥由两部分组成：一是主题部分的上部结构，它和路面一样设面层、基层、防水层；二是桥台、桥墩部分，它是桥的支撑部分（图 6-82 和图 6-83）。

图 6-82　平桥

图 6-83　中山公园荷花桥

② 园桥的设计要领

a. 安全。一些桥片面强调美观而埋下了安全隐患。一些楼盘的水上小桥，水体很深，桥体为了造型美不设栏杆，不时发生儿童落水的意外。因此，要把桥的安全性作为桥梁设计时考虑的第一要素。从这个角度上说，桥的牢固、安全比美观更为重要（图 6-84）。

b. 园桥的造型、体量与园林的环境相适应。在选址上，一般选水体最狭处或风景最佳处设桥；在形式上，根据水下深度及交通状况考虑是设拱桥还是平桥；在景观上，除了本身桥体、栏杆的装饰外，要处理好桥岸交接处的山石、绿化（图 6-85）。

③ 园桥的功能　现代景观设计中把桥作为造景的重要手段，赋予它更多的点景、赏景功能。例如：桥作为"线"运用到绿地的设计构成中，出现了超百米的长桥。在木质桥仍被

人喜爱的同时，设计者开始大胆运用钢、铁、玻璃、不锈钢等现代材料建造新桥。在无水的地方也可根据需要造桥，只要点缀些卵石、水中湿生植物，桥下无水，但水自生（图6-86）。

图 6-84　为了行人的安全，临水的桥一定要设置扶手

图 6-85　桥的设计上要处理好桥岸交接处

图 6-86　旱桥让人感觉"桥下无水，但水自生"

6.3 城镇园林景观设计之水景设计

6.3.1　因地制宜的水景设计

水是生命之源，在人的生命过程中发挥着积极的作用。在日常生活中除了满足人们生理机能需求外，在调节生态环境和满足人们视觉需求上也发挥着极其重要的作用，在这里所论述的水体环境主要是满足视觉需要这个方面（图6-87和图6-88）。

（1）水与人的心理感受

由于水在人类生命力的重要作用，人们把水和人们的心理审美意识结合起来。孔子有"智者乐水，仁者乐山；智者动，仁者静"的话，把水比喻成"智者"。我国古代的风水术，对于水也特别重视，"有山无水休寻地"，可见水对人的日常行为心理有很大的影响（图6-89和图6-90）。

（2）人与水体的视觉效应

人具有亲水性，人一般都喜爱水，和水保持着较近的距离。当距离较近时人可以接触到水，用身体的各个部位感受到水的亲切，水的气味，水雾、潮湿、水温都能让人感到兴奋。

当人距离水面较近时，通过视觉感受到水面的存在，会吸引人们到达水边，实现近距离的接触。在有些城镇环境中水体设置得较为隐蔽，可以通过水流声吸引人们到达这里（图6-91和图6-92）。

图 6-87 儿童戏水

图 6-88 屋顶花园的泳池

图 6-89 智者乐水，仁者乐山

图 6-90 山水环境使人心情放松

图 6-91 在水景旁，游人总是驻足倾听水声

图 6-92 辽阔的水面让心情变得安静祥和

由于人具有亲水性，尤其是在城镇的住宅环境中应缩短人和水面的距离，在较为安全的情况下，也可以让人融入到水景中，如通过在水面上布置浮桥、浮萍以及置于水中的亭台，

使人置身于水中。人们在观赏水体时一般有仰视、平视、俯视和立于水中等角度。仰视主要应用于人们在观赏空中落水的时候；小型水池以喷泉为主，人们一般采用平视的姿态，会觉得和水体较为接近；俯视是指登高望水面，水面一般比较辽阔，可使人有心旷神怡之感。这三种观赏形式都能看到水面，但身体和水面接触较少。在实际生活中，人们最喜欢立于水中，直接接触到水面，尤其是儿童喜欢在浅水中嬉水，而有些建筑直接建在水中或水边，如一些亭、舫、桥等，人们从建筑上、桥上以及水中的小岛观水，会被周围的水面所包围，人们既和水面保持亲近性，同时又会产生畏惧感（图6-93和图6-94）。

图6-93　住区庭院水景　　　　　　图6-94　住区庭院的水景增加了愉快的氛围

6.3.2　水景的类型选择

在城镇园林景观环境中水体的平面形式可采用几何规整形和不规整两种。西方古典园林的水体一般采用几何规整形、在现代城市环境中一般也采用这种形式，如圆形、方形、椭圆形、花瓣形等，水面一般都不大，多采用人工开凿。而我国古典园林则讲究崇尚自然，师法自然，对于理水也多采用自然的、不规则的水形，从江南园林中水面的形态我们可以领会到。

（1）水池

水池是城镇公园或者住宅环境中最为常见的组景手段，根据规模一般分为点式、面式和线式三种形态。

① 点式是指较小规模的水池或水面，如一些承露盘、小喷泉和小型瀑布等。在城镇环境中它起到点景的作用，往往会成为空间的视线焦点，活化空间，使人们能够感受到水的存在，感受到大自然的气息。由于它体量比较小，布置也灵活，可以分布于任何地点，而且有时也会带来意想不到的效果，它可以单独设置，也可以和花坛、平台、装饰部位等设施结合（图6-95和图6-96）。

② 面式是指规模较大，在城镇园林景观中能有一定控制作用的水池或水面，会成为城镇环境中的景观中心和人们的视觉中心。水池一般是单一设置，形状多采用几何形，如方形、圆形、椭圆形等，也可以多个组合在一起，组合成复杂的形式如品字形、万字形，也可以叠成立体水池，面式水池的形式和所处环境的性质、空间形态、规模有关。有些水面也采用不规则形式，底岸也比较自然，和周围的环境融合得较好。水面也可以和城镇环境中的其他设施结合，如踏步，把人和水面完全融合在一起。水中也可以植莲，养鱼，成为观赏景

观，有时为了衬托池水的清澈、透明，在池底摆上鹅卵石，或绘上鲜艳的图案。面式布局的水池在城镇环境中应用是比较广泛的。很多城镇住宅小区的中心绿地中，水池底多铺以马赛克或各种瓷砖形成多种图案，突出海洋主题富有动感（图6-97～图6-99）。

图 6-95　水体以一种活动的方式应用在环境中

图 6-96　同时水池的上下两部分完美连接

图 6-97　面式的水景

图 6-98　面式水景与动水结合

图 6-99　现代居住小区里的游泳池

　　③ 线式是指较细长的水面，有一定的方向，并有划分空间的作用。在线形水面中一般采用流水，可以将多个喷泉和水池连接起来，形成一个整体。线形水面有直线形、曲线形和

不规则形，广泛地分布在居住宅、广场、庭院中。在城镇环境中线形水面可以是河道、溪流，也可以是较浅的水池，儿童可在里面嬉水，特别受孩子们的喜爱。还可以和桥、板、石块、雕塑、绿化以及各类休息设施结合创造出丰富、生动的室外空间，在南方的一些城镇园林景观中浅水池这种水型应用较多（图 6-100 和图 6-101）。

图 6-100　线式水景

图 6-101　规则的台地式水景

（2）喷泉

主要是以人工喷泉的形式应用于现代的城镇中。喷泉是西方古典园林常见的景观。喷泉分布在城镇的中心广场等处，起到饰景的作用，很好地满足了人们视觉上的需求，特别以其立体而且动态的形象，在环境中起到引人注目的中心焦点的作用。不同的人群对喷泉的速度、水形等都有不同的要求。在私家庭院中它常是一个小型的喷点，速度也不快，分布在角落中；在城镇公园或者广场中，喷泉水景通常是规模较大的景观节点（图 6-102 ～图 6-110）。

图 6-102　适合在住宅庭院中的雕塑喷泉

图 6-103　精致的喷泉景观增加了庭院的设计感

（3）瀑布

由于瀑布有一定的落差，要有一定的规模才能产生壮观的效果，一般是利用地形高差和砌石形成小型的人工瀑布，以改善景观环境。

瀑布有多种形式，有关园林营造把瀑布分为"向落、片落、传落、棱落、丝落、重落、左右落、横落"等 10 种形式。

人工瀑布中水落石的形式和水流速度的设计决定了瀑布的形式，一般根据人们对瀑布形式的要求，选择水落石河水流的速度，把它们综合起来，使瀑布产生微小的变化，传达不同的感受（图 6-111～图 6-113）。

图 6-104　水池喷泉

图 6-105　旱池喷泉

图 6-106　某小区水景

图 6-107　现代壁泉

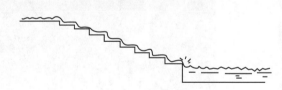

阶梯式

组合式

图 6-108　叠水的常见形式

图 6-109　叠水景观

图 6-110　雪浪湖水幕喷泉

图 6-111　庭院中自然的瀑布景观

图 6-112　跌水瀑布

图 6-113　台阶跌水

（4）堤岸的处理

水面的处理和堤岸有着直接的关系。它们共同组成景观，以统一的形象展示在人们面前，影响着人们对水体的欣赏。这里所述的堤岸一方面是人们的视觉对象；另一方面又是人们的观赏点。

在城镇景观环境中，池岸的形式根据水面的平面形式分为规则式和不规则式。规则几何式池岸的形式一般都处理成能让人们坐的平台，使人们能接近水面，它的高度应该以满足人们的坐姿为标准，池岸距离水面也不要太高，以人伸手可以摸到水为好。规则式的池岸构图比较严谨，限制了人和水面的关系，在一般情况下，人是不会跳入池中嬉水的。相反不规则的池岸与人比较接近，高低随着地形起伏，不受限制，而形式也比较自由。岸边的石头可以供人们乘坐，树木可以供人们纳凉，人和水完全融合在一起，这时的岸只有阻隔水的作用，却不能阻隔人与水的亲近，反而缩短了人和水的距离，有利于满足人们的亲水性需求。

水景设计是景观设计的重点，也经常是点睛之笔。水的形态多种多样，或平缓或跌宕，或喧闹或静谧，而且潺潺水声也令人心旷神怡，景物在水中产生的倒影色彩斑驳，有极强的欣赏性。水还可以用来调节空气温度和遏制噪声的传播。

在设计水景时要注意水景的功能，是观赏类，嬉水类，还是为水生植物和动物提供生存环境。嬉水类的水景一定要注意水的深浅不宜太深，以免造成危险，在水深的地方要设计相应的防护措施。另外，在寒冷的北方，设计时应该考虑冬季时水结冰以后的处理（图 6-114～图 6-116）。

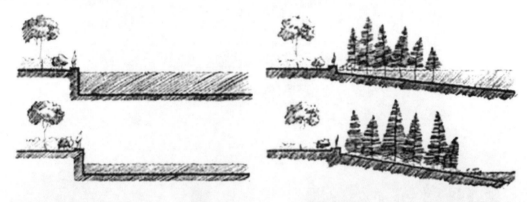

图 6-114　不同的堤岸处理手法

图 6-115　自然式的堤岸　　　　　　　　　图 6-116　规则式的堤岸

（5）渊潭

小而深的水体，一般在泉水的积聚处和瀑布的承受处。岸边宜设叠石，光线宜幽暗，水位宜低下，石缝间配置斜出、下垂或攀缘的植物，上用大树封顶，造成深邃气氛。

（6）溪涧

泉瀑之水从山间流出形成一种动态水景。溪涧宜多弯曲以增长流程，显示出源远流长，绵延不尽。多用自然石岸，以砾石为底，溪水宜浅，可数游鱼，又可涉水。游览小径时须缘溪行，时踏汀步，两岸树木掩映，表现山水相依的景象，如杭州的"九溪十八涧"。有时河床石骨暴露，流水激湍有声，如无锡寄畅园的"八音涧"。曲水也是溪涧的一种，今绍兴兰亭的"曲水流觞"就是用自然山石以理涧法做成的。有些园林中的"流杯亭"在亭子中的地面凿出弯曲成图案的石槽，让流水缓缓而过，这种做法已演变成为一种建筑小品（图 6-117 和图 6-118）。

（7）河流

河流水面如带，水流平缓，园林中常用狭长形的水池来表现，使景色富有变化。河流可长可短，可直可弯，有宽有窄，有收有放。河流多用土岸，配置适当的植物；也可造假山插入水中形成"峡谷"，显出山势峻峭。两旁可设临河的水榭等，局部用整形的条石驳岸和台阶。水上可划船，窄处架桥，从纵向看，能增加风景的幽深和层次感。例如北京颐和园后湖、扬州瘦西湖等。

图 6-117　溪涧植物配置形成的景观

图 6-118　溪流与植物景观

（8）池塘、湖泊

指成片汇聚的水面。池塘形式简单，平面较方整，没有岛屿和桥梁，岸线较平直而少叠石之类的修饰，水中植荷花、睡莲、荇、藻等观赏植物或放养观赏鱼类，再现林野荷塘、鱼池的景色。湖泊为大型开阔的静水面，但园林中的湖，一般比自然界的湖泊小得多，基本上只是一个自然式的水池，因其相对空间较大，常作为全园的构图中心。水面宜有聚有分，聚分得体。聚则水面辽阔，分则增加层次变化，并可组织不同的景区。小园的水面聚胜于分，如苏州网师园内池水集中，池岸廊榭都较低矮，给人以开朗的印象；大园的水面虽可以作为主景，仍宜留出较大水面使之主次分明，并配合岸上或岛屿中的主峰、主要建筑物构成主景，如颐和园的昆明湖与万寿山佛香阁，北海与琼岛白塔。园林中的湖池，应凭借地势，就低凿水，掘池堆山，以减少土方工程量。岸线模仿自然曲折，做成港汊、水湾、半岛，湖中设岛屿，用桥梁、汀步连接，也是划分空间的一种手法。岸线较长的，可多用土岸或散置矾石，小池亦可全用自然叠石驳岸。沿岸路面标高宜接近水面，使人有凌波之感。湖水常以溪涧、河流为源，其下泄之路宜隐蔽，尽量做成狭湾，逐渐消失，产生不尽之意（图 6-119 和图 6-120）。

6.3.3　各类水体的植物种植

（1）水体植物种植的基本原则

首先，水生植物占水面的比例要适当。在河湖、池塘等水体中种植水生植物，切记不能将整个水面填满。一方面影响水面的倒影景观而失去水体特有的景观效果；另一方面也会产生安全问题，人们在看不到水面的情况下极有可能不小心跌入水中。水体的植物种植设计的目的是进一步美化水体，为水面增加层次，植物的布置要有疏有密、有断有续，富于变化，使水景更加生动。提成较小的水面，植物种植占据的面积以不超过 1/3 为宜。

其次，因"水"制宜是水景植物种植的基本原则。选择植物种类时要根据水体的自然环境条件和特点，适宜地选择合适的植物品种进行种植。例如，大面积的水体植物种植可以结合生产，选择莲藕、芡实、芦苇等，与城镇当地的自然条件和经济条件相结合；较小面积的水体，可以点缀种植观赏性的水生花卉，如荷花、睡莲、王莲、香蒲、水葱等。

图 6-119　湖边植物配置形成自然式的景观

图 6-120　湖面的荷花景观

大部分的水生植物生长都很迅速，需要加以控制，防止植物快速生长后蔓延至整个水面，影响景观效果。在种植设计时，可在水下设计植物生长的容器或植床设施，以控制挺水植物、浮叶植物的生长范围。漂浮植物也可以选用轻质浮水材料（如竹、木、泡沫草索等）制成一定形状的浮框，可将浮框固定下来，也可在水面上随处漂移，成为水面上漂浮的绿岛、花坛景观（图 6-121 和图 6-122）。

图 6-121　水生植物莕荠、慈姑等配置形成的景观

图 6-122　小型水景园

（2）水体植物的种植方法

水体中如果大面积地种植挺水或浮叶水生植物，一般需要使用耐水建筑材料，根据设计范围砌筑种植床壁，植物种植于床壁内侧，以形成固定位置和固定面积的植物景观。较小的水池可根据配植植物的习性，在池底用砖石或混凝土做成支撑物以调节种植深度，将盆栽的水生植物放置于不同高度的支撑物上。

（3）水体植物的管理维护

首先要采取适当措施保持水体的清洁，尤其是一些观赏性的水生花卉需要比较清澈的水资源才能健康生长。对于一些具有水体净化功能的水生植物可放宽管理，保持水生植物的自然性，例如一些湿地景观的自发生长可以实现优胜劣汰，自发选择适宜环境生长的植物品种，最终形成符合自然规律的植物群落。

水生植物的冬季管理维护是至关重要的，水生植物对温度的要求较高，冬季结冰后会产生植物的冻伤、冻害。所以，在冬季来临时，要将一些放置在水中的植物钵移至室内（图6-123 和图 6-124）。

图 6-123　水边植物造景

图 6-124　耐水湿植物景观

6.4 城镇园林景观设计各构成要素之间的组合规律

6.4.1　多样与统一

多样统一是最具规范美的形式美原则，使各个部分整体而有秩序地排列，体现一种单纯而整齐的秩序美，运用比较多的是理性空间，这种秩序感能给人一种庄重，威严、力量、权利的象征。综合运用各种规律的综合表达能体现整体形象的多样化。自然现象的差异性，个性都必须蕴藏在整体的共性之中。差异性由于有造型、材质、色彩、质感等方面的多样变化，给人以刚柔、轻重、质感等方面的多样变化，给人以刚柔、轻重，聚散，升降的不同感受，但在体量，色彩、线条、形式、风格方面要求有一定程度的相似性和一致性，给人统一感，形成整体环境独有的个性特点。

多样统一包括形式统一原则，材料形式统一原则，局部与整体统一原则等方面。这些形式美的原则不是固定不变的，它们随着人类生产实践，审美观的提高，文化修养的提高，社会的进步，而不断地演化和更新。

在城镇园林景观设计中，建筑风格上的统一可使整个城镇面貌富有特色。城镇有它自己的地方习惯、地方材料及地方传统，因此在园林景观系统中应以某一个重点为主，其他景点、小品等均应在格调统一的基础上处于陪衬地位，成为统一的整体。如浙江的城镇园林景观中建筑一般是以与环境协调的小体量、坡顶、粉墙、灰瓦为主，朴素大方。在城镇园林景观设计中，应保持特色，即使在处理大面积的园林景观时，亦应考虑古朴、简洁的风格，切忌抄袭硬搬导致景观没有个性、协调气氛遭到破坏。

变化统一是美学的基本规律，首先表现在其内容与形式的高度统一。其次在形式上表现景观要素自身的、局部关系的和整体结构上的和谐统一。只有变化，没有整齐统一，就会显得纷繁散乱；如果只有整齐统一，没有多样变化，就会显得呆板单调。多样统一包括两种基本类型，一种是各种对立因素之间的统一，另一种是各种非对立因素相互联系的统一。无论是对立还是调和，都要有变化，在变化中体现出统一的美。道路景观与周围环境的协调统一，即保持与周围的自然环境、社会环境、人文环境以及其他道路景观风格的协调统一（图 6-125 和图 6-126）。

图 6-125　木质栈道与自然环境相融合

图 6-126　自然质朴的陡坎强化了自然野趣

6.4.2　对称与均衡

对称与均衡同属形式美的范畴，它们所不同的是量上的区别，对称是以中轴线形成左右或上下绝对的对称和形式上的相同，在量上也均等。对称形式常常在景观规划中运用，也是人们比较乐于接受的一个规划形式，体现庄重、严整，常用于纪念性景观和古典园林的布局中。均衡是在形式上的相等，在体量上大致相当的一种等量的布局形式，由于自然式景观规划布局受到功能、地形、地势等组成部分的条件限制，常采用均衡的手法进行规划。运用材质、色彩、疏密及体量变化给人以轻松、自由、活泼的感受，常运用于比较休闲的空间环境。

均衡不论在园林景观建筑立面造型还是平面布局上都是一种十分重要的艺术处理手法，同样也是景观设计的重要手法。对称是最简单的均衡，不对称式也能达到均衡，如高低相结合的园林建筑，不对称的广场布置，以塔式建筑与大体量的低层建筑组合在一起，通过均衡的艺术处理，都能求得不规则的平衡。

规则或不规则的均衡是园林景观规划设计在艺术上的根基，均衡能为外观带来力量和统一，均衡可以形成安宁的氛围，防止混乱和不稳，有控制人们自然活动的微妙力量。

各景物在左右、前后、上下等方面的布局上，其形状、质量、距离、价值等诸要素的综合处于对应相等的状态，称为均衡。在视觉艺术中，均衡中心两边的视觉中心分量相当，则会给人以美的感觉。最简单的一类均衡是对称，对称轴两旁是完全一样的。另一种均衡形式是不对称均衡。不对称均衡的均衡中心应做一定强调（图 6-127、图 6-128）。

6.4.3　对比与协调

对比与协调是一对矛盾的统一体，我们习惯调和的协调，不大接受对立的表现，在某种环境中定量的对比可以取得更好的环境协调效果，它可以彼此对照、互相衬托，更加明确地突出自己的个性特点，鲜明、醒目，令人振奋，显现出矛盾的美感，如体量对比，方向对比、明暗对比、材质对比、色彩对比等。协调，一方面反映在不同领域，不同环境，若干层次的意向冲突中，通过一定的组合形式，从而达到矛盾的统一；另一方面通过相近的不同事物相融组合而达到完美的境界和多样化的统一，这两方面的协调都使人感到调和、融合、亲切、自然。

图 6-127 矩形的形体简洁协调　　　　　图 6-128 充满野趣的植物与曲线形式相互映衬

园林景观设计中的对比与协调，它们既存在对比又统一，在对比中求协调，在协调有对比，如果只有对比容易给人以零乱、松散之感；只有协调容易使人产生单调乏味。只有对比中的协调才能使景观丰富多彩、生动活泼、主题突出，才能使人感受景观带来的兴奋与感动。

在园林景观设计中，采用诸如虚实、明暗、疏密对比等，使视觉没有单调感，在建筑群体周围布置绿化，使环境多姿、多变，这是一种很好的对比手法。另外，沿街建筑应该注意虚实对比，一般是以虚为主，实为辅，给人以开敞的感觉。

对比，即事物的对立和相互比较、相互影响的关系。对比是强化视觉刺激的有效手段，其特征是使质与量差异很大的两个要素在一定条件下共处于一个完整的统一体中，形成相辅相成的呼应关系，以突出被表现事物的本质特征。和谐是指事物各组成部分之间处于矛盾统一中，相互协调的一种状态，能使人在柔和宁静的心境中获得审美享受（图 6-129 和图 6-130）。

图 6-129 植物与座椅　　　　　　　图 6-130 粗质的石头在细腻的
形成了对比的色彩　　　　　　　　　环境中格外醒目

6.4.4 比例与尺度

比例即尺度，万物都有一定的尺度，尺度的概念是根深蒂固的。无论是广场本身、广场与建筑物、道路宽度与城镇规模的大小、道路与建筑物以及建筑物本身的长与高，都存在一定的比例关系，即长、宽、高的关系，它们之间均需达到彼此协调。比例来自形状、结构、功能的和谐，比例也来自习惯及人们的审美观，比例失调会给人以厌恶的感觉。

比例是指整体与局部之间比例协调关系，这种关系可以使人产生舒适感，具有满足逻辑和视觉要求的特征。为了追求比例的美与和谐，人们为之努力，创造了世界公认的黄金分割1∶0.618 为最美的比例形式，但在人们的生活中，审美活动的不断变化，优秀的形式不仅仅限于黄金比例，而是建立在比例与尺度的和谐，比例是相对的，是物体与参照物之间的视觉协调关系。如以建筑、广场为背景，来调节植物大小的比例，可使人产生不同的心理感受，植物设计的近或大，建筑物就相对缩小，反之则显得建筑物高大，这是一个相对的比例关系。如日本庭院面积与体量，植物都以较小的比例来控制空间，形成亲切感人的亲近感。

尺度是绝对的，可以用具体的度量来衡量，这种尺度感的大小尺寸和它的表现形式组成一个整体，成为人类习惯环境空间的固定的尺度感，如栏杆霜、扶手、台阶、花架、凉亭、电话亭，垃圾筒等。尺度的个性特征是与相对的比例关系组合而体现出来的，适当的尺度关系让人产生亲切感，尺度也因参照物之间的变化而失掉应有的尺度感，合理地运用尺度与比例的关系，才能实现其舒适而美的尺度感。

比例是指事物的整体与局部、局部与局部之间的数量关系。一切事物都是在一定尺度内得到适宜的比例。形式要素之间的匀称和比例，是人类在实践活动中通过对自然事物的总结抽象出来的。尺度使人们产生寓于物体尺寸中的美感。人本身的尺度是衡量其他物体比例美感的因素。尺度的实质是反映人与建筑之间关系的一种性质。建筑物的存在应让人们去喜欢它，当建筑物与人在身体在内在感情上建立某种紧密与间接的关系时，这种建筑就会更加适用与更加美观（图 6-131 和图 6-132）。

图 6-131　水生植物的高度可以形成半私密的感受

图 6-132　水墙的高度刚好可以遮挡外界的视线

6.4.5 抽象与具象

具象以其真实、写实的手法展示其自身的美，写实的形象和表现的手法能迎合人们的审美欣赏习惯；抽象则是对事物特征中精华的部分经过提炼加工的艺术表现形式，使形象更加生动和有个性。如座椅的艺术造型，抽象雕塑与自然环境的结合使抽象与具象相互依存。许多景观设计师试图从抽象的形体中找到新的个性突破点，更加淋漓尽致地表达自己的艺术主张（图 6-133 和图 6-134）。

图 6-133　阳光、玻璃与植物组成了抽象的形式感　　　　图 6-134　夏洛特花园抽象的平面设计

6.4.6　节奏与韵律

节奏是指单纯的段落和停顿的反复，韵律即指旋律的起伏与延续、节奏与韵律有着内在的联系，是一种物质动态过程中，有规则、有秩序并且富有变化的一种动态连续的美，如何把握延续中的停顿，韵律中的节奏，就必须遵循节奏与韵律美的规律。

重复韵律是一种简单的韵律连续构成形式，强调交替的美，如路灯的重复排列到树木的交替排列形成整体的重复排列到树木的交替排列形成整齐的重复韵律。

间隔韵律是由两种以上单元景点间隔，交替地出现，如一段踏步，一行花坛，这样不断重复形成有节奏的间隔美。

渐变韵律是指一个单元要素的逐渐变小或放大而形成的节奏感，如体量由小变大，质感由粗变细，它能在一定的空间范围内，造成逐渐远去和上升的感觉。

起伏曲折韵律是物体通过起伏和曲折的变化所产生的韵律，如景观设计中地形的起伏，墙面的曲折，道路有花草、树林都能产生韵律感。

整体布局的韵律是将景观环境整体考虑，使山山水水每一个景观都不会脱节，使其纳入整体的布局，使其有轻有缓，有张有弛，令人感受到整体韵律，如在园林布局中，有时一个景观往往有多种韵律节奏方式表现，在满足功能要求的前提下，采用合理的组成形式，创造出理想的园林景观。

韵律，即有规律地重复。韵律感可以反映在平面上，亦可以反映在立面上。韵律所形成的循环再现，可产生抑扬顿挫的美的旋律，给能人带来审美上的满足，韵律感最常反映在全景轮廓线及沿街建筑的布置上。

节奏是一种有规律的周期性变化的运动方式。在视觉艺术中，节奏主要通过线条的流动、色块的形体、光影明暗等因素反复重叠来体现。韵律节奏是各物体在时间和空间中，按一定的方式组合排列，形成一定的间隔并有规律地重复。韵律节奏具有流动性，是一种运动中的秩序。节奏主要通过线条的流动、色块的形体、光影明暗等因素反复重叠来体现。在建设过程中，研究和应用这些规律，可以改善景观环境。同时，景观的美不仅是形式的美，更是表现生态系统精美结构与功能的有生命力的美，它是建在环境秩序与生态系统良性运转轨迹之上的。人类活动必须符合自然规律，在创造道路景观的时候应符合美学规律，"晴峦耸秀，绀宇凌空，极目所至，俗则屏之，嘉则收之"。使得各景观要素比例恰当，均衡稳定，形成和谐的统一体，创造出生态平衡的、赏心悦目的环境，满足人们的需求（图 6-135 和图 6-136）。

图 6-135　爱德华公园中的绿篱图案　　　　　图 6-136　植物的枝干形成富有节奏的幕帘

6.5 城镇园林景观建设实例

6.5.1　中国石雕之乡——惠安的园林景观建设

（1）打造雕艺长廊　构建景观大道

文/原中共福建省惠安县委副书记郑文伟　摄影/蔡学农、张国民等

　　惠安是著名的建筑之乡，雕艺之乡，历史上惠安的雕刻艺术与建筑艺术相生相伴，融为一体，其精湛的雕刻技艺和深厚的文化内涵，表现出极高的审美价值和实用价值，从而形成了南派雕刻艺术独特的风格。惠安雕艺包括石雕、木雕、砖雕、瓷雕、灰雕等形式，其中以石雕、木雕最具代表性。惠安的雕刻艺术不仅秉承传统，发挥闽南传统雕刻的优点，而且吸收了中外优秀雕刻艺术的精华，使之不断丰富和发展。

　　自 2000 年以来，惠安县先后承办了两届中国雕刻艺术节石、木雕大奖赛，两届中国惠安传统雕刻艺术大赛；举办了中国惠安国际石雕石材展示会；承办了中国泉州（惠安）国际石雕石材展示会等一系列国际性的艺术和商贸活动，惠安的雕刻艺术、雕艺产业引起了国内外更广泛的关注。中外雕刻艺术家，建筑园林、城市规划设计的专家学者以及雕艺业商人纷至沓来，对惠安传统雕艺产业给予极高的评价。

　　一个城市建设的成就，首先取决于它的经济建设，一个城市的精神风貌，不仅能反映经济建设的成就，同时还能给经济建设带来巨大的影响。雕塑是城市公共艺术的组成部分，也是城市文化与经济实力的象征。惠安作为雕艺之乡，在经济建设不断稳定发展的今天，建立一座露天雕艺博物馆，一条集中展现雕艺成就的艺术长廊，是惠安人民的共同心愿。随着黄塘——崇武旅游大道的扩建，由惠安县委、县政府精心策划的公路人文景观带，构建惠安雕艺长廊的设想，经过多方论证，终于浮出水面，同时得到了社会各界的热情支持。建设好雕艺长廊既是惠安县经济与文化水平提高的集中表现，又是突出城市特色，体现城市品位的有效载体。惠安是中国著名雕艺之乡，雕艺业是惠安五大支柱产业之一。从长远的战略意义上看，建设好惠安雕艺长廊有利于弘扬惠安雕艺文化，扩大惠安雕艺企业的知名度，提高雕艺质量，推介惠安雕艺产品，增强商品竞争力，促进旅游文化的发展。同时，雕艺长廊的建设，美化城市环境，给人艺术的享受和美的熏陶，这些都会对惠安的经济建设和精神文明建设发展产生不可估量的作用。

雕艺长廊里的雕艺作品全是石质的，它们林立在纵贯惠安的 60 华里（1 华里＝500m，下同）要道上。中外历史上尚没有如此大规模的雕艺长廊，且历史上一些呈长廊列置形状的较大规模雕艺群都是为神灵而修建的。惠安艺长廊是在作为惠安交通要道给旅游经济以更大发展的前提下，为体现城市特点、展示产品、美化城市环境，给人民群众美的享受而兴建的，这就决定了惠安雕艺长廊建设完全不同于为神而建的雕艺长廊式列置。

要建设好惠安雕艺长廊，首先，应从道路景观上去规划。面对宏大的雕艺世界，我们应总揽全局，突出重点，将适合环境艺术的作品作为陈列对象，并在陈列的过程中把握"宏、约、深、美"的原则，做到中外一体，古今共存，符合人文心理，并从公共艺术的理念出发，以具体的措施扭转以往只是简单陈列，作品单调呆板，缺乏统一规划的设计理念，将雕刻艺术与人文景观、自然景观、功能景观、实用景观等融会贯通，并使之相得益彰，互相添彩，使雕刻艺术在环境中更瞩目，更美妙，使自然环境更富有历史积淀与文化内涵。景观大道所经之处，既有城镇，也有乡村，各地段的人文环境是一个复杂微妙，且不断变化的人文景观带，不仅有村镇、工厂、居民区、商业区、旅游区、革命历史纪念区、宗教庙宇区等人文环境，还有旷野、山区、河流、道路交叉口等自然环境，二者随着城镇建设规划的发展而变化，所以我们在深入研究的基础上将几大类作品分区域重点放置，以适应人们的心理需求。在村镇居住区放置一些亲近人们日常生活的园林小品，艺术手法写意，内容丰富多彩，增添健康生活气息。在旅游区，我们选择了现代人物造型、抽象动物造型、蔬果花篮造型、卡通造型等，使游客在有限的时间内能欣赏到风格各异的雕刻艺术。在具有标识的路段可以将广告与标志纳入整体景观规划，主要以浮雕、影雕的方式体现。在道路交叉口，可采用大象、石狮等瑞兽去表现吉祥；在田野中放置大体量的石塔去表现苍茫阔远的诗境；在河边放置亲水雕刻与之呼应；在山边建立神佛造像，使神的灵气与山的灵气相贯通；在革命纪念区放置纪念式的雕刻，渲染庄严肃穆的气氛；在商业区放置具有象征意义的吉祥物，以满足业主的心理需要等。每一组作品都应成为一件环境艺术作品，每一件作品的选择与放置都应秉承公正艺术的原则，使惠安雕艺长廊不仅是艺术品的陈列，同时又是人文景观本身，使二者达到零距离的结合（图 6-137 和图 6-138）。

其次，要从动态视觉效果上去把握。行进在景观大道上的人，大都是乘车而来，在车上观赏雕塑品，驻足长留者仅为少数，也仅能观赏个别件雕塑品。因此，对这些雕塑品的要求，是必须"耐看"，即从任何角度看，都能给予人们美的享受，就要有动态的视觉效果。在制作上，不求作品精雕细琢，只要形态粗犷自然，它们摆放于露天，经一段时间的风吹雨淋，更能与周围环境浑然一体，方有自然生成之感。所以在这 60 华里的大道上，我们依托惠安现有的石雕门类，取材于石塔石灯、花坛水榭、佛神造像、卡通造型、中外廊柱、蔬果水草等多种形式展观，形成一种大规模强冲击的视觉效果。从观赏角度看，这些作品不但能体现艺术家独特的创意，更能体现雕艺师傅精巧的手艺。作品具有通俗性，作品主要表现亲和、安全、接近大众并融入大众的生活空间的陈列方式。同时，作品还具有创造性，这是一切艺术的终极目标。雕艺长廊的创造性主要表现在突显当地产业实力，在全国乃至世界可以说是绝无仅有的集产业、文化、观光为一体的综合艺术走廊，是解放思想、审时度势创造性思维的产物。其创造性还表现在产品与作品的结合上，雕艺产品与自然环境的整合，是集景观设计者的观念与经验，将单纯的雕艺产品创造性地转化为公共艺术作品。力求造成一种效果：当公众经过雕艺长廊，不仅为惠安雕艺的品种与规模所吸引，更为雕艺制作的精美，艺术构思的独特而惊叹（图 6-139 和图 6-140）。

图 6-137　俯瞰景观大道

图 6-138　景观大道两侧的雕塑

图 6-139　竞技体育雕塑

图 6-140　笑口常开雕塑

　　惠安雕艺长廊将通过城市公共艺术的综合设计，借鉴传统的整体思维，根植于自身独特的地域条件，力求自成一格，以新的理念表达惠安人民对石头的深爱，诠释惠安人民对雕艺的理解（图 6-141 和图 6-142）。

　　（2）惠安景观道　当惊世界殊——惠安雕艺景观大道创意浅析

文/文日弓

　　"打造雕艺长廊，构建景观大道"是个宏大的创意，把它变为现实，是福建惠安县委、县政府领导人民对人类文化事业做出的尝试——这个即将成为现实的创意是：在纵贯惠安境内东西 30 千米的交通主干道两旁，按一定主题、一定间距一组接一组地树立起具有惠安特色的石雕作品。

　　环境艺术是空间艺术，它存在的最佳前提，是要有人长久不息地分享这块空间，而且分享者越是前继后续，不计其数，它的存在才越有意义。在如此状况下，环境艺术的形式要能相对长久地存在于空间里，这形式的功能只有让世人认同的美的载体来发挥，它才能够拥有恒久不灭的价值。惠安本为著名的石木雕艺之乡，它具有构筑宏大的雕艺景观的现实条件。这个创意因实施于贯穿惠安东西 30 千米交通主干道，而冲击性地作用着每一个过往者的视觉，又因为实施物运用天然石头所选取的题材为国内外人所喜闻乐见，迎合了每一个经过者的审美意趣（图 6-143 和图 6-144）。

图 6-141　凤翔石雕

图 6-142　惠安少女雕塑

图 6-143　童趣无瑕雕塑

图 6-144　精美龙柱雕塑

　　惠安是中国规模最大的石雕产品生产基地。惠安雕艺的生产力大得惊人，大到几乎可以满足全世界的雕艺订货需求；它有大量现成的大型的雕艺精品，可以一呼即应，迅速汇集在作为惠安雕艺长廊的大道上。经济的发展基础，城市的进步要求，加上智慧的点化便可以在现有条件和短时间内创造出超越时空的奇迹。似乎可以这么说，世界古今著名空间艺术的巨制，无不强烈地代表着形成它们那个时段的精神。我们如今所处的世界，应该是尊重天道的时代——这时代的空间艺术品，应该体现出人们尊重天道（宇宙规律）和自然的精神，知道自己一旦违逆天道、破坏自然，也就违逆了自己的生命、破坏了自己的生存，然而不能讳言不谈的是，我们又处在了只有借助商业行为才能达到目的的时代。所以，这时代的空间艺术品要想成功，成为历史公认的代表之作，首先要让商业行为融合对天道和自然的尊重。我深知，商业行为往往忽视这种必需的尊重。然而，惠安"打造雕艺长廊，构建景观大道"的创意得以实施，便合理地将商业行为变成了对天道和自然的奉献（图 6-145 和图 6-146）。

图 6-145　裸女神姿雕塑

图 6-146　接力奔跑雕塑

（3）惠安的园林景观石雕

惠安石雕源远流长，年代最早的可追溯到晋代。源于黄河流域的雕刻艺术融中原文化、闽越文化、海洋文化于一体，汲晋唐遗风、宋元神韵、明清风范之精华，形成精雕细刻、纤巧灵动的南派艺术风格，与建筑艺术交相辉映，成为中华优秀传统文化的一朵奇葩（图 6-147和图 6-148）。

图 6-147　石磨篱挡

图 6-148　小象喷泉

惠安石雕从工艺上可分为沉雕、浮雕、圆雕、影雕、线雕、微雕六大类。历史性经典之作有：全国重点文物保护单位、被誉为"海内第一桥"、中国四大古桥之一的北宋洛阳桥，被称为中国工艺美术史奇迹、中国石雕艺术大观园的爱国华侨领袖陈嘉庚先生的陵园——集美鳌园，有中国建筑瑰宝美誉的台北龙山寺龙柱，全国规模最大的崇武大地艺术岩雕群，鲁班奖工程——淮安周恩来纪念馆，收入吉尼斯世界大全的深圳万福广场高达 19.99m 的"九龙柱"，还有南昌起义纪念碑、湄洲妈祖像、鼓浪屿郑成功像等。惠安石雕材料来自全国各地和世界各国，产品畅销日本、欧美、东南亚等几十个国家及中国港澳台等地区，备受赞誉。惠安民间石雕辉煌成就引起了中外工艺美术界的关注。国家文化部授予惠安"中国民间艺术（雕刻）之乡"的称号、中国工艺美术协会授予惠安"中国石雕之都"的称号（图 6-149～图 6-152）。

图 6-149 惠安少女

图 6-150 细水长流石雕

图 6-151 园林石雕

图 6-152 园林群雕

　　城市园林石雕是惠安传统雕艺与现代城雕相结合的"新生儿"，由惠安工匠制作的园林石雕已遍布世界各地。惠安的园林景观石雕制品，运用工艺美术设计，内容丰富，雕镂精细，具有极高的观赏价值。惠安用雕艺长廊构建的景观大道便是一个极好的例证。惠安园林景观石雕包括各种大小城雕、园林景观中的石雕动物、石雕灯笼、石雕灯柱、石雕音箱、石雕水景、石雕桌椅等多种园林小品，以及园林环境装饰和园林景道铺设的各种石材。园林景观石雕的应用，使得人工的园林与大自然融为一体，从而提高园林景观的文化品位，增添乡土气息（图 6-153～图 6-159）。

　　（4）惠安崇武古城大地岩雕群

岩雕作者/洪世清　　文/骆中钊　　摄影/蔡学农、张国民等

　　雄峙台湾海峡西隅的崇武古城，被列为全国重点文物保护单位，是因为它目睹了 600 余年来的沧海桑田，它既是抗击外族的英雄象征，也是历史的见证。矗立在古城上国际航标灯

图 6-153　庭院装饰

图 6-154　小兔园灯

图 6-155　园林石灯

图 6-156　原石花盆

图 6-157　九龙巨柱石雕

图 6-158　园林桌凳

图 6-159　精心哺育石雕

不仅为航行于台湾海峡的船舶指引航道，也是海域气象的分界线，同时还成为崇武古城的标志。

崇武古城，始建于明洪武20年（公元1387年），城周737丈（约合2456m），城基宽1.5丈（合5m），高2.1丈（合7m）。城墙内筑二或三层跑马道，城堞1304个，箭窗1300樘，窝铺26座。四方设门，东、西、北三门各有城门两道，门上建门楼，加筑月城，呈半弧形，东、南、北三道城墙上各设烽火台（兼作炮台）一座。城堡四方各有一潭一井和通往城外的涵沟，以做锁水、通流之用，构成了一套完整的军事防御工程体系。全城用花岗岩石筑成，外墙用长条石作"丁"字形横直相砌，墙内跑马道档墙用块石或卵石花砌，墙内夯以红黏土，绿草地衣覆道。崇武古城堪称惠安石建筑之典范，是我国目前保护最为完整的石构城堡之一。崇武的沙滩，铺金砌玉，自然景观引人入胜古城、沙滩、大海和岩礁构成了崇武旅游的最重要景区（图6-160～图6-163）。

图6-160 小龟觅食

图6-161 崇武古城

图6-162 群鱼竞游

图6-163 石龟探海

崇武大地岩雕以那粗犷、古朴、精练的手法弘扬了传统石雕艺术文化，与古城墙文脉相承、新老结合，交相辉映，构成了展现崇武古城形象的主要景区。

崇武大地岩雕群是我国目前规模最大的岩雕群，自1992年建成以来，备受艺术界专家学者和社会各界的赞誉，深为广大群众所喜爱，吸引了国内外大量游客。如今崇武大地岩雕已享誉四海（图6-164～图6-167）。

图 6-164　鳜鱼欲游

图 6-165　老龟戏水

图 6-166　鱼跃待潮

图 6-167　同游小鱼

6.5.2　世界地质公园——福建泰宁的园林景观建设

（1）融于自然　弘扬传统　以人为本　营造特色

文/原中共泰宁县委常委、泰宁县常务副县长　肖明光

宋元祐六年（公元 1086 年）宋哲宗将曲阜孔子阙里的府号"泰宁"赐为福建省泰宁县的县名，一个革命老区，在 2005 年 2 月跻身为世界地质公园。境内的大金湖是国家重点风景名胜区、国家"4A"级旅游区、国家森林公园。地处世界地质公园中心的泰宁古城拥有国家重点文物保护单位的"尚书第建筑群"和保存较为完好的明清古街巷。泰宁是一座集绿色生态、历史文化和现代文明为一体的美丽城镇。近年来，正以"生态文化旅游城"为功能定位，以"福建省最美丽的山区县城"为发展目标，进行了一系列颇富成效的园林景观建设。

①灵秀泰宁名天下　平湖映丹崖，幽谷藏岩穴，雄峰托奇石，清溪润古风。

2005 年 2 月，地处闽西北旅游胜地的泰宁国家地质公园，跻身世界地质公园，成为全球 33 家、全国 12 家世界地质公园之一，成就令世人瞩目。

泰宁世界地质公园总面积 492 平方千米，其中丹霞地貌面积 252 平方千米。由石网、大金湖、八仙崖、金镜山四个园区和泰宁古城组成，以青年期丹霞地貌为主体，兼有花岗岩、火山岩构造地质地貌等多种地质遗迹。是一个自然生态良好，人文景观丰富的综合性地质公园。神奇灵秀的水上丹霞，深邃幽静的峡谷曲流，遍布幽奥的丹霞洞穴，千奇百怪的山峰石柱以及奇险峻伟的花岗岩石蛋地貌景观，融汇于原始古朴的自然生态，构成了泰宁世界地质公园独特的自然风光体系。地质学家形象地称之为"碧水丹山大观园"、"峡谷洞穴博物馆"，联合国教科文组织专家评价其为"中国地质公园的样板"。

为配合申报世界地质公园而建设的泰宁地质博览苑，占地8平方千米，是目前我国最大的地质博览苑。以世界地质名人大道、地学科普展馆、泰宁奇石、古典园林和GIS演示系统为特色，成为了解、认识泰宁世界地质公园和开展科普活动的理想场所。与此同时修建的金龙谷，是泰宁地质公园的样板景区，也是福建省第一条地学科普观光游览线。三条满目苍翠的峡谷，分别是因流水侵蚀、重力崩塌、构造运动为主的三种地质作用形成的。联合国教科文组织专家实地考评时说："无论从地质景观还是生态环境，金龙谷都是世界级的"（图6-168和图6-169）。

图 6-168　泰宁的自然风格

图 6-169　泰宁状元公园的景观雕塑

② 传承历史显特色　泰宁已有一千余年的历史，历史人文底蕴深厚，素有"汉唐古镇、两宋名城"之美誉，曾有过"隔河两状元，一门四进士，一巷九举人"之盛况，历史名人朱熹、杨时、李纲等曾在此游历山水、读书讲学。是江南最具典型明代遗风和闽越风情的特色县城。县城内的全国重点文物保护单位"尚书第建筑群"，是我国江南地区保存最为完好的明代民居建筑珍品，同时还保留着较为完好的明清街巷。被授予"天下第一团"称号的地方剧种梅林戏，乡土气息浓郁。城内还有周恩来、朱德故居，红军街，东方司令部旧址等革命历史遗迹。此外，还有科举、宗教、民俗、名人等人文奇观。在城镇规划建设中，我们注重传承历史文明，展现地方文化特色。一是全力保护古城风貌。坚持"有效保护，合理利用，加强管理"的方针，突出抓好古城的物质性和非物质性保护，既注重重点文物、现存古建、路街巷道、特色布局等原真型的保护，又注重以古城的整体为核心，通过旧城整治、古建修复、民居修缮、人口外迁、增设绿地等措施，营造真实的古城风貌；既注重保护和挖掘古城的文化、艺术和使用价值，又注重提炼构成古城文化特色的地方民俗、历史文化的深层内涵，突出自身特点，保护和延续古城特色文化。二是大力弘扬古建风格。在古城保护区内，按照建筑风格、地方特色、基本格局、建筑用材"四不变"的原则，精心提炼尚书第古建筑群的造型元素，始终保持并严格贯彻以青砖灰瓦、坡顶翘角马头墙为主要特色的闽西北风貌。在古城保护区外，建筑形式采用传统与现代相结合的手法，充分应用古城建筑传统符号，文脉和地域特色，弘扬和发掘古城建筑精髓。被福建省建设厅授予"城镇优秀建设试点工程"称号的新建状元街，弘扬闽西北风貌，形成了泰宁独特的风格，以保持与古城区内建筑的协调统一，成为泰宁建筑风貌的典范。同时，严格控制城区新建建筑的体量、高度、色

彩，采用传统的青砖灰瓦，坡顶翘角马头墙的建筑造型、材料和施工工艺等。改造城市桥梁、电话亭等公共设施，追求传统建筑文化的韵味，体现历史文化与现代文明完美结合的独特风范。三是全面展示历史文化。文化是城市底蕴，是城市的灵魂。我们用现代雕塑再现历史进程，用艺术手法反映历史文化，让文化特色和古城、古建筑相得益彰，融为一体。在县城状元文化公园内，我们以"千年古城－泰宁赋"为主题，以19组青铜雕和1组风水轮为主题雕塑，建设历史文化群雕，逼真地反映了泰宁千年的文化积淀，让泰宁的灵动秀美永驻人间。

③ 以人为本求和谐　"山得水而活，水得山而壮，城得山水而灵"，泰宁县城四面青山环抱，三江绿水长流，是典型的山水城镇。在城镇规划建设中，我们注重生态环境的保护和利用，以自然山体、水体为永久的绿色空间，辅之以人工建造的环城绿化带、道路绿化轴、沿河景观片，使园林绿化与自然景观相互渗透，彰显山水生态城镇特色，营造最佳的人居环境。

一是突显山水特色。以贯穿城镇的三条溪河为轴线，以环抱城镇的四周山体为依托，通过控制城镇建筑高程、构建山体视线通廊、改造周边山体，造就多层次、立体化、四季特色各异的视觉效果，使人切身感受到"山在城中，城在山中"；通过开园辟绿、沿河布绿、拆墙透绿、见缝插绿、适地增绿，并辅之以高大名贵乡土树种，花草果相结合，形成错落有致、绿树成荫、步移景换的绿化景观；通过保持城区常年适游水位、以明渠将河水引入古城、建设渥丹园等沿河两岸公园，让水为城镇增添灵性，为人居环境增添特色，为游人增添雅兴。

二是突显园林特色。从山水地貌特征出发，按照"不求其大，但求其佳；不求其洋，但求其雅"的原则，彰显山区小县别具一格的园林特色。充分应用我县特有的材料和资源，如鹅卵石、红米石、丹霞石等，大胆运用到城市园艺、小品和景观节点的设计施工中，追求园林材料的本土化；对自然山水、人文景观进行提炼加工、赋予神韵，把握和选择不同的本土文化主题，赋予沿河滨水空间以人文的灵气，追求园林文化地域化；充分借鉴运用我县的田园风光特色，在园艺设计中引入水车、石磨等农家景观，营造有地方特色的返璞归真、亲近自然的田园式山水园林景观。

三是突显人文特色。遵循"生态优先，以人为本"的原则，进一步完善城镇绿地系统，划定城镇河流上游的生态公益林和水源涵养林，鼓励使用液化气、沼气、太阳能等清洁能源，推广清洁生产、绿色交通、环保建设，有效防治和减少城镇各类污染和废弃物；建设生态住宅小区，全面配套设置无障碍通道、城市公厕、健身场所、休闲座椅等极具人性化的公共设施，着力打造社会和谐、经济高效、生态循环的人居环境和可持续发展模式（图6-170）。

（2）泰宁地质博物苑的景观设计

设计/福建省加美园林设计工程有限公司　江贵宽

为配合申报世界地质公园，泰宁县建设了目前我国最大的地质博览苑，占地面积8平方千米。以世界地质名人大道、地学科普馆、泰宁奇石、古典园林和GIS演示系统为特色。

地质博物苑位于金溪和金湖路之间的百竹园中下游段，主要满足科普展示与展现泰宁丹霞地质地貌的功能。因此在景观设计上考虑结合规划要求，在小游园中体现地质公园的大环境。

在博物苑主入口的一侧设计了一个大型的生态停车场，满足各式旅游观光车辆的停放。

停放场四周绿树环绕，为旅游车辆提供了一个车位充足而又遮荫的环境（图 6-171 和图 6-172）。

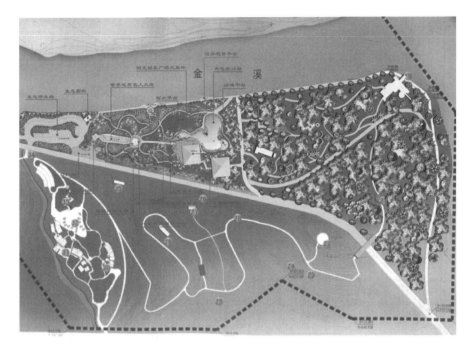

图 6-170　地博苑景观规划

图 6-171　林荫入口停车场

图 6-172　入口广场

　　由于博物苑的选址四周没有典型丹霞地质地貌，故在博物苑的主入口，设计仿丹霞地貌的塑石，同时配以极富当地风土特色的风车，石磨，水牛等小品，既体现了地质公园的丹霞石文化，又突出了当地的风土人情，为地质博物苑营造了浓浓的乡土气息，极富地方特色（图 6-173 和图 6-174）。

　　过了入口广场，是一条地质名人大道。大道两边放置着大块石，石上雕刻着世界地质名人的生平简介，既能让游客在参观过程中增长地质知识，又丰富了地质博物苑的文化内涵（图 6-175 和图 6-176）。

　　大道的尽头是一个抬高的主题广场，主题广场展现了中国传统的道、儒文化。广场旁边设计有休闲设施，供游客休息赏景。与广场相连的是一条小溪流，溪流设置浅水区，浅水区与两边的绿地组成儿童体能活动与益智乐园。让少年儿童在参观博物苑的过程中不仅学到丰富的科学文化知识，也让体能得到锻炼，智力得到发展（图 6-177 和图 6-178）。

图 6-173　石磨跌水景观

图 6-174　地质博物馆

图 6-175　地质名人大道

图 6-176　七星入口平台

图 6-177　阳光游乐广场大草坪

图 6-178　儿童亲水小溪

两个博物馆之间用曲桥相连。临近博物馆处挖出一个人工湖，设计成水上丹霞，石上可雕刻名人题字。湖中设有观景亭、流瀑与汀步，让人与自然获得最近距离的接触。曲桥临近水边，采用木结构，使建筑和水景融为一体（图 6-179～图 6-182）。

园中道路铺装主要采用当地石材，丛林中还设计有古朴的木栈道。丛林环抱，木栈道隐约其中，整个游园尽显原始古朴的风格（图 6-183 和图 6-184）。

图 6-179 丹色醉沁湖

图 6-180 一笔丹清观景平台

图 6-181 沙滩平台

图 6-182 临水平台

图 6-183 缓坡地形处理

图 6-184 生态厕所

园中在不同区域放置了古朴且具有地方特色的解说牌，展示泰宁国家地质公园五大景区——上清溪风景区、金湖风景区、泰宁古城史迹游览区、金铙山风景区、龙王岩八仙崖风景区的景观特点。

植物栽种。设计上多采用当地大树，营造原始林的效果，同时配以疏林草地，随地形造坡，使整个博物苑尽显自然之美。虽为人作，宛如天开（图 6-185）。

（3）渥丹园的景观设计

设计/福建省加美园林设计工程有限公司　江贵宽

图 6-185　河岸景观平台

根据泰宁县城镇规划,以"生态文化旅游城"为功能定位,以"福建最美丽的山区县城"为发展目标的要求,泰宁县政府提出了结合当地实际地理环境,在杉溪南岸滨河地带,建设一个集绿化种植、园林小品、传统建筑文化景观及健身休闲为一体的全开放式河滨公园。

公园以泰宁世界地质公园的丹霞地貌特点,"色如渥丹,灿若明霞"而命名为"渥丹园"。

渥丹园位于泰宁县水南东街沿河,占地面积约 11000m²。由于地势狭长、高差较大。因此设计的一个特点就是因地制宜,利用地形处理来缓解高差。同时还考虑到应满足公园休闲与观景的功能,设置中心广场、游船码头、健身广场、青砖灰瓦马头墙的古建山墙、休闲亭台、园林景观小品等休息场所与设施,使其与水北的泰古城互为呼应,相得益彰。配备夜景灯光及背景音乐,使得河滨公园成为泰宁群众、游人娱乐休闲的好场所(图 6-186 和图 6-187)。

主广场位于公园的正中央,面向河滨游船码头,广场设有中心花坛与林荫广场,便于人们夏日休闲和交往。在中心广场和游船码头广场之间设计了一段观景台阶,不仅解决了高差问题,同时也使它成为全园景观的一个组成部分,不仅是休息观景的理想之处,也为开展民间活动和各种表演提供了露天看台(图 6-188～图 6-190)。

图 6-186　渥丹园全貌

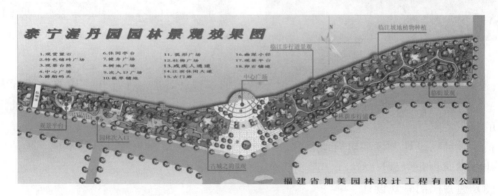

图 6-187　渥丹园总平面图

图 6-188 中心广场

图 6-189 渥丹园标志

游船码头广场紧接河滨水面，设计成开阔的半弧形，与水北明代古城墙的昼锦门遥相呼应，相得益彰。广场两侧设有 6 个圆形大树池，为人们提供了绿荫下的休闲场所。

栽种具有传统特色的水杉和柳杉，展现泰宁古城原为"杉城古镇"之"杉"的地方风貌。同时也种植一些展现地方风情的高大乔木；配置如山含笑、紫薇、红叶李、紫荆等小乔木和诸如海桐球、含笑球、红花继木等灌木；栽植开花的杜鹃、栀子花、月季和叶形变化的八角金盘、一叶兰、十大功劳、龟甲冬青等花卉。并大面积地铺栽草木地被，使得全园不露土（图 6-191 和图 6-192）。

图 6-190 观景平台

在种植手法上，根据地形的变化、苗木规格的不同进行合理配植。高大的乔木配合中高度的小乔木，低层大片的地被混种，营造步移景换、绿树成荫、种植层次错落有致的种植效果（图 6-193～图 6-196）。

图 6-191 园林次入口

图 6-192 古城之韵景观效果

（4）《千年古城——泰宁赋》历史文化群雕的创作

文/骆中钊　雕塑作者/张立旗　摄影/刘贤健等

泰宁古城已有一千余年的历史，历史人文底蕴深厚。为了保护古城，在泰宁古城明代城墙边的状元文化公园创建了《千年古城——泰宁赋》历史文化群雕，群雕以无诸猎、梅福炼丹、邹公开泰、定光涌泉、祖洽夺魁、诏改县名、应龙中元、魁坊才俊、何恩凿井、尚书求言等历史和朱周跃马等革命故事，以及淘金人家、田园牧歌等民情民俗，展现了泰宁的历史文化风貌，深受群众的喜爱（图 6-197～图 6-208）。

图 6-193　临荫步行道

图 6-194　临街景观

图 6-195　临江坡地植物种植

图 6-196　临江步行道景观节点

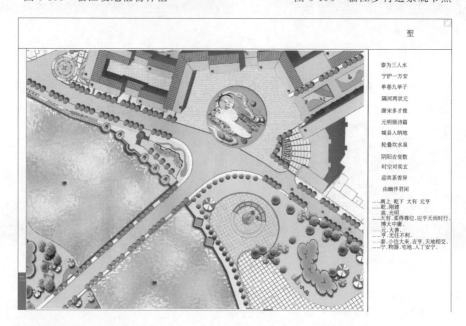

图 6-197　总平面图

图 6-198　红军总部

图 6-199　淘金乡人

图 6-200　春烨求言

图 6-201　何恩凿井

图 6-202　朱熹题壁

图 6-203　魁坊才俊

图 6-204 祖治上书

图 6-205 定光涌泉

图 6-206 邹公开泰

图 6-207 无诸狩猎

图 6-208 朱周跃马

6.5.3 福建省龙岩市园林景观设计案例

（1）院士亭之缘起及创意

文/原福建省龙岩市规划局局长卢先发　方案设计/骆中钊

　　福建省永定县坎市镇是国家、省、市村镇建设重点镇，是个物华天宝、地灵人杰、文风鼎盛的地方。在清代曾有"一母三进士"、"四代五翰院"之盛事，梓里至今津津乐道。新中国成立后，教育事业更是蓬勃发展，不少学子因成绩优异而考入各级各类大学，成为新中国建设的有用之材。据不完全统计，该镇仅博士就有 30 多位，在我国首次遴选出的 303 个科学院、工程院院士中，原籍坎市镇的院士就有卢嘉锡、卢衍豪、卢佩章等三人，成为现代坎市文化教育事业发达的佳话。

　　寨子山公园顶峰修建的院士亭是一座重檐攒尖的六角亭。由 6 个等边三角形组成的六边形平面和等边三角形的立面构图，以其最稳定的几何图形蕴含着文化是一切事业的稳固基

础。清秀挺拔的立柱充满着现代气息，展示出文化教育
是现代化的有力保证。以一支主笔配以三支辅笔组成的
攒尖，不仅形成了众志成城向上的气势，还使其更富于
变化。橘红色的琉璃瓦以它那崇高的色彩，表达了人们
对院士们的崇敬，由于琉璃瓦坡顶映射，使亭子顶棚出
现的祥光瑞气，更是引发人们无限的遐思。借鉴传统
"冲天牌坊"的立意，将毛笔这一中国传统文化的象征作
为冲天柱，以不加举折直线坡顶这种闽西客家土楼独特
风韵，组成了宛如"冲天牌坊"的院士亭，便以其浓郁
的文化内涵和鲜明的地方特色，在弘扬中华传统文化的
基础上，展现出颇具风采的时代新意，成为寨子山公园
景观的亮点（图 6-209～图 6-213）。

图 6-209　院士亭

（2）龙岩市新罗区东肖森林公园创建《中华成语碑林》

文、方案创意/骆中钊

中华五千年文明光辉灿烂，汉语三千历史博大精深，中华成语璀璨夺目，蔚为壮观。

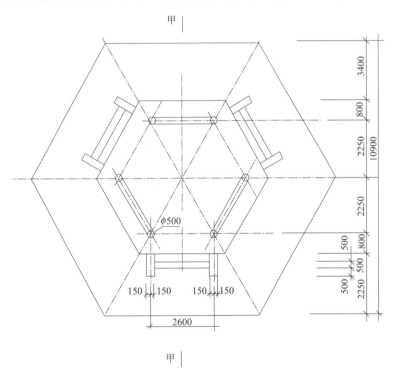

图 6-210　品院士亭的平面图

　　中华成语作为历史的缩影、智慧的结晶、语言的精华、文明的积淀，处处闪烁着睿智的光芒，是中华民族的文化瑰宝。大多数成语非但言简意赅，精妙绝伦，更是出处凿凿有据。充分了解中华成语出处、原意、引申和其中记载的历史王朝兴替、自古英雄成败以及可歌、可泣、可悲、可叹的历史事件，对于我们现代人来说，仍具有极高的参考价值和现实意义。

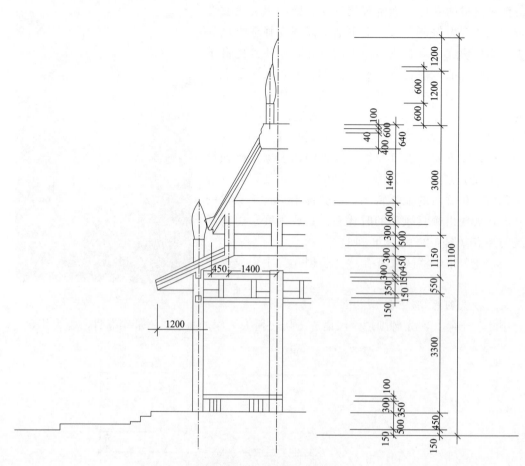

图 6-211 院士亭的剖面图

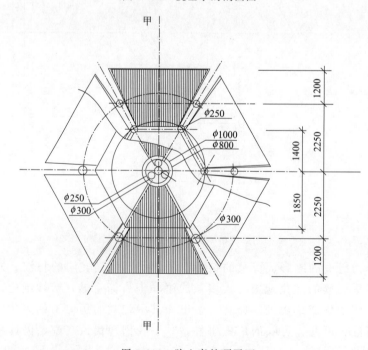

图 6-212 院士亭的顶平面

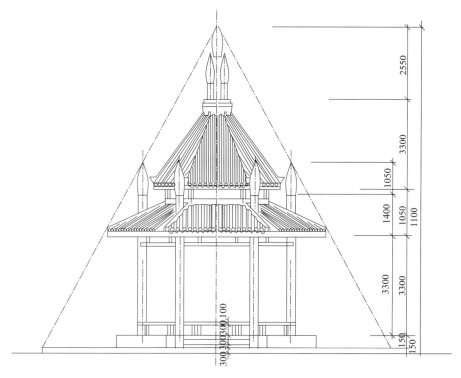

图 6-213　院士亭的立图

　　在龙岩市新罗区东肖森林公园创建的《中华成语碑林》，以文带图，聘请名家进行精心雕刻，使其形成融书法、绘画、雕刻和园林等艺术为一体的园林景观，可为广大游客，尤其是小学生和广大青年提供一个寓教于乐的活动场所（图 6-214～图 6-221）。

图 6-214　千里之行，始于足下

图 6-215　气壮山河

图 6-216　先天下之忧而忧，后天下之乐而乐

图 6-217　一箭双雕

图 6-218　风雨同舟

图 6-219　鸿浩之志

图 6-220　经天纬地

图 6-221　碑林俯览

7 城镇园林景观的规划设计

7.1 规划设计内容及步骤

7.1.1 规划设计内容

（1）城镇园林景观的空间环境设计

城镇园林景观的空间环境设计主要指城镇的山体、水系、植被、农田等的自然要素的规划设计，以及城镇的街道、广场、构筑物、园林小品等的规划设计。城镇的园林景观要素以自然要素为主，也包含着重要的人文景观要素，它们共同构成了城镇园林景观的体系，并通过周密、恰当的组合形成了城镇的景观空间体系。

城镇园林景观的空间环境体系与城镇的总体规划有十分密切的联系，通常可以形成多个景观区、景观点和景观轴，具体的布局形式则由总体规划的体系限定。城镇的景观区通常有古镇历史保护区、特色风貌展示区、工业景观区、商业景观区、中心广场区等，根据不同的城镇现实情况，会有所不同。每一个景观区域都以不同的功能和不同的景观特色展现出城镇特有的景观特质。园林景观轴线通常是指城镇的道路绿化系统、滨河绿带系统或带状景观带等，景观轴线常常是城镇园林景观的基本骨架，是线形的空间系统。园林景观节点在城镇的景观空间中分布最广，具有集聚人气的功能。景观节点通常表现为市民活动中心、交通绿化节点、城镇出入口景观、中心标志性景观或历史文化遗迹点等。城镇园林景观点是空间环境设计的关键，直接影响空间体系的合理性，同时也是居民利用自然空间的基础保障（图7-1）。

（2）城镇园林景观的文化环境设计

城镇园林景观的文化环境建设也可以说是城镇的精神空间环境的塑造，它直接影响城镇的特色风貌以及正确定位。在文化环境设计中，城镇的历史、传统、风俗、民俗是基本的要素。很多城镇的历史文化遗迹不仅是当地千百年的城镇中心，是居民们的精神依托，也是外来游人体味城镇丰富的文化底蕴的重要途径。在很多欧洲的小镇，古老建筑物前的文化广场常常是居民聚集最多的地方，广场布置着古典的喷泉，铺设着被磨得斑驳透亮的石材，简单的咖啡座、报刊亭，这样的场所是生活的空间，更是历史洪流淹没后沉淀下来的空间，独具味道和别样的气氛。

除了城镇中居民的日常活动空间，历史文化保护区也是展现城镇独特历史文脉和文化环境的重要途径。杭州良渚镇是中国五千年前新石器时代的文化遗址区。为了弘扬良渚文化，保护历史遗迹，城镇建设了良渚文化遗址保护区与良渚文化博物馆，造就了城镇独特的文化氛围。

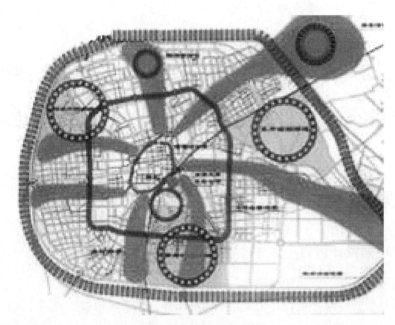

图 7-1　嘉兴绿地景观结构图

特色文化活动是城镇文化环境的活力来源，民间艺术的发扬不仅有利于丰富中国古老的文化传统，也有利于突出城镇的民俗特色。很多珍贵的民俗风情不应该在城镇园林景观建设的过程中丢失，相反，是要积极地利用与保护的。通过鼓励居民参与和开展民俗活动，适当地吸引外来的游人，并传承古老的文化特色，使园林景观环境更加具有底蕴。很多欧洲的小镇每年都会有不同的节日庆典或特色集市，不仅成功吸引了外来游人，为城镇增加经济收入，也延续了城镇特殊的精神信仰和历史传统。例如，意大利南部的旅游城镇陶尔米纳，在每年的 6~9 月都会举办陶尔米纳电影节，它是除威尼斯国际电影节之外，意大利最古老的电影节。世界著名的演员，导演，编剧，包括好莱坞著名的作曲家都会来参加这个盛大的庆典。除了颁奖仪式外，还会有其他特定的主题活动。这些文化艺术节通常在夏季举行，所以在每年的这一时期陶尔米纳的酒店都要提前预订，这大大提升了城镇的经济收入。另一个意大利南部的小镇希拉的宗教文化节日也是独具特色的，在每年的 8 月 16 日，城镇都会举行圣·罗科（St. Rocco）纪念日庆典。活动持续两天多，除了游行，在晚上还有盛大的烟花表演。希拉的守护神庆典活动非常有名，很多来自意大利其他城市和欧洲的旅游者都会专程来参加城镇的这个节日庆典（图 7-2，图 7-3）。

7.1.2　规划设计步骤

① 对现状深入调查和踏勘，对总体规划进行深入的分析研究，针对城镇的特点确定主题的立意和整体构思。

主题立意应特别强调必须注重对传统文化和民情风俗的研究，切应避开民间的禁忌，福建省福清市把"五马城雕"改为"八骏雄风"便是一个例子（图 7-4）。

② 对已确定的主题和整体构思，依据布点均衡的规划原则，在总体功能需要的前提下

对景观设计的规模和功能进行系统的规划。

图 7-2 龙舟试水

图 7-3 刺绣工艺

图 7-4 八骏雄风

③ 根据景观规划的布局和主题，确定详细规划的原则和特色定位。既要确定整个城镇景观建设的统一性，又要具有鲜明的特色。

④ 制订设计方案、实施办法和管理方案。

7.2 城镇住宅小区中心绿地的园林景观设计

7.2.1 城镇住宅小区园林景观的设计原则

（1）与住区整体环境协调

城镇住区内各组群的绿地和环境应注意整体的统一和协调，在宏观构思、立意的基础上，采用系列、对比等手法，加强住宅小区园林景观的整体性，增加特色。在城镇的住宅小区园林景观设计中，要以城镇的整体环境风格为基础，从整体出发进行设计。作为住区环境的一部分，园林景观的设计形式和材料、质感等，都直接影响到住区整体环境的统一性和协调性。园林景观的整体构图和布局一定要参考住区的整体景观设计。同时，在细节的处理上可以有一些变化和不同，要处理好主与次、统一与变化的关系。

中心绿地景观作为小区整体规划的重要一部分。要保持一种"绿地不作为建筑附属品"的设计观念，在保证绿地的生态模式与绿地率的条件下，尽量要做到不破碎和不狭小。

（2）满足住宅小区邻里交往的需求

在城镇，由于人口规模较小，信息交流和现代化程度比城市要弱，所以住区内的邻里交往会更加频繁，居民们对交流的迫切程度也会更高。住宅小区园林景观的宗旨即是满足住区居民的日常活动娱乐，要求在尺度上和设计风格上符合使用者的活动需求和审美需求，为他们创造适宜于交往、聚会的场所。优秀的城镇住宅小区园林景观会促进人们对环境设施的使用，从而使住区的交往活动增加，带动整个住区的活力，甚至整个城镇的活力。在很多新建的城镇中，也不乏有一些住区内的绿地无人使用，甚至废弃或演变成为犯罪场所，这与住宅小区内的园林景观设计是否合理有着重要的关系。不合理的选址、不恰当的尺度和不舒适的环境都会影响人们对空间的使用频率和喜爱程度，从而影响整个住区的邻里交往关系。

城镇的住宅小区园林景观应首先考虑方便居民使用，同时最好与住区公共活动中心相结合，形成一个完整的居民生活中心。如果原有绿化较好要充分利用其原有绿化，这是符合城镇建设的现实状况的。同时，要满足户外活动及邻里间交往的需要。住宅组群及绿地要贴近住户，方便居民使用。其中主要活动人群是老人、孩子及携带儿童的家长，所以在进行景观设计时要根据不同的年龄层次安排活动项目和设施，重点针对老年人及儿童活动，要设置老年人休息场地和儿童游戏场，整体创造一个舒适宜人的景观环境。

住宅小区园林景观设计的目的就是为人们创造一个舒适、健康、生态绿色的居住地。作为居住区的主体——人，对住区环境有着物质和精神两方面的要求。具体来说有着生理的、安全的、交往的、休闲的和审美的要求。环境景观设计首先要了解住户的各种需求，在此基础上进行设计。在设计过程中，要注重对人的尊重和理解，强调对人的关怀，体现在活动场地的分布、交往空间的设置、户外家具及景观小品的尺度等方面，使他们在交往、休闲、活动、赏景时更加舒适、便捷，创造一个更加健康生态、更具亲和力的居住宅环境。

中心绿地景观是所有住宅绿地景观中使用最集中的，所以它的使用率在设计时要得到更多的重视。首先，绿地空间的组织与划分应考虑到不同层次人群的需要，还要考虑不同人群使用的机率、时间和规模，以便能最科学地划分不同面积、不同位置的活动空间；其次，设施小品的设置要以符合和方便居民使用为前提。在规划布局时，要考虑设施的便利性、安全性、尺度比例等问题，尽量做到可以物尽其用。

（3）较少使用雕塑小品

城镇住宅小区园林景观的建设，必须考虑到城镇人力、财力的现实情况，不可过于铺张浪费。在园林景观的建设过程中，尽量充分利用城镇特有的自然山水条件，对于基地原有的自然地形、植物及水体等要予以保留并能充分利用，设计结合原有环境，创造出丰富的景观效果。利用植物、建筑小品合理组织空间，选择合适的灌木、常绿和落叶乔木树种，地面除硬地外都应铺草种花，以美化环境。根据群组的规模、布置形式、空间特征来配置绿化环境；以不同的树木花草，强化组群的特征。铺设一定面积的硬质地面，设置富有特色的儿童游戏设施；布置花坛等环境小品，使不同组群具有各自的特色。由于住宅小区园林景观通常用地面积不大，投资少，因此一般不宜建许多园林建筑小品。

（4）以植物绿化为主

城镇的突出特色就是自然环境良好，自然要素丰富，这是住宅小区建设的优势所在。设计过程中一定要在尊重、保护自然生态资源的前提下，根据景观生态学原理和方法，充分利用基地的原生态山水地形、树木花草、动物、土壤及大自然中的阳光、空气、气候因素等，合理布局、精心设计，创造出接近自然的绿色景观环境。

在植物景观的组合上，应以生态理论作指导，以常绿树为主基调，适当穿插四季花卉，力求树木高低错落有致、疏密有序，形成优良的植物总体和局部效果。绿地的规划尽量减少草坪的应用，因为草坪的生态效益比起乔木和下层灌木相对较差。据科学分析，$10m^2$ 的乔木所能提供的碳氧平衡需要 $25m^2$ 的草坪才能达到相似效果；至于其他的如吸烟、滞尘等功效，草坪更是无法比拟的。因而多用乔灌木，创造植物群落景观，既能增加单位面积上的绿量，又有利于人与自然的和谐，这是非常符合可持续发展原则的。此外，在设计中不仅要考虑植物配置与建筑构图的均衡，还要考虑其对建筑的衬托作用。

在做好平面绿化的同时，相应也要注意设计垂直的绿化层次。例如墙面绿化，即在一些装饰性不强，而又朝西的墙面适当应用爬墙虎、常春藤等攀爬性的植物来绿化美化；墙头绿化，在小区的围墙和其他用来分隔空间的墙体，也可用攀爬植物绿化；构筑物绿化，在绿地规划设计时应设计一些可以垂直绿化的园林建筑或建筑小品，如花架、棚架、凉亭等。由此，不但扩大了绿化面积，还可借此创造立体景观，增强花架设施小品等的实用功能，并有助于缓和其生硬的线条（图7-5～图7-8）。

图 7-5　可移动的花坛

图 7-6　植物绿化与台阶坡道结合，避免生硬感

图 7-7　植物在墙上形成图案

图 7-8　植物图案增加了墙体的美感

根据城镇的地理、气候条件，选用生长健壮、管理粗放、少病虫害的乡土树种和适应性较强的外来优良乡土树种，减少后期管理投资和确保植物的最佳生长状态和景观表现。为了人们的健康和安全，绿地中要忌用有毒、带刺、多飞絮以及易引起过敏的植物。要充分利用具有生态保健功能的植物来提高环境质量，杀菌和净化空气等，以利于人们的身心健康。通

常杀菌的有松、柏类植物、丁香等，它们都能分泌出植物杀菌素，杀灭有害细菌，为空气消毒；吸收有害气体的有山茶花、海桐、棕榈、桂花等。它们能有效吸收大量的二氧化硫、氯化氢、氟化氢等有害气体；另外，还有一大批吸滞烟尘和粉尘的保健植物，如樟树、广玉兰等。这些保健植物如能在小区绿地中得到合理应用，会给人们带来健康和增加居住环境效益等好处（图7-9～图7-12）。

图7-9　丁香

图7-10　广玉兰

图7-11　银杏

图7-12　植物群落整体景观

7.2.2　城镇住宅小区园林景观的空间布局

城镇住宅小区园林景观的空间布局在内容上包括空间意境的塑造，空间色彩的规划，空间结构的组织等；从形式上可分为规则式布局，自由式布局和混合式布局。

规则式布局是平面布局并采用几何形式，有明显的中轴线，中轴线的前后左右对称或拟对称，地块划分主要分成几何形体。植物、小品及广场等呈几何形有规律地分布在绿地中。规则式布置给人一种规整、庄重的感觉，但形式不够活泼。

自然式的平面布局较灵活，道路布置曲折迂回，植物、小品等较为自由地布置在绿地中，同时结合自然的地形、水体等将会更加丰富景观空间，植物配植一般以孤植、丛植、群植、密林为主要形式。自然式的特点是自由活泼，易创造出自然别致有特点的环境。

混合式布局是规则式与自然式的交错组合，全园没有或形不成控制全园的主轴线或副轴线。一般情况下可以根据地形或功能的具体要求来灵活布置，最终既能与建筑相协调又能产生丰富的景观效果。主要特点是可在整体上产生韵律感和节奏感。

通过园林景观设计的手段来形成不同形态的景观空间，包括空间结构的处理、使用功能的处理、视觉特征的处理和围合界面的处理，最终使城镇的住宅小区空间获得独具特色的审美意境、艺术感染力和观赏价值。景观空间的各种处理手段是互相补充、互相联系的一个系统，空间的处理手法应该是多样化的。灵活的和创新的，要将住宅小区的景观空间与整个城镇的景观空间看作一个整体进行设计，构成适宜的空间形态，为人们创造优美宜人、风格多样的城镇优美环境。景观空间的设计涉及空间的形态和比例、空间的光影变化、空间的划分、空间的转折和隐现、空间的虚实、空间的渗透与层次、空间的序列等。设计的目的在于使场所的形态更加宜人，使空间增添层次感和丰富感，使室内外空间增添融合的气氛。

在城镇的住宅小区园林景观设计中，很多优秀的中国古典园林的设计手法是值得借鉴的，如用亭廊等通透建筑物围闭，用花窗和洞门围闭，借助山石环境和植物围闭等完成空间的围合和隔断，可以创造丰富的庭院空间体验。还可以利用空廊、窗棂互为因借，互为渗透，形成空间的渗透与延续。这些手法在现代景观中如运用恰当，可以收到很好的空间效果。

上海梅园新村三、四街坊的组群绿地的环境设计以"梅"为主题，将中华文化艺术融于园林之中，富有诗意（图7-13～图7-25）。

图7-13　药用植物区全貌图

图7-14　银杏保健区全貌

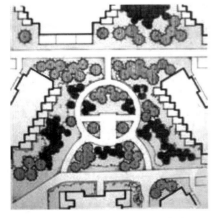

图7-15　松柏植物区环境设计平面

图7-16　松柏植物区全貌

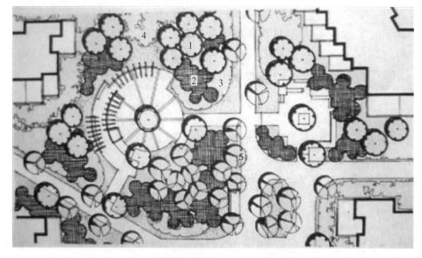

1—广玉兰；

2—桂花；

3—含笑；

4—结香；

5—银杏

图 7-17　香花区环境设计平面

图 7-18　香花区全貌

图 7-19　梅园中"梅"形花架

图 7-20　溯梅园的杨树林

　　另外，在住宅小区中，空间的组织应大中有小。城镇因为地形地貌的限制常常出现用地较局促的情况，所以在住宅小区内，特别要注意小尺度空间的运用及处理，合理设置小景，善于运用一树、一石、一水成景；还要采用"小中见大"的造景手法，协调空间关系。在做空间分隔时，要综合利用景观素材的组合形式分割空间，如水面空间的分隔，可设置小桥、汀步，并配以植物等来划分水面的大小，形成高低不同，情趣各异的水上观赏活动内容；提倡软质空间"模糊"绿地与建筑边界的造景手法，扩大组成绿地空间、加强空间的层次感和延续性。绿地空间可通过植物的适当配置从而营造出不同格局、或闭或开的多个空间，例如利用树木高矮、树冠疏密、配置方式等的多种变化来限制、阻挡和诱导视线，可使景观显、蔽得宜。通过对、借、添、障、渗透等手段，利用植物自身构建空间。若要创造曲折、幽静、深邃的园路环境，不妨选用竹子来造景。通过其他造园要素，如景墙、花架及山石等，再适当地点缀植物，同样可以在绿地创造出幽朗、藏露、开合及色彩等对比有变化、景色各异的半开半合、封闭、开敞的空间形式。中心绿地可以静态观赏为主，所以静态空间的组织尤为重要。绿地中应设立多处赏景点。有意识地安排不同透景形式、不同视距及不同视角的赏景效果。绿地内所设的一亭、一石或一张座椅都应讲求对位景色的观赏性。面积大一些的绿地空间，应注意节奏的变化，达到步移景异的观景效果。在园路的设计中应迂回曲折，延长游览路线，做到绿地虽小，园路不短，增加空间深度感。

图 7-21　溯梅园中的傣族竹楼

图 7-22　半梅园入口

图 7-23　半梅园全貌

　　城镇的住区环境不同于一般的公共环境，它要求领域性强，层次多样。美国学者奥斯卡·纽曼提出的空间概念认为，人的各种活动都要求相适应的领域范围，他把居住区环境归结为由公共性空间、半公共性空间、半私密性空间和私密性空间四个层次组成的空间体系。从居住心理出发，给居民规划出舒适、合理的景观空间层次。城镇住宅小区的景观围合应以虚隔为主，达到空间彼此联系与渗透，造成空间深远的感觉。在空间的界定时，可多选用稀植树木、空廊花架、漏窗矮墙等划分空间，使人们透过树木、柱廊、窗洞等的间隙透视远景，造成景观上的相互渗透与联系，从而丰富景观的层次感，增加景深感（图7-26）。

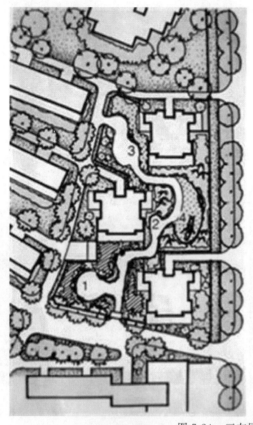

1—松；
2—梅；
3—竹；
4—竹舫

图 7-24　三友园平面图

图 7-25　三友园中的梅

　　除了流动性的空间交流、社区互动以外，一个好的居住区室外景观绿地必须能为人们提供舒适的居家生活体验。居住区景观绿地中的私密空间以及半私密空间增强了景观的院落感和归属感，具有更强的家园感。

　　居住心理是随着社会发展在人们意识中长期积累形成的，人们在世世代代的生活中完成居住心理的传承和发展。它是住区景观绿地设计中一种较为稳定的影响因素，也是直接能够体现城镇住宅小区景观特殊的因素。居住心理受区域文化的影响，具有当地文化特色。城市中、城镇中、乡村聚落都会有不同的居住心理。城镇的住宅小区环境更多地介于乡村大院的开敞性与城市高楼的封闭性之间。例如，在城镇的住宅小区内会比城市要求更多的小尺度的交往空间。例如，单元楼入口前面设计的景观绿地是整栋楼的居民共同拥有的"庭院"，形成了一个独特的大家庭，同时也在一定程度上满足了居住者对外部空间的界定要求。

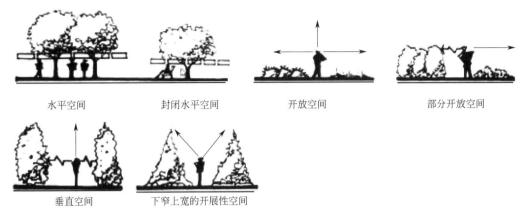

水平空间　　　封闭水平空间　　　开放空间　　　部分开放空间

垂直空间　　　下窄上宽的开展性空间

图 7-26　庭院不同的空间布局感受

城镇原有的住区建设在住区级公共绿地方面是个"空白"。最近开始实施的村镇小康住宅示范工程，住区级、组群级公共绿地的规划与建设开始得到重视，但缺乏足够的经验。城市住区通过 20 多年的摸索，特别是通过 5 批"城市住宅试点小区"和"小康住宅示范工程"的实施，在小区、组团、组群的环境建设方面积累了一些经验，城镇住区的建设可以从中得到一定的启示（图 7-27～图 7-31）。

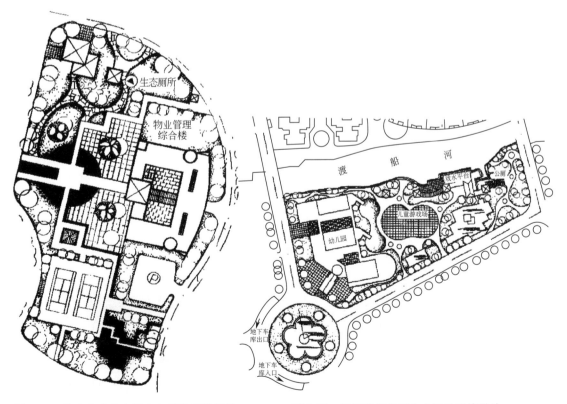

图 7-27　横店小康生态村中心绿地环境设计　　　图 7-28　嘉兴穆湖住区中心绿地环境设计

1—综合商场
2—中　　学
3—小　　学
4—幼 儿 园
5—组团公建
6—小 游 园
7—医　　院

图 7-29　上海甘泉新村总平面图

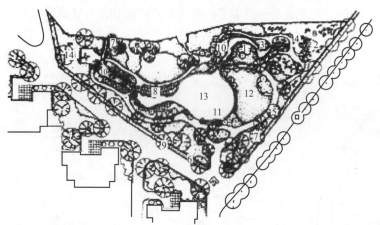

1—云楼杉
2—榉树
3—墨西哥落羽杉
4—美洲黑杨
5—栾树
6—银杏
7—合欢
8—竹子
9—女贞
10—湿地园
11—木亭
12—草坪
13—水池
14—泉

图 7-30　上海甘泉新村北街坊中心绿地平面图

图 7-31　上海甘泉新村北街坊中心绿地全貌

7.2.3 城镇住宅小区园林景观的设计要素

（1）植物设计

植物具有生命，不同的园林植物具有不同的生态和形态特征。由于它们的干、叶、花、果的姿态、大小、形状、质地、色彩和物候期均不相同，以至于它们在幼年、壮年、老年以及一年四季的景观也颇有差异。所以，植物自然的生长，能表现出独特的观赏价值。如，彩叶植物与绿篱组成的具有巴洛克风格的花园；荷兰花园中，以古典风格营造的绿篱模纹花坛；郁金香与勿忘我等形成的花坛景观；草坪的布置与分割也是造景的重要手段。

植物配置要根据城镇住区内居民的活动内容来进行，实现城镇住区以植物自然环境为主的绿地空间的营造，并使住区内每块绿地环境都具有个性，并丰富多彩。为了方便人们的活动要求，在获得较高的覆盖率的同时，还要确保一定面积的活动场地，绿化可采用铺装地面保留种植池栽种大乔木的方法。绿地边缘种植观叶、观花灌木，园路旁配置体量较小但又高低错落的花灌木及草花地被植物，使其起到装饰和软化硬质铺装的作用。这样既组织了空间，又满足了活动和观赏的要求（图 7-32 和图 7-33）。

图 7-32　住区庭院中的植物绿化景观

图 7-33　丰富的植物景观使庭院更加宜人

城镇的乡土植物往往品种较城市更多，加之较少的污染、与自然的贴近，使得植物的生长更加茂密，植物品种也相对较多。在住宅小区的园林景观设计中，在完成基本的植物绿化基础上，适当考虑植物的色彩规划，色彩是住宅绿地中视觉观赏内容的重要组成部分。为了丰富其色彩，除运用观花植物外，还可以充分利用色叶地被植物，使绿地五彩缤纷。例如可用矮小的灌木来组成各种颜色的色块，常见的有组成红色块的红花继木，绿色块的福建茶，黄色块的黄叶榕，黄绿色块的假连翘。同时，通过植物的物候变化，合理组织季相构图，根据绿地的环境特点采用色彩的对比、协调、渐变等手法对植物进行复层结构的色彩搭配，使植物色彩随四季的更替而发生变化。中心绿地应注重生态效益，植物配置除了考虑植物在形、色、闻、听上的效果，还要采用多层次立体绿化，创造群落景观，注意乔、灌木、花卉、草坪等的合理搭配。这样既丰富植物品种，又能使三维绿量达到最大化；减少空旷大草坪及花坛群的应用（图 7-34、图 7-35）。

在做好平面绿化的同时，相应也要注意设计垂直的绿化层次。例如墙面绿化，即在一些装饰性不强，而又朝西的墙面适当应用爬墙虎、常春藤等攀爬性的植物来绿化美化；墙头绿化，在小区的围墙和其他用来分隔空间的墙体，可用攀爬植物绿化；构筑物绿化，在绿地规划设计时应设计一些可以垂直绿化的园林建筑或建筑小品，如花架、棚架、凉亭等。由此，不但可以扩大绿化面积，还可借此创造立体景观，增强花架设施小品等的实用功能，并有助于缓和其生硬的线条（图 7-36、图 7-37）。

图 7-34　野生的植物与周围的自然环境很好地融合

图 7-35　野生的植物烘托了宁静轻松的氛围

图 7-36　藤蔓植物的垂直绿化

图 7-37　紫藤花架形成了植物遮阴棚

为了人们的健康和安全，绿地中要忌用有毒、带刺、多飞絮以及易引起过敏的植物。要充分利用具有生态保健功能的植物来提高环境质量，杀菌和净化空气等，以利于人们的身心健康。通常杀菌的有松、柏类植物、丁香等，它们都能分泌出植物杀菌素，杀灭有害细菌，为空气消毒；吸收有害气体的有山茶花、海桐、棕榈、桂花等，它们能有效吸收大量的二氧化硫、氯化氢、氟化氢等有害气体；另外，还有一大批吸滞烟尘和粉尘的保健植物，如樟树、广玉兰等。这些保健植物如能在小区绿地中得到合理应用，会给人们带来有益健康和增加居住环境效益等好处。

最后，要根据不同城镇的具体环境选择合适树种。因为居住小区房屋建设时，对原有土壤的破坏极大，建筑垃圾就地掩埋，土壤状况进一步恶化。中心绿地景观由于面积大，后期管理的难度也随之增加，一旦出现问题对美化效果的影响极大，因此应选择耐贫瘠、抗性强、管理粗放的树种为主，以保证种植成活率和尽快达到预期的环境效果。还应做到四季有景，普遍绿化。中心绿地景观设计应采用重点与一般相结合，不同季相、不同树形、不同色彩的树种配置，并使乔、灌、花、篱、草相映成景，增加植物的景观层次。再次就是要种类适宜，避免单调植物材料的选用，应彰显出中心绿地的特色，主体植物要烘托绿地设计主题，配景植物则应在空间分隔，立面变化，色彩表现等方面丰富其景观内容。

总之，城镇的住宅小区植物绿化应充分发挥城镇植物品种丰富的优势，以植物绿化作为主要造景手段，为城镇的居民提供舒适的自然居住环境。

（2）铺装设计

城镇住区环境的铺装设计，不仅要看材料的好坏，也要注意与住区环境、城镇的整体风貌相谐调。铺装的质感与样式直接受到材料的影响。铺装硬质的材料可以和软质的自然植物相结合，如在草坪中点缀步石，石的坚硬质感与植物的柔软质感相对比，形成强烈的艺术美感。铺地的材料、色彩和铺砌方式应根据庭院的功能要求和景观的整体艺术效果进行处理。在进行铺装图案设计时，要与庭院景观设计意境相结合，使之与环境协调。根据中心绿地景观特点，选择铺装材料、设计线形、确定尺度、研究寓意和推敲图案的趣味性，使路面更好地成为庭院景观的组成部分。

在城镇住宅小区的园林景观设计中，应尽量采用朴实不奢华，经济不浪费的铺装材料，这可以与城镇的整体风格相协调，也能够使环境更加自然。同时，也应根据不同的功能需求和审美需求进行铺装材料和样式的选择。如安静休息的场地，适宜设计精致细腻、简洁的铺装图案，材料适当运用卵石、木材等，以质朴自然的气息营造安逸亲切的氛围。在娱乐活动区适宜选择耐用、排水性和透气性强的铺装材料，如混凝土砌块砖等，以形成大面积的活动场地供居民休闲娱乐。同时要注意铺装的平坦、防滑特性，既不能凹凸不平又不能光滑无痕，要考虑到居民活动的舒适性与便利性。在儿童活动区的铺装可以选择颜色艳丽，易于识别的软质铺装材料，如塑胶、木材等，一方面增加安全性；另一方面可形成儿童活动区活泼欢快的氛围。另外，在住区庭院的铺装设计中，可运用一些独具寓意或象征的铺装图案，突出庭院主体或寓教于乐，增添住区庭院的景观趣味性（图7-38～图7-41）。

图 7-38　鹅卵石铺成的图案

图 7-39　碎木屑铺装既环保又舒适

（3）水景设计

城镇住宅小区园林景观的水景设计基本原则之一是充分利用现有资源，充分认识现状条件。在现状有水系存在的住区内，可适当改造，形成符合人们观赏和休闲娱乐的水景。如果是缺水的城镇，或现状没有水资源的城镇，尽量不要设计喷泉、水池等水景，这种做法既浪费资金，又与城镇质朴的自然环境不符。

当然，有很多城镇，尤其是我国的南方地区，山水自然条件优越，可作为城镇的特色景观。在这样的城镇之中，住宅小区可适当设计水景，增加住区的居住舒适度。从我国的传统文化来看，山泉、池水也是传统造园的重要手法之一。水是自然界中与人关系最密切的物质之一，水可以引起人们美好的情感，水可以"净心"，水声可以悦耳，水又具有流动不定的形态，水可形成倒影，与实物虚实并存，扣人心弦，这些特有的美感要素，使古今中外很多庭院空间都以水为中心，并取得了完美的观赏效果。

图 7-40　铺装与灯光结合设计

图 7-41　庭院中的趣味性铺装

我国是水资源缺乏的国家，故宜设置以浅水为主要模式的水景，还要注意地方气候，如在北方，冬天池岸底面的艺术图案处理应满足视觉审美的需要。住区的水景设计可调节局部环境的小气候，也可营造可观、可玩的亲水空间。在设计时要注意根据不同的规模和现状，采用不同的水体景观形态，如池、潭、渠、溪、泉等。

一般的水景设计必须服从原有自然生态景观、自然水景线与局部环境水体的空间关系，正确利用借景、对景等手法，充分发挥自然条件，形成纵向景观、横向景观和鸟瞰景观。融合水景的中心绿地景观，一方面能更好地改善局部小气候；另一方面由于光和水的互相作用，绿地环境产生倒影，从而扩大了视觉空间，丰富了景物的空间层次，增加了景观的美感（图 7-42～图 7-45）。

图 7-42　住区庭院中的无边水池

图 7-43　住区庭院中的喷泉水池

（4）构筑物设计

在城镇住宅小区内，出于环境氛围的考虑，并不提倡过多地使用构筑物点缀，但基本的服务设施是必要的，包括照明设施，栅栏，座椅，门等，它们既是住区中的服务设施，也常常是起到点缀作用的造景元素。

　　城镇住宅小区内的服务设施，包括照明、垃圾桶、洗手池等，除了满足日常使用需求外，应增强审美情趣以及表现景观风格和特色的功能。环境照明除夜间照明功能外，还可以起到装饰和美化环境的作用（图7-46～图7-49）。

图7-44　住区庭院中的跌水与壁泉

图7-45　住区庭院中的水池与木平台

图7-46　庭院灯光设施

图7-47　灯光与水景结合

图7-48　仿木桩汀步与草坪结合

图7-49　汀步与水景结合

　　同时，住区内的构筑物设计要注意与周围环境相协调。因为自身具有材质、色彩、体量、尺度、题材的特点，常常可以对整个住区的景观起到画龙点睛的作用。这些服务设施应以贴近居民为原则，切忌尺度超长过大。如果想起到装饰性作用，造型设计应有特色，具有识别性。从居民的安全性，设施的环保性、实用性以及环境的美观性等角度出发，材质的选择可多考虑原木及天然石材，也可以通过废物利用的方式，形成住宅小区内靓丽的风景（图

7-50～图 7-53)。

图 7-50　雕塑小品与座椅结合，增强了适用性

图 7-51　雕塑增强了标识感

图 7-52　彩色马赛克座椅也是庭院中的雕塑

图 7-53　彩色的座椅增加了活跃的气氛

7.3 城镇道路的园林景观设计

7.3.1　城镇道路的园林景观特征

城镇的道路景观是指在城镇道路中由地形、植物、构筑物、铺装、小品等组成的各种景观形态。城镇的道路景观展示的是在道路使用者视野中的道路线形、道路周边环境，包括自然景物和人工景物。由于城镇靠近乡村，道路景观往往以自然景物为主。各种景观要素构成了道路表面的色彩、纹理、路旁景物的形式和节奏。城镇的道路园林景观不仅为车行提供观赏效果，也为行人提供观赏、游览和在路边绿地中进行休闲活动的场所。它是城镇整体形象的重要基础，是人们感知城镇景观的重要途径。作为线性的景观形式，城镇的道路景观是城镇景观体系中重要的布局框架。

首先，城镇道路的园林景观是一个城镇风貌的体现。道路两侧的植物景观，道路的尺度，道路两侧建筑物的风格、色彩，以及道路上装饰的城市家具等等都是一个人初到城镇最容易留下印象的场景。简·雅各布曾在《美国大城市的死与生》一书中提到：街道及两边的人行道，作为一个城市的主要公共空间，是非常重要的器官。如果一个城市的街道看起来充满趣味性，那么城市也会显得很有趣；如果街道看上去很沉闷，那么城市也是沉闷的。城镇道路景观一方面展示城镇风貌；另一方面是人们认识城镇的重要视觉、感觉场所，是城镇综合实力的直接体现者，也是城镇发展历程的忠实记录者，它总是及时、直观地反映着城镇当时的政治、经济、文化总体水平以及城市的特色，代表了城镇的形象（图7-54和图7-55）。

图 7-54　人行道花池

图 7-55　道路节点处花坛

　　其次，带状的道路景观是联系城镇各个景观区域的纽带。凯文·林奇在《城市的意象》一书中指出："道路，在许多人印象中占统治地位，也是组织大都市的主要手段，与别的构成要素关系密切。"城镇之中的各个不同景观区域就是通过城镇道路紧密联系在一起的，从而形成完整而统一的城镇景观系统。

　　最后，城镇的道路景观能够改善城镇的生态环境。城镇道路是线性污染源，汽车产生的尾气、噪声、尘埃、垃圾等污染物沿着道路分布与扩散。城镇道路的走向，对空气的流通，污染物的稀释扩散起了一定的作用。道路绿地中的绿色植物对于环境有改善作用，具体表现为绿色植物对于空气、水体、土壤的净化作用和对环境的杀菌作用。同时，也能改善城镇小气候。在炎热的季节，绿地中平均温度低于绿地外的温度；在寒冷季节，绿地中的平均温度比没有树的地方低；在严寒多风的天气，绿地中的树木能够起到降低风速的作用。绿地中的树木的蒸腾作用使绿地中的空气湿度远远大于城镇的空气湿度，这为人们在生产、生活中创造了凉爽、舒适的气候环境。同时绿色植物还有降低噪声和保护农田的作用。城镇道路景观使人们提升了行驶时的安全性与舒适性，改善了城镇道路空间环境，给人以愉悦的心理感受。

　　城镇道路景观主要包括道路的绿化带、交通岛绿地、街边绿化和停车场绿地等，在改善

图 7-56　行道树

图 7-57　林荫下的人行道

城镇的生态环境和丰富城镇景观方面发挥着重要的作用。在不影响交通安全的情况下，根据道路周边的用地性质，特别是居住区密集的地区，让道路景观在功能上多样化，使周边居民可以方便进入使用，这也是道路景观设计的方向之一。例如，在居民抵达最方便的道路绿地设置出入口，尽量以大乔木为主，配置其他花灌木和地被植物，用框景、障景、对景、借景等手法，在道路绿地中围合出变化丰富的空间层次，还可设置方便居民使用的活动设施（图7-56 和图 7-57）。

7.3.2 城镇道路景观的构成要素

城镇道路景观的构成要素大致分为以下几种。

（1）道路主体

城镇道路的主体是指承载车辆或行人的铺装主体，不同的道路功能对应不同的尺度，道路的宽度由道路红线所限定。城镇道路的宽度通常小于城市道路，车行道以四车道、两车道为主，常常会有大量的单行车道或人行道、胡同等，它们是道路景观存在的基础和依托。

（2）景观主体

包括道路两侧的建筑物（商业、办公楼、住宅等），广告牌、路灯、垃圾桶等城市家具，围栏、空地（广场、公园、河流等），植物绿化。它们是体现城镇整体风貌的重要元素，也是道路景观的主体。在景观主体中，植物绿化是最重要的，也是所占比例最大的部分。其中行道树绿化是城镇的基础绿化部分。行道树绿带是设置在人行道与车行道之间，以种植行道树为主的绿带，但长度不得小于 1.5m。宽度一般不宜小于 1.5m，由道路的性质、类型及其对绿地的功能要求等综合因素来决定。

行道树绿带的主要功能是为行人和非机动车遮荫。如果绿带较宽则可采用乔灌草相结合的配置方式，丰富景观效果。行道树应该选择主干挺直枝干较高且遮阴效果好的乔木。同时，行道树的树种选择应尽量与城市干道绿化树种相区别，应体现自身特色及住区亲切温馨不同于街道嘈杂开放的特性，其绿化形式与宅旁小花园绿化布局密切配合，以形成相互关联的整体。行道树绿带的种植方式主要有如下两种。

① 树带式 在人行道与车行道之间留出一条大于 1.5m 宽的种植带。根据种植带的宽度相应地种植乔木、灌木、绿篱及地被等。在树带中铺草或种植地被植物，不要有裸露的土壤。这种方式有利于树木生长和增加绿量，改善道路生态环境和丰富住区景观。在适当的距离和位置留出一定量的铺装通道，便于行人往来。

② 树池式 在交通量比较大、行人多而街道狭窄的道路上采用树池式种植的方式。应注意树池式营养面积小，不利于松土、施肥等管理工作，不利于树木生长。树池之间的行道树绿带最好采用透气性的路面材料铺装，例如混凝土草皮砖、彩色混凝土透水透气性路面、透水性沥青铺地等，以利渗水通气，保证行道树生长和行人行走。

行道树定植株距，应以其树种壮年期冠幅为准，最小种植株距应不小于 4m。株行距的确定还要考虑树种的生长速度。行道树绿带在种植设计上要做到：（a）在弯道上或道路交叉口，行道树绿带上种植的树木，距相邻机动车道路面高度为 0.3～0.9m，其树冠不得进入视距三角形范围内，以免遮挡驾驶员视线，影响行车安全；（b）在同一街道采用同一树种、同一株距对称栽植，既可起到遮阴、减噪等防护功能，又可使街景整齐雄伟，体现整体美；（c）在一板二带式道路上，路面较窄时，应注意两侧行道树树冠不要在车行道上衔接，以免造成飘尘、废气等不易扩散。应注意树种的选择和修剪，适当留出"天窗"，以便污染物扩散、稀释；（d）行道树绿带的布置形式多采用对称式：道路横断面中心线两侧，绿带宽度相同；植物配置和树种、株距等均相同。道路横断面为不规则形式时，或道路两侧行道树绿带宽度不等时，采用道路一侧种植行道树，而另一侧布设照明等杆线和地下管线（图7-58和图7-59）。

图7-58　道路旁的树池

图7-59　路边休息亭

（3）活动主体

包括步行者、机动车和非机动车等在道路上活动的车辆、人流。不同的道路承载的活动主体是不同的，有些街道，如步行街，以步行者为主，偶尔会有车辆通过；城镇的主干道则以车辆居多（图7-60和图7-61）。

图7-60　街道旁设有休息座椅

图7-61　人是道路承载的主体

（4）其他影响因素

包括季节、气候、时间等，也包括道路的地下部分。在城市地下空间发展迅速崛起之时，很多城镇的道路建设也有很多地下的空间，除了地下人行通道外，还有一些地下商业设施、能源通信设施等，这些会直接影响地上的道路景观的建设。例如，地下空间的地面覆土厚度会限制地上植物的种植和树种的选择。

7.3.3　城镇道路的园林景观设计要点

城镇道路园林景观设计首先要从安全与美学观点出发，在满足交通功能的同时，充分考虑道路空间的美观性，道路使用者的舒适性，以及与周围景观的协调性，让使用者（驾驶员、乘客以及行人）感觉心情愉悦。城镇道路的安全性要求景观设计必须考虑到车辆行驶的心理感受，行人的视觉感受和各景观要素之间的组织等多方面因素。对于驾驶员来讲，道路的安全性是首要的，而旅行者观赏的道路两侧风光，会反映出城镇的整体风貌和社会气息，这两方面都是至关重要的。在车辆行进的过程中，人们对弯道、上下坡或前进方向的加减速等都产生与静止完全不同的动感。节奏单调的视觉环境会使人感到疲倦，甚至引起困倦等不必要的危险；相反，急剧的节奏变化也会使人惊慌失措。所以，城镇道路景观的设计必须保持基本的张弛有度，以恰当的节奏变化和景观片段的重复，形成舒适的道路景观。城镇中不同性质的道路，园林景观设计是完全不同的，疾驰的车辆和漫步的行人对道路两侧的感受差异巨大。行走的人们能够体验更丰富的空间层次和景观要素，封闭的空间使人感觉私密，开敞的空间则使人感觉舒畅，色彩斑斓的道路景观环境会产生视觉上的享受。在行人体验为主的道路景观中，需要考虑各种植物和构筑物的色彩、质感和肌理的搭配和组合，使人们在行走过程中产生视觉上的景观享受。同时，可在道路景观中放置一些体现当地城镇的历史文化特色的景观小品或个性化的铺装等，形成丰富的道路景观，并展现出地方特色，突出城镇道路景观的个性。有很多城镇以道路景观作为标志性的门户景观，如迎宾大道，以植物为主题的特色街道等，都能够有效加强城镇的识别性。

城镇的道路常常由于客观因素的制约，例如，自然地形地貌的限制或传统村镇的形成过程等，形成了与自然环境、社会结构及居民生活相协调的道路景观。也正因为如此，城镇的道路景观比其他地区更具有地方特色，它们结合地形、节约用地、考虑气候条件、注重环境生态。城镇的道路尺度更适合人们的生活，传统村镇道路景观的形成很少有专业勘测师的参与，亦非在图纸上进行详细地规划然后施工，但是它们却经过了大自然更加巧妙的安排。从人类的定居到村落的形成，城镇道路景观的形成是长期的自然与历史积淀的过程。传统的村镇的道路布局并不整齐，再加上村民完全的自发性，由此产生变化丰富的、自由式布局的道路空间。同时，由于城镇的规模通常较小，道路空间的尺度也较小，周边建筑也并不高大，主要交通道路多以双向四车道居多。

城镇的道路景观本身也是一个生态单元，对周围的生态环境产生了正面的、积极的影响，并与城镇形成良性的、互动的过程。无论陡峭的山地，还是起伏的丘陵，抑或是江畔湖边，城镇往往保留着自然形成的最原始的地貌特征。其次，中国传统的村镇是在中国农耕社会中发展完善的，它们以农村经济为大背景，无论是选址、布局和构成，无不体现了因地制宜、就地取材、因材施工的营造思想，体现出天人合一的有机统一。保土、理水、植树、节能的处理手法，充分地体现了人与自然的和谐相处，既渗透着乡民大众的民俗民情，又具有不同的"礼"制文化。运用手工技艺、当地材料、地方化的建造方式，以极少的花费塑造极具居住质量的聚居场所，形成自然朴实的建筑风格，体现了人与自然的和谐。城镇的道路景观应该是建立在生态基础上的，既具有朴实的自然和谐美，又具有亲切的人文之情。

在传统村镇的道路空间环境中，缝补、纳凉、闲谈等活动无处不在，孩子可以无所顾忌地尽情玩耍，居民生活温馨、闲适。城镇的道路景观在满足人们日常生活中各种需要的同时，造就了传统城镇温馨和谐的邻里关系，这种和谐的邻里关系与人文情感正是城市生活所严重缺乏的，因此也成为城镇道路景观区别于大城市的重要标志和优势。

在很多城镇的中心区都设有步行街，以商业、展示为主要功能，承载着较大的人流，也是展现城镇地方特色的主要区域。江阴市的人民路步行街是一条集景观与商贸于一体的商贸文化步行街，东起青果路，西至中山路，全长450m，宽25m。人民路步行街以"澄江福地"为主概念保留了浓厚的商业特色和地方特征，通过沿街建筑立面和商店内外形象改造、路面铺装改造，以及增设街景小品、街区美化、绿化重新布局等多个方面，将人民路商业步行街建成集购物、游憩、文化、旅游等于一体，富有浓厚现代气息的活动中心（图 7-62 和图 7-63）。

图 7-62 人民路的街边小径

图 7-63 人民路广场铺装

步行街"一街串八景"，刘氏兄弟故居、兴国塔、文庙、南脊书院、学政节署、中山公园、要塞司令部旧址和广济寺四眼井等景观散布在整个街区，传统与现代在这里碰撞，古典与时尚在这里交汇，匠心独具的步行街区文韵悠悠，商味浓浓，为日益富裕起来的江阴市民打造了一方生活休闲、观光游乐的新福地，其美丽和繁华展现了现代城市的文明和发展（图 7-64）。

图 7-64 江阴市街道景观

7.4 城镇街旁绿地的园林景观设计

7.4.1 城镇街旁绿地的园林景观特征

城镇的街旁绿地包括街道广场绿地、小型沿街绿化用地、转盘绿地等，其主要功能是装饰街景、美化城镇、提高城市环境质量，并为游人及附近居民提供休闲场所。它散布于城镇的各个角落。随着城市与城镇建设规模的不断扩大，无论在城市还是城镇中，街旁的小游园、小景点都受到越来越多的重视（图 7-65 和图 7-66）。

城镇居民的日常户外活动大多数是在房前屋后的空地进行，除了住宅小区内的园林景观，就是城镇之中分布最广的街旁绿地了。这些小花园本着就近服务的原则，以较小的规模和占地面积形成城镇居民最重要的活动场所。通常街旁绿地的面积在 1 公顷以内,有的仅几个平方米。服务半径在 300～500m,甚至更近。

图 7-65　简氏宗祠前的百年老榕

图 7-66　寻村镇黄窑村广场一角

　　城镇街旁绿地的整体分布呈现分散的见缝插针形式。由于很多城镇依托村落发展起来,虽然有较好的自然条件,却没有系统的景观规划体系。在城镇快速的发展过程中,街旁绿地成为城镇保存下来的一块块绿色的斑点,填补在城镇之中。加强街旁绿地建设是提高城镇绿化水平、改善生态环境的重要手段之一。街旁绿地分布于临街路角、建筑物旁地、中心广场附近及交通绿岛等地,加强街头绿地建设,能有效增加城镇的绿化面积,大大提高绿地率及绿化覆盖率。

　　城镇街旁绿地作为离人们最近的公共空间,往往成为最受欢迎的场所。街旁绿地通常没有复杂的景观元素,大部分是依据现状进行改造,符合人们的使用需求。所以,街旁绿地朴实无华,却平易近人。在绿地中会配建相应的休闲、健身器材,或休息座椅、花架,作为城镇居民户外活动的主要设施(图 7-67 和图 7-68)。

图 7-67　欧洲小镇的街边花园

图 7-68　街旁中心绿地景观

7.4.2　城镇街旁绿地的园林景观设计要点

　　城镇街旁绿地虽然面积很小,但景观设计的要素非常丰富,不仅如此,景观要素所塑造的景观空间也是多样的。

城镇的街旁绿地通常投资较少，这要求在景观设计中充分利用现有的自然要素，例如地形、保留的树木等来进行景观设计。在选址上也尽量背风向阳，保证排水良好，以节省不必要的维护费用。微地形常常可以作为视线遮挡的媒介，来围合私密的空间，形成自然的边界。或者种植一株或一组姿态较好的植物，可选择彩叶、花灌或观果的树木，形成重要的视觉焦点，背景种植高大的常绿树，树下种植观赏期较长的地被，混入低矮匍匐的本地野草，降低日常管理费用。背景树与树丛共同围合出一系列的小空间。

街旁绿地如果要承载人们的活动，就要以铺装地面作为场地。从城镇园林景观的特点出发，可选用价格低廉的铺装材料或废物再利用，来铺设园路及小广场，铺装材料最好是可循环利用的。例如，碎石铺设的小路有很好的透水性，踩在上面的触感也很好，适宜散步与健身。在城镇绿地的养护过程中，每年都会清理出不少的倒伏树木，经过消毒防病虫处理，一些废弃的木料或树皮也是很好的铺装填充材料，树皮发酵之后还可以有效补充绿地的养分，使自然环境更加和谐。还可以建成独具野趣的亭、廊、花架等，使街旁绿地的自然气息更加浓郁。街旁绿地的植物配置可以与行道树、分车带的植物共同构成多道屏障，能有效地吸收或阻隔机动车带来的噪声、废气及尘埃，起到保护花园环境的作用。同时，通过丰富的植物种植来塑造变化万千的道路景观。

从城镇的街旁绿地维护管理层面，在城镇规划的过程中应该给予足够的重视，加强建设力度。应尽可能地见缝插针，增加街旁绿地的数量，提高品质。同时，明确街旁绿地的维护管理部门，将负责制度落到实处，以保证街旁绿地的有效建设和使用。

虽然城镇街旁绿地的面积很小，但根据特定的场所、环境及开发性质，不同力度和不同内容，制订的景观设计方案是千差万别的，决不能搞一刀切和单一模式的绿化形式。一方面街旁绿地要充分利用现在绿地，因地制宜；另一方面，街旁绿地景观又是展现城镇风貌的重要因素。城镇的街旁绿地往往保留了城镇古老的形态肌理，加以改造后它不仅是居民们生活的场所，也将成为精神的寄托之处（图7-69～图7-72）。

图7-69　街旁花园与主要道路铺装相呼应　　图7-70　街旁花园可以结合停车、休息等多种功能

7.4.3　城镇街旁绿地的园林景观发展趋势

（1）人性化的场所

城镇街旁绿地最重要的功能就是满足居民们的日常活动需求，"以人为本"是最主要的特征之一。无论是设计理念上，还是空间尺度和景观特色上，城镇街旁绿地的建设应以营造景色优美、令人愉悦的空间为基本原则，以满足大众需求、使用安全舒适为最终的目标。

图 7-71　街旁花园处在重要的节点位置可以
　　　　　适当采用水景设计丰富景观形式

图 7-72　水景与树池景观结合

（2）自然生态趋势

城镇街旁绿地直接关乎城镇的生态环境质量，在建设过程中，场地的自然条件、结构和功能是街旁绿地设计的基础，充分利用自然资源来建设城镇的绿地空间，是促进城镇自然环境建设的重要手段。在城镇的规划建设中，应该合理划分建筑用地与开阔空间，保护自然资源，确保发挥其生态效益，提高城镇的生态环境质量。充分利用街旁绿地分布广的优势，以少积多，合理建设城镇的园林景观体系。

（3）艺术审美需求

街旁绿地的景观设计手法多样各异，有些受到西方现代花园设计的影响，讲究自由流畅或简洁明快，风格突出；也有一些追求古典园林中的意境美与含蓄美，以小中见大的手法塑造一方天地。不同的街旁绿地的艺术形式有不同的审美偏好，街边的小花园展现着浓厚的艺术气息与魅力。草地，花径，喷泉，雕塑，假山、廊架等，都呈现着艺术的感召力与自然的活力（图7-73和图7-74）。

图 7-73　街边植物小花园

图 7-74　丰富的植物景观可以有效降低汽车尾气的污染

7.5 城镇水系的园林景观设计

7.5.1　城镇水系的园林景观特征

对于城镇来讲，水是生命之源，也是经济发展的命脉。尤其对于那些依山傍水的城镇，水系景观不仅维系着城镇的居民生活，也是展现城镇景观风貌的重要元素。

近年来，城镇的水利基础设施建设、全域供水工作、水资源管理工作和防汛保安工作等等，都得到了极大的重视，在保障基本用水的前提下，水系景观的营造能有效改善城镇的小气候条件，水体的净化和水环境的整治能够提高居民的生活水平，创造独具特色的城镇景观。

城镇的水系景观常常存在两个极端的现象，要么是污水遍布、淤泥堆积的亟待整治与改造的河流水系，要么是过度人工化的水景规划设计，原有的自然风光和独特的水系景观被完全破坏。在拦河筑坝、开发水电的水利工程改造过程中，原有的生态系统严重失衡，大量物种消失，生物多样性减小。水系的园林景观与水利的改造并没有相互配合，相互改善，而是完全忽略了园林景观的重要性。以现状水系为基础改造与建设水系景观，在花费较少的投资的基础上，可以有效地缓解水利工程对于生态平衡的影响。水系景观可以为各类生物提供栖息的场所，可以通过植物的种植净化水体，还可以为城镇居民提供休闲娱乐的场所（图7-75和图7-76）。

图 7-75 南社古村落以长形水池为中心合掌而居

图 7-76 登瀛码头

7.5.2 城镇水系的园林景观设计原则

（1）城镇水系的园林景观建设要以生态的理念为出发点，以水系总体规划为基础，形成系统的建设体系。城镇水系的总体规划不仅控制着城镇的整个水网系统，也直接影响水系景观格局，这是水系园林景观建设的基本框架。以此为基础，植物的种植，驳岸的处理方式，滨水广场的分布与规模等，都可以形成统一的特色，突显城镇水景风貌。城镇水系的园林景观应该以自然、生态的理念为基础，尽量减少人工化的硬质景观，以自然的驳岸、自由的植物群落为主，充分利用水系两侧的地形变化，在条件允许的场地内开辟居民可以亲水的空间。在不影响水质的前提下，让人们能够通过水系景观接触自然。

（2）通过强化"蓝线"和"绿线"的管理，来严格保护水系及周边的自然遗产和文化遗产，划定重要地段水系两侧的保护和建设区域，尤其是一些具有历史价值的文物古迹或城镇绿地。水系园林景观的建设可适当拓展水岸两侧的面积，依托现有的自然景观和文化景观形成水系景观的节点，使线性的景观形成段落和变化的节奏，并增加水系景观的人文价值。

（3）保护和利用自然水系，合理调节和控制洪水水位。很多城镇水系都面临着排洪和泄洪的需求，而硬质的、宽大的河岸常常形成于城镇舒适的自然景观，而完全不符合这一条件的人工化驳岸将直接影响水系景观的质量。既要保留城镇现有的自然水系的水利功能，同时，也可以通过适当的改造形成变化的水岸景观，例如，水陆两生的植物的种植，耐水浸的栈道或平台，阶梯式的看台等，都可以在水位较低时形成优美的水系景观，在水位较高时被淹没。自然的规律并不能改变，它反而为水系景观增加了变化的多样性和趣味性。

7.5.3 城镇水系的园林景观设计要点

城镇水系的园林景观建设的首要任务就是展现城镇景观特色。在城镇化的高潮中，每年都有成千条的城乡河道被填埋，上万亩的河滩、湖泊、海洋、湿地正在消失。这些错误的水系改造方式，致使许多城市优美的水系河流变成了暗渠，昔日令人流连忘返的独特环境变得十分平庸，毫无特色，原来流动互通的水系变成了支离破碎的污水沟或者污水池。原有河道、湖泊中生物繁殖的环境与自然生态群落遭到彻底毁灭，城镇水系也失去了自我净化的能力。针对这样的形势，城镇水系的园林景观建设首先要保留城镇原有的特色水景风貌，保护水资源，以最小的改造力度形成更加舒适的水系环境。城镇与城市的水系并不相同，并不能按照现代的设计手法去统一化城镇的水系景观。应以现状为基础，在具有利用潜力的地段建设居民可休闲娱乐的滨水广场，同时控制规模；在水系较窄的地段，可以以植物护岸为主进行保护与疏通；水系两侧可建设滨水散步道，以高大乔木形成遮阴的行道树，既保护水系资源，又可形成居民的近水空间。

城镇的水系景观中，大部分都会有河岸高差的变化，尤其对于一些具有泄洪功能的河流或储水库，巨大的高差将水系与人们隔开，破坏了水系景观的整体性。在地形变化较小的水系两侧，可适当种植植物，形成水系两侧绿色的屏障；在地形高差很大的情况下，可适当拓宽，形成不同层级，较高的层级供人们活动，较低的层级种植水生植物，同时留出弹性空间，在水位变化时产生不同的景观效果。

水系的驳岸是园林景观的重要组成部分。很多"二面光"或"三面光"的水工程建造模式，使得原有的自然河堤或土坝变成了钢筋混凝土或浆砌块石护岸，河道断面形式单一生硬，造成了水岸景观城镇与城市千篇一律的景象，城镇原有的水生态和历史文化景观也遭到了严重破坏。城镇水系的驳岸首先要以现状情况为基础，尽量选择自然式的驳岸景观，以植物、步行道、木平台等元素形成舒适的水岸环境。

图 7-77 登瀛水系与码头外的万亩果林

图 7-78 水系穿越城镇

城镇的水系中常常有一些湿地景观，它们不仅是城镇生态环境的重要组成部分，也是城镇周边的城市保障系统。城镇的湿地景观是极其珍贵的生态资源，应以保护为主，尽量减小人工的干预。从经济学的角度来看，一块湿地的价值比相同面积的海洋高 58 倍，因为湿地可以保护濒临灭绝的物种。在保护的基础上，根据湿地的不同情况，可适当地开辟可供参观的湿地景观区域，增加城镇水系的科普教育功能和经济效益（图 7-77～图 7-80）。

图 7-79　小舟老铺流水

图 7-80　小桥流水人家

7.6 城镇山地的园林景观设计

7.6.1　城镇山地园林景观空间特征

城镇山地园林景观常常与居民的生活交相辉映，不可分割。民居建筑就像生长在山地景观之中的点缀物，是景观重要的组成部分。也有一些城镇的山地景观是单纯的旅游景区，是吸引外来游人和展现城镇特色风貌的重要风景。无论是哪种山地景观，都具有与其他类型的园林景观完全不同的空间特性，即三维性。地形的高低变化赋予了山地园林景观独特的风貌。在山地区域，地表隆起的景物往往是视觉的中心，背景轮廓也极其丰富，层次分明，植被因地形的变化而显得高低错落。人们可以在山地之中仰视、鸟瞰或远眺，视角和视域都会产生丰富的变化，这是人们在平原地区的自然环境中难以体验到的。

城镇山地景观提供给人们不同的景观画面，甚至步移景异，每一个局部都有不同的空间属性和景观特征。景观的轮廓线构成了丰富的背景层次，就像画面的基调，使景观更加立体化。在山地景观中，地形的高低起伏会给人们带来不同的心理感受。如峨眉山峰峦连绵，轮廓线柔和、舒缓，给人以秀丽之感。华山与黄山以险峻著称，山体峭拔，给人以雄伟、惊险之感。

城镇的山地园林景观拥有复杂多变的道路系统，很多甚至是从平面上看几乎完全贴近的两条道路。山地城镇的自然地形决定了道路的布局形式，城镇的山地景观中，道路往往多采用自由的布置形式，街道景观、广场景观因地势而生，无固定的格局模式，形成很多自发的景观空间。

城镇的山地景观从二维和三维的角度创造出自然的空间围合，利用自然地形的高差形成不同的入口，不同的道路系统，不同的空间形态，形成更多的自然接触面。山地景观增加了人们与自然的交流与对话。因地域特征而生的建筑形式、景观特质彰显着城镇独特的风貌（图7-81和图7-82）。

图7-81　高差的变化以阶梯式台地来解决　　　　图7-82　台阶与坡道组成交通系统

7.6.2　城镇山地园林景观构成要素

（1）城镇山地园林景观的自然要素

地形地貌是建造山地园林景观区域其他类型景观的首要元素，山地的凸起与凹陷形成了空间的边缘和轮廓。各种不同类型的地貌，如凸地、山脊、凹地、谷地以及由两种或两种以上地形类型组合形成的山地景观等。不同的地形地貌承载不同的景观功能和景观元素。地形变化较小的场地往往会形成居住、娱乐的聚集之地；在山巅或陡峭的场地，则以植物种植为主，形成绿地山地景观背景。

地形地貌的基础是土壤，山地中的土壤类型较多，通常缓坡、谷地或低地是汇集区域，土壤的厚度和肥力都较好，属于高产农田或密林苗圃等，也是城镇建设的较好用地。而山顶、山脊等处受风化和侵蚀严重，加之水土流失，土壤通常较薄和贫瘠，不适合植物的生长。不同的土壤条件直接影响山地园林景观的建设效果。通常根据土壤的类型选择适宜的相同树种，减小贫瘠土壤对景观的影响。在一般的山地景观中，地表的径流量、径流方向，以及径流速度都与地形有关。因为地面越陡，径流量越大，流速越快，如果地表形成大于50%的斜坡就会引起水土流失。

城镇山地景观中的水系通常根据地形高差的不同，产生流速急、落差大、蜿蜒曲折的水景。无论是瀑布、跌水还是湖泊，山地景观中的水景常常以自然的形态居多，山水相映，形成浓郁的自然气息。城镇山地景观中的水体以活跃性和渗透力而成为自然景观要素中最富有生气的元素。

在城镇的山地景观中，平缓的山地或山脚通常土壤肥沃，水分充足，土层松软，植被根系生长的阻力小，植被较丰富，常以常绿阔叶植物和乔木为主。山坡中部土壤比坡底要薄一些，通常以中小型灌木和小乔木为主；山顶因为土层薄，持水能力差，常以灌木和地被植物为主。在不同的山体位置有不同的植物群落生长，它们形成了山地景观重要的自然元素。山地景观中的植物随着地形坡度的变化而有所不同，坡度越陡，变化越明显；坡度平缓时，几乎没有太多变化，过陡的坡则不能生长植物。另外，山地形成的不同小气候条件也影响植物的生长，在向阳的坡地上通常生长喜阳的植被，阴坡则以耐阴植物为主。由于山地景观地形条件复杂多变，所蕴涵的规律都隐藏在复杂的环境当中，因而产生了丰富的植物群落（图7-83 和图 7-84）。

图 7-83　山地城镇的植被　　　　　　　　图 7-84　起伏的山体

（2）城镇山地园林景观的人工要素

在山地园林景观中，一类特殊而常见的人工要素就是挡墙，由于地形的复杂多变，常常需要各类挡墙来围合活动的区域或居住的区域。在《公路挡土墙施工》一书中对挡土墙的定义为："挡土墙是用来支撑陡坡，以保持土体稳定的一种构造物，它所承受的主要负荷是土压力。"山地景观中的挡土墙在满足功能的前提下，可适当增加艺术感。可充分利用现状条件，设计不同的挡墙的形态和墙面的装饰，增加挡墙的审美情趣。挡墙选用不同的材料会产生完全不一样的质感，如木质的挡墙质朴、自然、亲切；毛石挡墙粗犷、野性；石板堆叠的挡墙细腻、精致。应根据实际情况，设计满足功能，与环境相协调，有较强艺术感的挡土墙，来增加山地园林景观的情趣。

园路在山地园林景观中至关重要，为了解决交通的需求，并符合山地的地形变化，山地中的园路往往具有极有特色的层级系统。园路不仅是山地景观中交通的主要承载，也是形成变化的山地景观效果的关键所在，山地的起伏、高差变化都通过层级系统进行消化。山地景观中的园路形式多样，布局自由，为人们提供了在街道之间观赏城镇风貌的重要途径，在不同高差的园路之中可以看到各种独特的城镇景观。在复杂的地形地貌条件下，园路多采用弯道布线，甚至蛇形道路，在解决高差的同时，为步行者和驾驶者提供了一系列不断变化着的景观画面。有时为缩短道路长度，常采用加大道路的纵坡，用回头线连成之字形或螺旋状的斜交道路系统。在高差变化较大的山地园林景观中，常设有坡道、梯道、缆车、索道和自动扶梯等，以解决纵向的交通联系。

城镇山地园林景观中会较少设有人工构筑物、服务设施、座椅、垃圾桶等，由于用地的限制，山地园林景观往往以自然要素为主，尽量减少人工设施的设置。而且，较多的构筑物也会破坏山地景观的自然气息，降低舒适性（图 7-85 和 图 7-86）。

7.6.3　城镇山地园林景观整体性设计

（1）因地制宜，符合山地环境特征

城镇的山地园林景观建设首先要认清山地环境的现状特征，因地制宜地进行改造建设。在山地环境中，地形地貌变化很大，不同的场地使用功能和空间特性完全不同，相应的景观建设也千差万别。平坦的地形适宜安排活动空间，陡峭的山坡或种植植物，或结合山体情况开发建设攀岩、爬山、徒步等活动场所。山地园林景观中的植物群落与海拔、地质、土壤类型都有很大关系，植物的配置要适当考虑山地的小气候环境，做到适地适树，减少维护与投资的投入，并保证山地园林景观的整体风貌（图 7-87 和图 7-88）。

图 7-85　城镇顺应山体开发的道路系统

图 7-86　台阶与植物

图 7-87　顺应地势的台地小花园

图 7-88　顺应地势的台阶道路

（2）空间设计强调流线体验

城镇的山地园林景观不同于其他类型的景观，平面或二维的空间的设计不能有效地体现山地景观复杂的空间层次和空间体验。山地景观中纵横交错、蜿蜒曲折的园路系统恰恰是流动的空间的最后的例证。在山地景观中，空间的布局与流线的组织必须紧密结合，力求在符合现状的基础上，产生步移景异的丰富景观层次。空间的流线强调人们视觉的变化以及心里的感受，不同的画面由不同的空间界面、视觉主体和轮廓线组成，这在山地园林景观中是具有突出特色的景观特质。只有在三维空间中的组织与设计才能进一步突出城镇山地园林景观的特征。

（3）视线控制强化空间序列

在城镇的山地园林景观中，视线的变化往往比平原更丰富。正是不同的视觉感受和视线变化才形成了人们可感知的空间组织序列。在山地景观设计中，要充分利用山地中的制高点，因为这里视野开阔，甚至可以将整个城镇的景色尽收眼底。山地中的园林蜿蜒曲直，视线随之时而开阔，时而封闭，这些不同的空间感受需要进行有效合理地组织，形成此起彼伏的空间序列（图 7-89 和图 7-90）。

图 7-89　下洋山坡上民居分布图及外观

图 7-90　永定和平楼侧立面

7.7 城镇园林景观规划实例

7.7.1　河北省廊坊迎宾大道园林景观设计

设计：城市建设研究院无界景观工作室、瑞典 SWECO 工程设计公司

（1）项目概况及定位

① 项目概况　本设计项目迎宾大道是由廊坊市光明西道西延和扩展，通向固安县附近未来首都第二国际机场，直达涿密高速公路的一条城市快速路。道路成东西走向，贯穿芒店、炊庄、九州镇、西庄子、南汉村、并与龙河、郊区快速路、采信公路交叉。全长14km，是廊坊市与京津冀地区联系的重要通道，也是通向未来国际机场（九州拟选地）最后与北京七环路连接的市际快速通道。

② 项目定位　本项目设计的迎宾大道是廊坊市城市之门，是展示廊坊市村镇文化与城市建设的窗口，是以绿色生态长廊为标志的快速交通链，是推动廊坊市及村镇经济文化发展与活性化的平台。

迎宾大道的 1.4km 段肩负着三重属性：交通道路、迎宾道路、生活道路。

（2）设计理念和构思

① 迎宾大道景观带整体性质与各段落特征相结合。

② 展示途经的各村镇文化与城市未来发展建设的风貌。

③ 现实条件与环境维护和生态保鲜相结合，考虑投资效益和后期管理的综合性与合理性。

④ 体现可持续发展原则，立足近期效果，望眼未来发展：运用现代城市设计理念，密切联系整体构想和领域环境，进行道路两侧500～5000m以上的研究分析，着手沿路景观带和5个规定节点的设计（图7-91）。

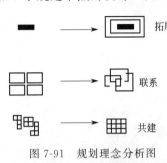

图 7-91 规划理念分析图

（3）总体规划设计

① 规划分段

a. 城市段：西环路口—龙河西岸（约1.4km）

突出简洁大气的风格，与城市其他道路绿化风格协调统一。道路两侧绿地设计散步小径，放置休闲设施，为附近居民休闲活动提供场所。绿地中设计微地形，局部地势较低处可结合排水与雨水收集形成小面积水景，并结合群落式植物栽植为未来两侧高档居住区提供良好的公园化城市绿地空间。

b. 城乡结合段：龙河西—岔路口（约4.6km）

该区段内现有一些工厂企业，建议根据不同的经营状况决定拆迁问题，只保留一些效益良好的企业，靠近公路为较宽的绿带形成绿化带缓冲器。

道路两侧的绿地渗透、伸入村镇、工厂，结合居住区绿化带，形成绿地与村庄布局形态相融合的带状公园，不仅能看，而且能用，成为展示乡镇居民工作、生活的文化长廊，并与城市市区段保持一定的延续性。

道路两侧绿地与周边村庄布局形态相互契合，并适当体现周边村庄的典型景观，以使道路融合于周边风景。节点结合村落入口等展开，形成独特的景观节点。

c. 郊野段：岔路口—涿密高速（约8km）

此段重点应放在如何保护乡村部分现存的特征而非如何建设，同时考虑村庄的经济发展。以郊野自然风光为主，充分立足现状条件，提炼农田、果园等特色元素，重视大尺度肌理的塑造。与南北两侧田野结合，形成视野开阔的郊野道路景观，南北纵向穿插景观元素，并结合村落、厂区休闲进行重点设计（图7-92）。

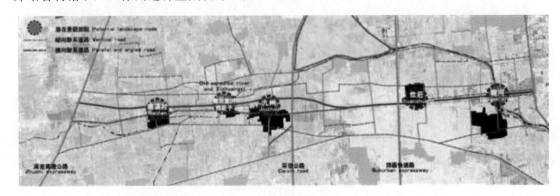

图 7-92 规划分段图

② 绿化带的空间处理

a. 无论从1.4km城市段到4.6km（岔路口）的城乡结合段，还是8km的郊野段，我们主张对道路两侧绿化地带基本采用统一征收并统一开发的绿化带处理方式。采用征地→设计→建设→管理的一体化模式，这比较符合廊坊的地方特点和管理方式。从绿化景观角度上看，现状道路两侧的林木绿化从树木品种与树龄、树冠造型、排列方式与整体肌理等方面均有差别，如此截留下的50m绿化带（龙河以东40m绿化带）将缺乏彼此呼应的有机整体感。虽然增加了原生态的自然味，但减少了迎宾的隆重与热烈氛围，经过统一设计和建设的两侧绿化带，不仅免去了管理的综合难度也增加了迎宾大道的礼仪性和整体感。

b. 强调纵向与横向的绿化边际线。这其中含有两个层次：纵向是微地形与平坦地面的空间变化层次；在横向上是迎宾花带、草坪、低矮灌木至高大乔木的横断面的空间层次，这其间还包含树木枝叶疏密与肌理的变化。

c. 我们提倡"以绿为主，花为点缀"的绿化设计原则，在绿化带设计中，除了道路两旁的迎宾花带，以及龙河公园及旧天堂河谷等节点设计中，适当运用花卉和花灌木作为点缀外，在总体的绿化植物配置方面，应以素雅的绿色为主调，提倡大量种植树木，通过不同树种的细微差别（树枝、树叶、躯干、季节形态）来处理整体色彩。在植物色彩规划方面，不仅求"三季有花"的传统模式，树种的色彩也需考虑冬季的枝干所组成的棕灰系列色调组合（图7-93）。

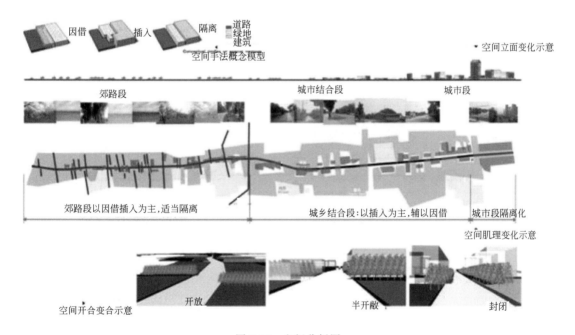

图7-93　空间分析图

③ 绿化带中的道路设计

a. 首先确定迎宾大道两侧50m绿化带的确切位置。在交通局提供的三个道路断面中，均有30m左右的不同横断尺寸。为保证该绿化带的整体性与贯通感，本方案将龙河以东绿化带设为40m（含辅路），从而实现西外环以东30m绿化带向龙河以西50m绿化带的过渡。龙河以西绿化带确切位置定为道路中心线至两侧25m起到第75m止的50m范围，25m以内的目前非道路用地将作为城市绿化过渡带。绿化带中在接近景观节点的区域应设置1.5～2.5m宽的林间硬质道路，作为居民步行和自行车的运行通道，该道路成自由曲线形式并参照区段划分模数，设置微型小广场和局部开敞空间。在分割绿化带的南北道路中，更多的是步行道路，它为村民生活穿行提供便利，并成为村落眺望的视觉通道。

b. 在迎宾大道南北两侧除毗邻的村落外，从100m至1000m范围内还分布着大小村落14处，其通道与迎宾大道相接。在绿化带纵向处理中，将根据其位置和重要性分别作为交通干路和支干路。这14处村落依次为：西辛庄、芒店、辛房、炊庄、东冯家务、东京（路南）、小伍龙、九洲、刘官庄、南常道、南汉村（路南）、堡上、兴隆庄、靳各掌等。

c. 为便于50m绿化带以外道路间的纵向联系，以及为毗邻村落提供路边服务空间，应在绿化带南北两侧设置5m的机动车通道，通道以外的村落部分还应设置10m的空间以停放机动车和提供人流交往的空间（图7-94）。

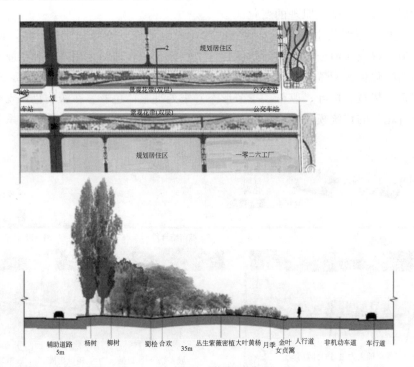

图7-94 1.4km城市段标准段设计图

（4）各节点设计

① 基本原则

a. 设计范围更大，设计深度更深。

规划设计中不拘泥于给定的道路两侧50m的范围，根据各节点的不同特质划定更大范围，如龙河节点的设计范围达到了道路两侧1000m。

b. 充分结合地形地势。

c. 节点处道路设计除规划干道外，次干道均通至50m辅路。

② 节点详细设计

a. 龙河。龙河东西两岸设计堤顶路，保证排洪安全。利用殡仪馆搬迁后的原基址设置休闲绿地。西岸机动车路以西应利用现有村落和农田设置绿色农家餐厅，直接采摘于附近菜地和玻璃大棚，建成富于村镇特色的旅游商业街。龙河桥以南两岸均设置停车场和环圆机动车通道。

b. 炊庄。利用未来道路立体交叉的预留用地设置绿化带，并在东侧炊庄路口设置绿化广场以展现炊庄的非物质文化遗产——高腔为主题，同时为村民提供活动场地。运用舞动的村落这一概念进行节点设计，使整个绿化带成为展示乡镇居民工作、生活的文化长廊。未来村庄将成为新农村建设的示范点，规划将村庄改建为新城镇形式，居住区外围适当设置一些小型商业，植物设计则选择色彩鲜明的植物构成整体背景（图 7-95）。

图 7-95　炊庄节点效果图

c. 岔路口。既可以突出迎宾大道的快速路整体特点，保证主流交通的连贯性和安全性，同时又能对辅路功能予以支持。为突出主流交通，在设计中采取了若干措施。

d. 九州镇（增设）。在现状中，九州镇的北侧仅有部分民房与道路毗邻，但其具有的经济活力和规模应在景观设计中给予关注，除在镇口设置相应镇牌和绿地广场外，为简化迎宾大道交叉路口机动车道数量而对九州镇中心广场的风车型主干道路网进行调整。

e. 西庄子。西庄子西侧设计旧天堂河郊野公园，北侧有优美的裸露河床及周边良好的植被，南侧仍然存有河床肌理但一小部分已被开垦为农田。依据现状地域性的特点设计保留了优美的现状元素，并使其成为一条横穿迎宾大道的旱溪花谷，谷内种有各色地被花卉，同时使花谷中的景观元素延入西庄子村，使村落成为名副其实的花园村，依靠美丽的自然景观，开展生态旅游及饮食业带动村落的发展。

f. 南汉村（增设）。该村北端毗邻于迎宾大道，目前全村有 40 户左右从事仿古家具制作，设计中设置绿化广场作为仿古家具的展示通道，同时与村内集中绿地相结合形成一系列开敞空间。

g. 终点服务区。结合迎宾大道北侧靳各掌村设计服务区迎宾广场。

（5）种植设计

① 设计思路　总体道路绿化的理念，根据三段不同的段落性质设计构成封闭、半开放、开放三种结构不同的空间结构形式，同时利用基地现存的杏林、杨树等植物元素，巧妙地组合搭配并应用其中。希望依据"碳汇"这一理论，将道路两侧的绿化设计成为城市的碳汇林，维持城市的碳氧平衡。

在植物配置时，配合不同路段的景观需要进行配置。在不同路段体现不同的植物特色，如在城市段设置迎宾花带，郊野段则保留现状较为良好的植被，在拆除道路两侧建筑的地段，进行造林绿化。地被植物配置以野花为主，配置不同品种野花种子混播或单种野花构成的地被植物，组成具有观赏效果又充满野趣的地被景观，同时，又由于野花比较耐粗放管理，不用修剪，播种价格较低，还能够节省用水。是既美化环境，又具有生态意义的植物配置（图7-96）。

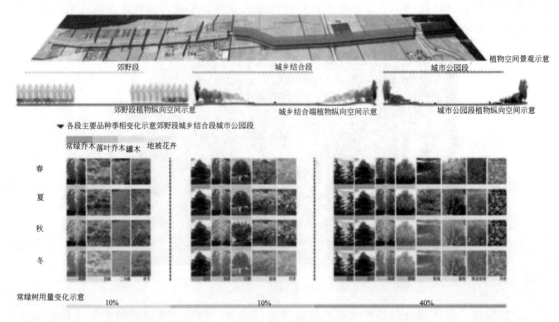

图7-96 植物配置

② 道路绿化 1.4km 绿化：以高大的悬铃木、合欢、柳树、白蜡、及多种常绿树为背景，其中常绿树占40%左右，以春季开花的杏树及夏秋季开花不断的月季、花期长达3个月的紫薇为主景，配合精致的花灌木，形成热烈并富有层次的景观迎宾大道，并形成封闭的空间结构。

1.4km 段落至炊庄节点：以柳树、刺槐、悬铃木、常绿树等为主要背景，其中常绿树占30%左右，配置花灌木等，形成植物自然群落，并且配合大面积开阔的地被花卉组合，形成较为封闭的空间结构，同时达到节水的效果。

炊庄节点至岔路口节点：以柳树、白蜡、黄栌、常绿树等为背景，主要突出秋景特色，常绿树仅占20%左右，并点缀杏树等花灌木，形成植物自然群落，配合大面积开阔的地被花卉组合，同时将良好的田园风光引入，形成半开放式的空间结构，节省水资源。

8公里绿化：以保留郊野景观为主，整理现状植物，结合现状保留杨树、农田、果园等景观，常绿树占10%左右，同时通过种植高大的杨树，强调与迎宾大道的纵向穿插肌理，并在保留杏树果林的基础上加以整理，配合大面积开阔的二月兰与甘野菊等地被花卉组合与后方的郊野景色相融，形成开阔的田野景观。

③ 节点绿化

a. 龙河公园节点：配合原有设计，统一思考。由于临近龙河，考虑利用临水条件，配置湿生植物，既可以净化河水，同时湿地也是碳汇的重要方式。配合未来的高档居住区，提高环境质量。

植物品种的选择：选用一些湿生植物，如黄菖蒲，香蒲，千屈菜等，构成精致的城市水岸公园。

b. 旱河节点：以地被野花为主题的节点。考虑到灌木和乔木不利于泄洪，所以考虑用野花地被等植物进行造景。构成具有郊野趣味的带状公园。

植物结构：以片植野花等形成整体的景观效果。局部配合小型花境和组团花卉等进行设计。

植物品种：观赏草、缀花草坪或向日葵等。体现野趣并具有气魄。

c. 快速插入口：由于此处主要是车行功能，所以考虑时以观赏为主，常绿树占 70% 左右。

植物结构：自然群落式种植为主，体现植物的层次，突出观赏性。并且配以孤植观赏树。

在快速路插入口前端的是具有装饰意义的植物群落，而后段则采用可以供附近居民进行活动的庭院式种植方式。

植物品种：常绿树如雪松、河南桧、北京桧、沙地柏等，以及利用春夏开花植物进行配置。

d. 炊庄：此处为乡村节点。由于公路后为村庄，所以此处绿化配合附近乡村的生活需求及硬质景观条件进行绿化。结合乔灌草等突出节点的植物色彩。合理进行植物配置做到四季有景可赏。

植物品种：常绿树如雪松、河南桧、北京桧、沙地柏等，并配合花灌木。

（6）生态设计

① 雨水收集　以绿地自我消化为主，采用地形和排水沟结合的方式，以蓄水和涵养地下水为主。

② 碳汇林设置　碳汇主要是指森林吸收并储存二氧化碳的多少，或者说是森林吸收并储存二氧化碳的能力。

③ 植物造景　地被植物配置以野花为主，配置不同品种野花种子混播或纯种野花构成的地被植物，组成具有观赏效果又充满野趣的地被景观，同时，又由于野花比较耐粗放管理，节省用水，是既美化环境，又具有生态意义的植物配置。郊野段则可利用现有果树、农田加以保护成为绿化带的一部分。

（7）研究与思考

现代乡村旅游是在 20 世纪 80 年代出现在农村区域的一种新型的旅游模式，人们以身体享乐为主的旅游追求转向以精神享乐为主的生态旅游追求，乡村旅游产品正是目前国内外市场需求的热点之一。

廊坊市迎宾大道自东向西分为城市段、城乡结合段和乡村段三部分，道路两侧联系着风格多样的自然村落和乡村景色。基于这个特征，规划设计中提出的理念策略是强化原有村落环境中的积极因素，同时在具有潜力的地区引入新的空间类型和设计模式，丰富植物种植设计，突显地区特色。通过设计道路景观，规定建筑体量、建筑后退的距离和种植的分区，控制沿路广告牌的设置，最终形成一条协调而不单调的高品质景观大道。

廊坊乡村旅游的特点包括以下几点。

① 乡村性　乡村性是乡村旅游最为显著的特点，作为旅游吸引物和乡村旅游的载体，村社组织、乡村生活和田园风光在乡村旅游之中具有重要意义。乡村旅游应该是属于乡村的，是在乡村之中的，大部分旅游者是以在旅游过程之中体验农民生活作为旅游目的的。

② 大众性　尽管乡村旅游的参与者中也不乏富人，但总体而言，乡村旅游的主体主要还是以工薪阶层为主的城市或城镇平民和注重生活情调的知识分子。平民性并不必然地等同

于庸俗化，也并不意味着可以粗制滥造。平民性强调，乡村旅游应在大众化、参与性、娱乐性三者之间找到一个恰当的切入点和均衡点。

③ 原生美　乡村旅游的最珍贵的资源就是某种社会类型的乡村社区模式以及质朴自然的乡村景色。旅游者来到这里，就是因为这些东西对他们来说可能是新鲜的和有体验价值的，是某种回忆与追思。原生美要求乡村旅游的吸引物应该是鲜明生动的和原汁原味的，是真正乡村的而非伪乡村式的或展览馆式的。人们在这里重新获得对乡村生活的体验，以找回已经失落的记忆。

④ 参与性　乡村旅游能够吸引旅游者的重要一点，在于它所开展的各种类型的旅游项目往往就是农村日常生活的一部分，具有很强的亲和性和参与性。采摘蔬果、农村民俗活动、耕地栽种的一般性农事活动，都是大多数旅游者在乡村旅游过程之中感兴趣的事情。

廊坊乡村旅游的开发潜力非常大，其特征主要表现为：a. 便利的交通环境，对于京津地区三天假期的消费者来说更加合适；b. 现代乡村旅游者可以充分体验廊坊乡村区域的优美景观、自然环境和本土文化等资源；c. 廊坊发展现代乡村旅游为当地创造了更多的就业机会，对农村经济的发展做出了巨大贡献。

7.7.2　巴黎近郊杜舍曼公园景观设计实例分析

(1) 杜舍曼公园建设背景

杜舍曼公园（Chemin de I' lle Park）位于巴黎著名的拉德芳斯新区（La Defense）的西北部，是巴黎城市轴线由拉德芳斯新区向西北郊区延伸的重要节点。1982 年国际竞赛要求"在历史轴线上建一座里程碑式的纪念建筑，既要符合轴线的尺度，又不能对轴线造成遮挡"。丹麦建筑师斯普雷卡尔森（Spray Karlsson）的方案"人类凯旋门"以典雅和简洁征服了评委和专家们。他在评价自己的作品对巴黎城市主要轴线的意义时说"这座拱门是这条轴线在瞻看未来时的暂时休止"❶。

的确，从德芳斯门向西，西部郊区建设方兴未艾，又在开辟着新的风景线。1990 年 8 月，法国公共设施部部长宣布：政府决定继续从德芳斯门延长城市主要轴线，杜舍曼公园便是城市轴线发展工程中的重要项目之一。同时，杜舍曼公园处在巴黎城市与郊区交接的边缘地区，在巴黎周边的环形绿带的规划建设中，公园承担着控制城市进一步蔓延侵蚀绿地的重要任务，这也是公园建设的重要挑战——城市与自然的过渡、协调。

杜舍曼公园位于塞纳河岸，公园的第一个建设阶段总面积是 14.5 公顷（图 7-97）。自从场地被工业生产厂占据以后，这里的景观改造过程便由此开始。首先面临的最基本问题是场地与城市肌理的对话：如何将城市向自然过渡，并从中呼吸自然的空气？如何在满足艺术可视性的基础上，给予河岸的使用者更多的自由与功能？如何将城市向河流开放，为河岸的野生动植物栖息地提供空间？工业生产厂与造纸厂的土地交换，为塞纳河岸提供了更加广阔的机会与视角，在河岸和顺流而下的平原上创造了巨大的公共空间。公园所处城郊边缘的特殊地理位置，决定了其面临着城市的历史记忆与未来发展，以及郊区良好自然环境的维护与更新的重任，这两个层面存在的矛盾冲突在公园中得到化解，领土景观肌理的把握为公园的设计带来更多的机会来解决现存问题。

❶ 陈一新. 巴黎德方斯新区规划及 43 年发展历程 [J]. 国外城市规划，2003 (01).

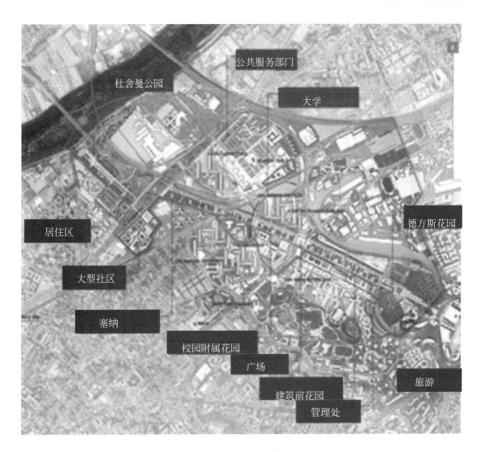

图 7-97 杜舍曼公园规划平面图

（2）历史与自然演变融合的城市肌理——杜舍曼公园领土景观肌理解析

巴黎是个轴线交织而成的大都市，笔直的城市轴线和蜿蜒的塞纳河形成了活泼而有序的城市肌理。巴黎城市现在的肌理主要奠定于拿破仑三世（Napoléon Ⅲ）时期（1852—1870年）。当时，著名建筑师奥莱·勒·迪克（Eugene Viollet-le-Duc）和塞纳省地区❶行政长官欧仁·奥斯曼（Eugene Haussmann）在拿破仑三世的授意下，对巴黎城市进行大刀阔斧的改建、重修和各功能区的全面规划。经过严格规划的城市布局形式，风格统一、功能完善、景观整齐，颇有法国园林的意韵。

巴黎有两条城市主要轴线，一条是南北向的，一条是东西向的。在城市的轴线之间点缀着绿色的痕迹。巴黎的公园绿地面积大约3000公顷，约占城市总面积的28.6％。其中城市东部的凡仙森林（Bois de Vincennes）和西部的布洛涅森林（Bois de Boulogne）是巴黎城市肌理中两处特征鲜明的"绿色护卫"。横贯城市东西的塞纳河在两岸绿化的掩映之下蜿蜒

❶ 巴黎在1859年6月16日颁布法律对巴黎市做了最后一次扩建，当时巴黎是塞纳省的一部分，与塞纳瓦兹省（SEINE-ET-OISE）和塞纳马恩省（SEINE-ET-MARNE）共同构成巴黎地区的三大省份。

20世纪60年代法国行政体制改革之后，巴黎地区（又称法兰西岛）由首都巴黎市、近郊的西部上塞纳省（92省）、东北部塞纳-圣德尼省（93省），东南部瓦尔-德-马恩省（94省），远郊的东部塞纳-马恩省（77省），南部埃松省（91省）、西部伊夫林省（78省），北部瓦尔-德-瓦兹省（95省）等7省组成，辖1281个市镇，总面积12011.31平方千米，占全国总面积1/50；是法国本土22个大区。巴黎市同时具有市和省的权限，其地位特殊，与巴黎大区彼此独立，无上下级关系。

穿过巴黎。巴黎城市的肌理尽显了法国理性主义的美感——和谐、庄严存在于规律与秩序当中。展现秩序与庄严的几何图案绿地与轴线，从城市向外延伸，经过拉德芳斯新区是夹在大湾形塞纳河之间的城区，城市的肌理逐渐过渡到郊区大片郁郁葱葱的树林，无垠的天然绿野，多样的乔木、灌木与草地自然分布，充满野趣。巴黎在城区之中不滥建地面高价或立交道路，市区通往郊区的道路是地下隧道型立交道路，整个巴黎地区有 14 条地铁路线构成发达的地下交通网络，从而保持了地面道路的绿色肌理的完整性。巴黎的城市轴线一直延续并记录着巴黎的历史与文化，并随着城市化的发展，在城市郊区的建设过程中，依然保留了巴黎这一重要的肌理，形成了区域形态上的过渡与融合（图 7-98 和图 7-99）。

图 7-98　巴黎的城市轴线

图 7-99　凡仙森林

（3）公园与领土景观肌理的融合

城市轴线向郊区的延伸将城市向河流开放，在巴黎近郊这样一个城市与乡村过渡的区域，城市发展的伟大与自然演进的神圣被直接作为对比，并紧紧联系在一起。杜舍曼公园正是这种强烈对比之下的和谐景观。它是巴黎近郊的众多塞纳河岸公园中最重要的一个，它承担着城市轴线的视觉整合与延续，是城市发展的重要建设项目。作为巴黎城市轴线重要的组成部分，杜舍曼公园的整体形态具有强有力的可视性：场地中所有主要形式都与塞纳河有所关联，无论是平行于它还是垂直于它。塞纳河平行的形态是与河流的走向相一致的；其垂直的形态是与巴黎城市的轴线相联系的。

贯穿整个公园的是一条平行于塞纳河的路径，它象征着对自然的改造和河流的开放。公园的基本形态中对轴线延长线的衍射与片断化隐喻了塞纳河孕育的古老而自然的文明与德芳斯门展现的现代与人工之间紧张的关系、矛盾的冲突。不仅是形态，公园还组织了视觉与空间上的联系，在公园中可以远眺德芳斯门，强化它们之间的相互关系。两个互相冲突的矛盾形态在道德与感知上似乎无法共存，在这里却不期而遇，并相辅相成。

另外，杜舍曼公园所处的场地周边受到道路、高架桥、高压电缆和噪声的严重破坏，这就决定了它的改造不仅是领土景观肌理延续之下的一种装饰与美化，更多的是对问题的综合把握和处理。项目建设的核心是环境的形成与城市结肌理的建立，而仅仅是空间结构的组成是不够的，它必须是基于城市公园概念的补充与延续。公园之中的艺术性与观赏美感来自于对于公园存在问题的解决之中，在这里表现为定位于功能，也就是生态与艺术的有效结合。阳光花园可以通过水生植物净化水质（图 7-100 和图 7-101）；泥炭花园可以处理污染的空气；穿过重建的生物栖息地的栈道将公众的参观与自然的价值紧密联系。公园彻底改造了一个垃圾场，并将场地变成了 7000m² 的湿地，其中过滤花园运用了生态的手段将污染的水体过滤为绿色的空间，反映了 21 世纪最为关注的问题之一。公园通过各种生态设计手段，成为了一个庞大的、给予生命的生物机械，它恢复了城市的活力，捍卫了自然的演进。

图 7-100　公园周边的高架桥

图 7-101　杜舍曼公园中的水生植物过滤系统

公园承担着整个区域场地的重新定位与评估的重任，它是城市与自然之间重要的融合，是巴黎城市轴线景观由恢宏向自然转变的重要节点。

（4）总结

领土景观是地域性景观设计中重要的概念，它是不同场地的景观存在的基础，也是场地片断相互联系的总体。领土景观中固有的逻辑关系常常隐藏于设计之中，而领土景观肌理恰恰是抽象的、不可见的逻辑关系的实体、物化的表达，这使得领土景观肌理在地域性景观设计当中具有至关重要的作用。无论是设计语言与灵感的源泉，还是景观形式与空间的参照，抑或记忆体验与感知的指引，领土景观肌理都是景观设计的基本把握要素。

杜舍曼公园作为 21 世纪的新兴城市郊区公园，对城市未来建设具有很强的指导意义。杜舍曼公园所处的位置，决定了其重要的身份，无论是设计形式、工程手法，还是景观寓意，都直接影响着周边，乃至整个城市和郊区。公园设计之中对于领土景观肌理的把握成为解决现存各类问题的关键所在。杜舍曼公园对于领土景观肌理形式的对接，内涵的延续，矛盾的化解，都成为巴黎城市近郊区公共活动空间与自然、历史融合的基石。

7.7.3　唐山凤凰山公园景观规划设计

总面积：37 公顷

总投资：约 9000 万

完成时间：2006.10—2007.02 唐山市博物馆改造与凤凰山扩绿概念设计（与都市实践合作）

　　　　　2007.03—2008.12 唐山市凤凰山公园扩绿工程实施

　　　　　2007.06—2009.05 唐山市凤凰山公园改造部分实施

荣获奖项：2010 WA 中国建筑奖

设计：无界景观工作室

唐山凤凰山公园位于唐山凤凰山脚下，总占地面积 37 公顷，是唐山市民的重要社会活动场所，但由于年长日久及时代变迁，这个老公园正在逐渐地失去活力。

设计旨在将新的凤凰山公园及坐落在公园内的唐山市博物馆、分布在公园周边的民俗博物馆、大成山公园、体育馆、学校、干部活动中心、居住区、景观大道、图书馆、医院等城市资源和社会生活结合起来，成为城市的有机体。使开放型的公园成为市民的"城市客厅"，激发城市活力（图7-102）。

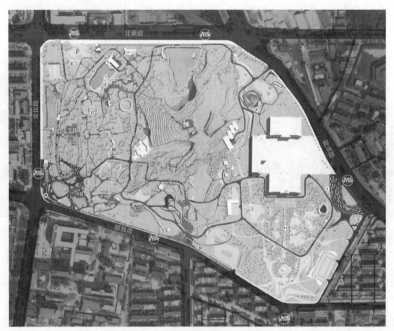

A 南入口广场 B 绿野仙踪 C 听雨廊桥 D 蓬鱼湖 E 北入口广场 F 夜花园 G 杏林广场
H 林下空间 I 银杏广场 J 超级票友会

图 7-102 方案平面图

公园以"穿行"作为设计概念，将公园边界向城市打开，穿越公园的路径将公园编织进市民的生活。公园与城市和社会生活紧密联系。"穿行"使公园不再是一个传统意义的"园"，而是一段段美好的生活体验。"穿行"将公园的活力带给城市，鼓励市民步行穿越公园到达城市的各个角落，公园生活成为市民日常生活的一部分，快乐、健康、环保的生活方式为这里的人们带来幸福。通过穿行的道路连接城市，连缀园内大大小小的活动场地，鼓励市民从中穿越，感受公园轻松闲适的氛围。道路两侧种植特色鲜明的植物，形成壮观的道路植物景观，让人们在穿行的过程中获得更多乐趣。

道路是体现设计理念的重要元素，注重空间和感官体验，将地形、植物和铺装材料相互结合，形成特色鲜明的道路景观，让人们享受穿行所带来的乐趣。拆除原有围墙，公园通过边界向城市打开，成为城市的一道绿色风景线（图7-103）。

设计保留了园内所有的现状树木，遵循适地适树和生物多样性的原则，选择地方树种。增加宿根地被花卉、观赏草等节水、易养护植物。植物与水景结合，营造区域小气候。并设计了舒适而富现代感的场地、构筑物和休息设施，可举办唐山人喜爱的艺术活动。园内地形设计也颇富新意，为唐山现代艺术活动的举办提供了良好的户外平台（图7-104～图7-106）。

唐山是北方干旱城市，水景设计注重节约水资源及循环利用。采用景观生态措施进行水质处理与净化，如利用石笼软化驳岸，种植水生植物；在岸边设计生态雨水口收集、净化地表水；在湖中设置浮动喷泉净化水质、防止富氧化等，促进小区域生态的自我调节，同时便于后期维护（图 7-107 和图 7-108）。

公园承载了大量的历史文化信息，因此我们保留了有价值的活动场所并进行改造，这种改造并不是简单的修复，而是根据原有活动的需要增加场地的舒适度，使人们愿意驻足观赏

（a）改造前　　　　　　　　　　　（b）改造后

图 7-103　道路景观改造前后的对比

图 7-104　公园花卉景观

图 7-105　竹林与廊桥　　　　　　图 7-106　雾森既增加了环境的舒适度
　　　　　　　　　　　　　　　　　　　　　又创造出犹如仙境的体验

和停留，使传统文化得以延续和发展。而富有现代气息的设计则为人们带来新鲜感，引发艺术、文化等新的活动发生（图 7-109～图 7-111）。

图 7-107　公园水景

图 7-108　水陆两生的植物

图 7-109　改造后圆形长廊及周边环境

图 7-110　长廊中休息的人们

图 7-111　改造后的圆形长廊像夜晚飘浮在空中的白色丝带，成为最聚集人气的场所

扩绿工程实施后获得多方好评，唐山园林局委托我们继续进行凤凰山公园的改造设计，"穿行"的概念也得以完整体现。公园改造后，园内的休憩场所及穿行的园路已经融入了市民每日的生活。节日期间水漫广场的开启吸引了更多的游人前来，成为城市中的愉快事件。公园内从早到晚活跃着一拨又一拨的市民，他们或跳舞，或弹唱，或放松心情，市民们自发形成了各种文艺体育活动的组织，衍生出了许多新的活动，构成了一道和谐的都市风景线。

唐山凤凰山公园以"穿行"打破了城市区隔，以共享推动融合。人们能穿过公园到周边的任何一处，使公园的道路成为不受机动车威胁的最为安全的道路，而穿行者则在穿行中有着不期而遇的种种惊喜。纵横在公园的道路，在富于变化的景观中——风景就此参与了穿行者的活动。可供"穿行"的公园，是一个开放空间，鼓励多种活动同时展开，提供利于交往的空间，成为周边居民日常生活的扩展与延伸。设计所包括的环境对于"穿行"者的影响，属于心理的精神的层面，体现了功能设计中的非功利性。设计以"整体的连续美丽"给予进入、穿行其中者潜移默化的影响，这样一种快乐、健康、环保的生活方式，有利于缓解、释放压力，促进社会的和谐。不同的使用者在不同的时间里为了不同的目的来到或穿越公园，将公园作为他们的"公共庭院"，并由此逐渐培养起对这一公共设施的责任感。

7.7.4 福建莆田南少林旅游区规划

设计：中国建筑技术研究院 骆中钊、张惠芳

（1）旅游区概况与现状分析

① 概况　中国历史上有两座少林寺，一在中原，一在闽中。河南嵩山少林寺，这座建于北魏太和十九年间的禅宗祖庭，早已举世闻名。可是南少林寺在哪里却众说纷纭，成为海内外史学界、武术界、宗教及文物界的学者、专家苦苦探索的一宗历史谜案。在1986年文物普查中发现，在现林泉院遗址周围散见五口大型花岗岩石槽，均为北宋年间遗存，尚有部分残碑、石柱础，宋元时期的陶瓷器皿等。许多学者根据这些调查发现以及一些文献记载和民间传说，初步推测该遗址为林泉院寺址。经福建省文物管理委员会同意，与1990年12月至1992年元月对遗址分两期进行发掘。初步了解了遗址各个不同历史时期的文化堆积情况，发现并清理了几组不同历史时期的建筑遗址。获得了一大批可供断定建筑遗存年代的陶瓷器标本以及砖瓦等建筑构件和饰件等。同时也发现了少量石刻和墨文文字资料。所有这些连同调查发现的石槽题刻等，为林泉院以及南少林寺的论证提供了重要的依据。

林泉院遗址地处于莆田北部丘陵山地，隶莆田县西天尾镇林山村，南距莆田市区直线约12km。莆田县的最高峰九华山即在其间。西北隔荻芦直线约13km为福清市地界。一直坐落于山涧洼地中（海拔近500m）。东、北及东南三面环山。西隔山间小溪与石面桶山（亦称弥勒献图山，海拔576m）相望，其西北有塔西自然村，东北面有祖山，遗址东西长约200m，南北宽约150m，总面积近30000m²。

1991年9月14日至16日中国武术学会、福建省体委、福建省武术学会在莆田召开了"南少林寺遗址"论证会，经过现场考察，论文答辩，确认福建省莆田市西天尾镇林山村寺院遗址，就是历史悠久的重要禅寺林泉院遗址。基本判定：林泉院即武术界通称的闽中少林寺，也就是南少林寺。

经福建省人民政府批准，莆田市政府于1992年4月25日在北京人民大会堂举行新闻发布会，宣讲莆田南少林寺遗址论证成果，宣布重建莆田南少林寺。

在南少林寺重建的同时，为了适应社会发展的需要，莆田县县委、县政府为充分利用南

少林寺的人文资源以及周围自然景观资源，开发南少林旅游区，特组织了一批专家学者进行了南少林旅游区的规划方案编制工作。

② 区位　南少林旅游区位于福建省莆田县西天尾镇林山村林泉院遗址周围：长约1600m，宽约500m，占地面积36公顷。

莆田县处于福建省东部沿海地区，福厦公路的中部，北距省会福州108km。南距海上丝绸之路起点泉州市90km，距海上花园的厦门市196km，东距妈祖始庙的湄洲岛42km。它的开发，不仅可以加强重建南少林寺的力度，为社会提供新的旅游景区，而且可以使其与福建省东部沿海的诸多旅游景区连接成一条有机的旅游带。

③ 自然景观资源现状及发展前景分析

a. 现状基本情况。南少林是我国佛教禅宗的一个主要分支，其以南派拳种而闻名中外，林泉院即南少林寺的基本判定进一步激发了人们对南少林探访的浓厚兴趣，现状林泉院的伽蓝七殿已重建。与天地会（洪门）创立之前反清复明有着密切联系的红花亭已得到保护，其与林泉院乃至少林寺的关系也极其诱人探秘，少林武术学校已建成并开始招生。现存的打字桥留下了指禅真宝。此外，那莲花石，一指禅石及鬼潭瀑布，无底坑瀑布等自然景观亦都令人向往。

自福厦公路至林泉院的混凝土道路（少林路）已开通，旅游者可乘车直达林泉院大门前的广场。

b. 发展前景分析：（a）优越的旅游资源；（b）良好的区位条件；（c）丰富的游客来源。

（2）旅游区性质与规划指导思想

① 旅游区性质　根据南少林旅游区的旅游资源，区位条件和游客来源，拟定旅游区的性质为：以南少林佛教文化、武术文化为主要特色，具有良好自然生态环境和游览观光、休闲度假等功能的综合旅游区。

② 规划指导思想

a. 重点保护旅游区的南少林佛教文化、武术文化等人文景观、自然景观资源、保护旅游区内的地形地貌、水体、植被及人文古迹，同时充分发挥自然环境优势，在鲤鱼头处拦河筑坝，兴建九叶莲湖（人工湖），并把其与其他人文景观进行统一规划，有机地形成一个整体，统一管理建设。

b. 加强旅游区内原生植物的抚育工作，并应封山育林和造林植树。

c. 应以发展旅游区农村经济为基础，建设新农村，以适应开展观光农业、休闲度假和发展第三产业的需要。

d. 多渠道地组织客源。旅游区的开发建设，应努力做到能够吸引游客，留住来客，招揽回头客。各旅游景区的设置应以少投入多产出的原则，在注重社会效益和环境效益的同时力争获得最好的经济效益。

e. 合理规划，分期分批进行建设。

f. 强化管理，增强经济意识。

g. 在旅游区的规划中，应为可持续发展创造条件，在界定的旅游区规划范围外规定开发用地以及花果茶园、山林休闲的发展用地。

③ 规划原则

a. 规划中应突出南少林寺佛教文化和武术文化的内涵，开发建设旅游景区，并加强景区之间的联系。

b. 组织多条游览线路，以适应半日到两日，乃至三日的旅游线路。

c. 旅游区的生活服务设施应尽量依托新农村的建设，旅游宾馆、饭店和专门的旅游度假村应根据发展的需要和可能，慎重地酌情安排。

d. 在旅游区内集中设置若干商业、餐饮网点，并在适当的位置建设娱乐休闲场所。

e. 应把旅游区的建筑当做景点来规划建设，并应突出南少林寺（林泉古刹）的建筑风貌，新农村的建设还应既具有民居的特色，又富有时代特征。

f. 林泉古刹伽蓝七殿建成后，已使南少林寺初具规模，近期的开发应暂缓林泉院的扩建，把重点放在建设祖塔映辉、观音普度、篱花雨红、石莲飘渡、少林研究、少林览胜、厅堂演武等景点，兴修九叶莲湖及其三岛一桥，同时建设新农村——稻香农舍。

（3）规划布局

① 旅游区的布局特点　南少林旅游区的规划（图 7-112），环绕九叶莲湖共布置了 13 个景区 25 个景点，形成了以九叶莲湖为中心的布局特点，旅游区东至幽谷观瀑，西至石莲飘渡，北至观音普度，南至少林武校，另外卧佛圣迹及佛国圣地、一指禅石即因地处山顶，山势较陡，辟为独立景区，以主要步行道与主要旅游区相连。南少林旅游区总用地 36 公顷。

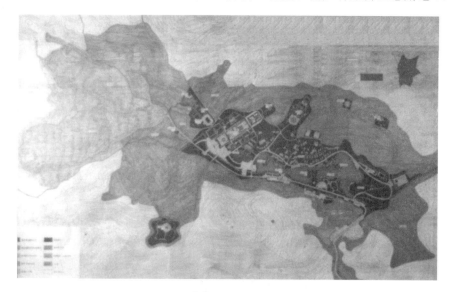

图 7-112　福建莆田南少林旅游区平面图

② 主要入口设置　旅游区的主入口，设在少林路进入旅游区的东南隅，入口处外设停车场。除特殊车辆外，所有外来车辆应严格禁止进入旅游区，经批准进入旅游区的车辆驾驶速度也应控制在 15km/h 以内，以保证其他游客的安全。

③ 开发用地　南少林旅游区有着诱人的发展潜力，这必将吸引众多的投资者前来参与开发，为此在旅游区的规划范围外，划出 4 块供投资者开发的用地，并划出用做山林休闲和花果茶园的用地，为今后发展观光农业创造条件。

④ 新村建设　规划时，考虑到社会发展的趋向，旅游区内的原有村庄不但不应搬迁，而且应该根据发展观光农业和休闲度假的需要，合理规划，建设独立式或并联式的 2～3 层农村住宅，以形成新的景区，把新村建设作为旅游区开发的重要组成部分。

（4）景点组织

旅游业是通过食、住、行、游、购、娱招揽游客。就旅游而言，它是一种新型产业，除自身的发展外，将带动其他行业的发展，然而竞争十分剧烈，要使南少林旅游区能够健康地发展，使其真正发挥久负盛名的南少林的作用，就必须弘扬南少林佛教文化和武术文化，并充分利用当地的自然资源优势，组织具有特色的景区和景点。根据分析研究南少林旅游区共组织了 13 个景区、25 个景点（见表 7-1 及图 7-113 和图 7-114）。

表 7-1　南少林旅游区的景区、景点总汇

	景　区	景　点
1	少林览胜景区	① 少林览胜　② 厅堂演武
2	林泉院景区	③ 林泉古刹(南少林寺)　④ 祖塔映辉(六祖塔)
3	红花亭景区	⑤ 篱花雨红(红花亭)　⑥ 石莲飘渡(莲花石)　⑦ 少林研究(南少林研究会)　⑧ 禅指真宝(打字桥)
4	观音堂景区	⑨ 观音普度
5	观光农业景区	⑩ 稻香农舍
6	九叶莲湖景区	⑪ 九叶莲湖　⑫ 佛印承露　⑬ 虹桥飘渡(莲花石)　⑭ 佛光普照(佛光阁)　⑮ 东胜谐趣
7	佛国圣地	⑯ 佛国圣地
8	一指禅石景区	⑰ 一指禅石
9	鲤鱼头景区	⑱ 鲤鱼戏水　⑲ 习武养生　⑳ 南拳禅院
10	瀑布景区	㉑ 幽谷观瀑
11	武校景区	㉒ 少林武校　㉓ 埕院练功
12	杏帘在望景区	㉔ 杏帘在望
13	卧佛景区	㉕ 卧佛圣迹(卧佛洞)

图 7-113　福建莆田南少林旅游区景点组织图

① 少林览胜　林山林泉院，它背靠祖（朱）山等几个小山头，院前也有一条小溪从右向左流过，院右侧有塔群（今为塔里，塔西自然村），寺院的右前方也有一个"卧佛山"（当地叫它弥勒献图山）。寺院左前方有九叶莲花峰（见民间传说《禅中择地》、《千灵祖师斗山魈》）。

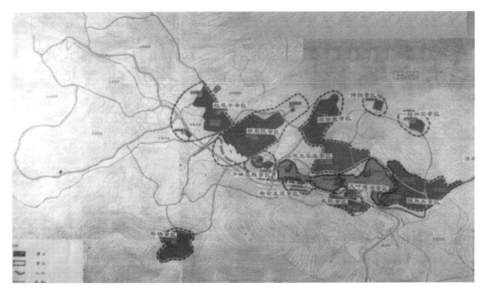

图 7-114　福建莆田南少林旅游区景观轴线图

在进入旅游区参观前，设立少林游览景点，陈列北、南少林寺的模型，讲解南少林寺酷似嵩山少林寺的地形地貌，当给游客以启迪，引起人们的兴趣，然后再介绍南少林旅游区的景点和游览线路，使人们对旅游区有一个总的印象，以便在他们第一次旅游未能将全部景点都走到时，还希望以后能再来。

②厅堂演武　少林武功名扬四海。如今流传在民间的南拳套路都是从南少林学来的，如"佛祖拳"、"铁珠拳"、"安海拳"、"龙尊拳"、"一指禅"等，溯其渊源，从林泉院遗址中发现的"梅花桩"和流传下来练功用的"志石"可以知道，林泉院的武术是继承了嵩山少林寺的传统武术。设置厅堂演武，为游客饱鉴少林武术之精华提供一个清净、优雅的场所。

③林泉古刹（南少林寺）　林泉院有着悠久的历史，还有《林泉院由来》的民间传说。林泉院始建于南北朝时期，陈永定元年（557年），比莆田最负盛名的广化寺还早一年创建，在唐朝嵩山少林寺武僧南下莆田九莲山建寺时，林泉院早已存在，故仍用原名，南少林寺只是相对北少林寺的俗称而已。在林泉院遗址上现已建成伽蓝七殿和由赵朴初先生题写《南少林寺》牌楼其主轴线为西偏南5°，面对卧佛山的头部，在大雄宝殿的月台上可清晰地看到整个卧佛山的山形全貌，形象逼真。根据原有规划，拟在大雄宝殿后面，通过林泉洞再修建法堂，千佛殿等。并在伽蓝七殿的左侧修建僧舍、禅堂、斋堂和方丈室等。右侧则修建练武场和罗汉堂等。规划中建议把原规划的照壁移至少林路的西侧，使其形成具有一定规格、规模宏伟的林泉古刹（图7-115）。

④祖塔映辉（六祖塔）　为纪念少林六代传人——南少林始祖慧能法师，在林泉院的后山修建六祖塔，塔高7层39m，平面呈八边形，使得林泉院更显雄伟，六祖塔也成为南少林旅游区的重心所在，位置显著（图7-116和图7-117）。

⑤篱花雨红（红花亭）　在林泉院北约500m的红花亭（图7-118）系明遗臣陆土斤、郑郏创建于明末隆重武二年（1646年），神案前有石砌莲花图案，亭柱上有"万物总归三尺剑，五云时现七星旗"的楹联，题头暗示天地会的武将万云龙和南少林寺五祖和尚，显然是反清复明的标语。林山不但有万云龙将军庙及其神像，而且洪姓家中均设其神位，认万云龙为始祖。红花亭柱原还有一对楹联"柏酒倾杯绿，篱花带雨红"，是郑郏（皆山）的诗句。

　　"红花亭"是当年天地会的聚会处之一。但目前仍存在着"红花亭"究竟与林泉院有没有联系的疑问。

图 7-115　林泉院

图 7-116　六祖塔效果图

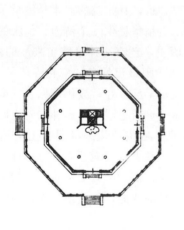

(a) 六祖塔平面图

(b) 六祖塔立面图

图 7-117　六祖塔平面、立面图

　　在编制规划时，从有关南少林的研究中可以看到南少林寺从选址到楹联石刻，处处都在寻求与嵩山少林寺的相似之处。因此，可以认为红花亭应与嵩山少林寺的立雪亭有关，为纪念禅宗二祖慧可和尚挥剑断臂血洒雪地，在嵩山少林寺建立雪亭，而由于林山终年不见雪花，只好以红花来歌颂二祖的恒心。

规划中对红花亭不仅要求保留，还应重新修缮，并在其四周布置迴廊，展示少林禅宗的事迹，供游客参观（图7-118～图7-120）。

图7-118 红花亭

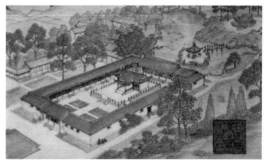

图7-119 石莲飘渡及篱花雨红景点

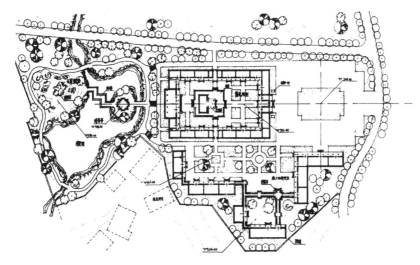

图7-120 红花亭景区总平面图

⑥ 石莲飘渡（莲花石） 林山村的莲花石有着美好的传说，而在规划构思中，更使我们联想到莲花石佛教的崇拜花。

⑦ 少林研究（南少林研究会） 被历史的积尘埋没了200多年的南少林遗址，经过一批有志之士两年多的探索、求证，通过专家会审、鉴定，终于拂去蒙尘，露出了真迹。少林研究景点就是为南少林研究会提供南少林研究资料、文物展示供人们参观及开展研究、交流活动的场所，根据地形以及周围的环境的关系，把它布置在临近林泉古刹的篱花雨红景点右侧的同一台地上。

⑧ 指禅真宝（打字桥） 在林泉古刹的右前方，红花亭的西面，于九莲山下的林泉溪上，现存一块长一丈，宽五尺，厚一尺的大石板，上面刻有"僧继言造"四个碗大的题字，传说，这石板上的四个大字，不是石匠凿成的，而是一个叫继言的和尚用手指刻写而成的（图7-121）。

⑨ 观音普度（观音堂） 观音菩萨是西方佛主阿弥陀佛的右协持，属"西方三圣"之一，据佛教传说，他是一位大慈大悲的菩萨，众生遇难时，只要念其大名，"菩萨即时观其音声"，前去解救灾难。因此，观音普度，人人皆知，我国东南沿海、中国台湾、香港、澳

门同胞乃至东南亚诸国的华侨更是特别崇拜。

为了弘扬南少林的佛教文化，并适应广大侨胞，中国港、台、澳同胞及当地群众信仰的需要，在开发南少林旅游区时，把建设观音堂作为主要景区之一。

观音堂的主体建筑大悲阁八角三层中间贯通上下，供奉千手千眼观音立像，其后为大雄宝殿，环绕大悲阁和大雄宝殿的迴廊可分别供奉各种不同名号和形象的观音及 33 种身份（33 身）。在大悲阁前设一个沼飞梁放生池。在观音堂前，即利用原有池塘修建莲座观音池，中间为一尊 18m 高的石雕莲座观音立像，周围布置 8 个莲头喷泉。

南少林旅游区的观音堂不再以观音尺寸的巨大或材料的昂贵争先，而是以展示齐全的观音名号、形象和身份的各种民间工艺精品塑像而驰名中外，吸引各方游客。

⑩ 稻香农舍　以农家旅游住所为主的观光农业在发达国家十分盛行，在我国也已引起关注和重视，在南少林旅游区开展观光农业，不仅可以为游客提供更多休闲活动的内容，还可以减少旅游区建设宾馆、饭店的资金投入。稻香农舍旨在建设新农村，增强文明意识，改善卫生面貌，提高环境质量（图 7-122）。

图 7-121　打字桥

图 7-122　稻香农舍

⑪ 九叶莲湖　为了使南少林旅游区在弘扬南少林佛教文化、武术文化的同时，利用地形地貌设置更多的景点，规划中在鲤鱼头处拦河筑坝，兴建人工的九叶莲湖，开展划船等水上活动。

⑫ 佛印承露　九叶莲湖西侧面的小岛，正处观音堂的中轴线上，挖掘一双菩萨足迹的浅水池，不仅可以给儿童提供嬉水的场所，还可承接观音给予的灵气，从而增加人们游览的兴趣（图 7-123）。

⑬ 虹桥飞渡（五孔桥）　于九叶莲湖的最狭窄处，修建沟通两岸的五孔拱桥，使得九叶莲湖具有不尽之意，更富情趣。

⑭ 佛光普照（佛光阁）　在九叶莲湖的中心岛用曲桥与南北两岸沟通，岛上修建佛光阁，供奉佛祖圣像，也可供游客登阁环览湖光景色（图 7-124～图 7-126）。

⑮ 东胜谐趣　位于九叶莲湖东面的第一岛，有桥与湖北岸相通，规划在岛上构筑假山和透迤曲折的山洞，模拟水帘洞和花果山，布设孙悟空及群猴的各种塑像，为儿童提供一个游戏场所。

⑯ 佛国圣地　这里依据佛教的教义，在须弥山周围布置了东胜神洲、南瞻部洲、西牛贺洲、北俱芦洲四大部洲和八中洲，展现佛教中佛国圣地的文化内涵（图 7-127）。

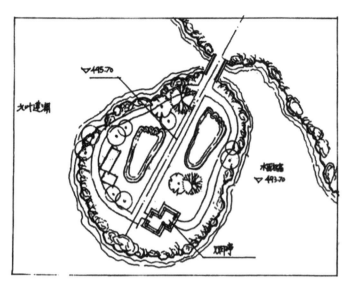

图7-123　佛印承露总平面图

图7-124　佛光普照总平面图

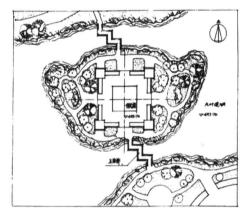

图7-125　佛光普照景点

图7-126　佛光阁效果图

图7-127　佛国圣地效果图

⑰ 一指禅石（图7-128）

⑱ 鲤鱼戏水　这里的地形酷似鲤鱼头，规划中兴建了九叶莲湖，使得鲤鱼更近水面，增加无限的生机。在鲤鱼头的小丘上，可以设清静的休闲活动项目供老年们习武养生，建设

小型儿童游戏场使这里成为老年与儿童的欢乐世界。

⑲ 习武养生　南少林不仅武功显赫，而且还有不少的养生之道，在紧邻南拳禅院处开办以习武养生为中心的养生基地，为港、台、澳同胞和广大华侨提供服务。

⑳ 南拳禅院　为了弘扬南少林武功，适应社会的需要，仅有一座南少林武术学校不但不够，而且还得建立不同层次的武术学校，在一指禅石的山脚开办的南拳禅院，其宗旨是在习武的同时，开展南少林武功研究和组织各种武术交流活动。

图 7-128　一指禅石

㉑ 幽谷观瀑　在山头尾和梧桐山之间的峡谷中有高三四十米的鬼潭瀑布和无底坑瀑布，峡谷深幽，飞流直泻，颇为动人。

萧老诗题："悠然本非万向荣，谷壑胸藏佛祖经，观光犹似龙戏水，瀑声企知我心情。"

㉒ 少林武校（南少林武术学校）　南少林武术学校是为了培养南少林武术人才而建立的学校，现已招生。

㉓ 埕院练功　这里是一个少林武功练习和表演的露天场所，为了游客一进入旅游区就能为少林武功所吸引，规划中，把其布置在南少林武术学校的路对面，设计为台阶式广场，以便于演练和观摩，也可为其举行其他民俗活动提供场所。

㉔ 杏帘在望　在旅游区主干道两侧为游客提供购物、餐饮、休息和室内娱乐活动的服务。规划中，杏帘在望就是布置项目较为齐全的商业服务一条街（图 7-129 和图 7-130）。

图 7-129　杏帘在望景点

图 7-130　杏帘在望效果图

㉕ 卧佛圣迹　在林泉院右前方有一座卧佛山，当地称它为弥勒献图山。当旅游区开发达到一定程度时，可以开发这一景点，它不仅可以让游客登高鸟瞰南少林旅游区的全貌，也可远眺莆田市区。在有条件时还可以挖掘卧佛洞，供奉卧佛塑像，利用现代光电技术，呈现佛光奇观，让游客在欣赏佛教文化的同时又可获得高科技的启迪。

卧佛山其山的轮廓像平卧的佛像，如果能在山上布置灯光夜景，不仅可以为旅游区增添令人难于忘却的夜景，同时在福厦公路上可远望诱人的夜色，从而达到吸引游客的目的。

（5）绿化系统

① 现状　"山峰起伏接天台，形似莲花九瓣开。林翠泉清藏寺院，云深雾霭隐如来"。

这是描绘林泉院正处于九瓣莲花山盆地的中心，林翠泉清。然而屡经浩劫，现在的林山四周山头难寻一棵大树，几乎都是无林荒地。林山现有 18 个自然村，23 个村民小组，2228 人，耕地只有 1801 亩，山地 15000 亩，令人惊叹的是，这里有 7000 多亩茶园遗址，可以想象，当年林泉院规模之浩大，而现在林山只种茶 200 多亩。因此作为南少林旅游区的开发建设必须将绿化建设列在首要位置，尽快安排。

②　绿化规划　根据旅游区的特点，分为景点绿化区、重点造林区、花果茶园区和封山育林区 4 个区。

a. 景点绿化区

（a）主要景区、景点绿化。应根据各景点的特色在详细规划中进行布置，如观音普度景点周围可广种红豆杉，而篱花雨红的绿地可种植红色的花、草。而石莲飘渡的莲池种植睡莲，在人流较集中的广场周围种植榕树等。

（b）九叶莲湖的湖滨种植柳树、碧桃、玉兰。

（c）主干道的道路两侧可各植以常绿和落叶阔叶树，樟、柳杉、碧桃等。

（d）游览步行小道两侧树木一般以自然式栽种。树种以常绿阔叶树为主如将樟树、栎类及花灌木作为行道树。

b. 重点造林区。规划把旅游区各主要景区、景点的周围地带列为重点造林区，主要种植常绿阔叶乔木，并可按区域划分，分别种植四季景观树种，如春天的腊梅、桃花、梅花、玉兰；夏季的杜鹃、紫薇、木槿、木芙蓉；秋季的桂花、石榴；冬季的池杉、湿地松，以创造出生动的植物景观。

c. 花果茶园区。在旅游区的西部开辟花果茶园，传承南少林的茶文化，为游客增添体验农耕、尝花摘果、休闲品茗、茶疗健身等活动内容。

d. 封山育林区。对上述以外的山体全面进行封山育林，广播速生林，保护生态环境，创造天然氧吧，为游客提供徒步登山露营野炊的休闲活动，以吸引更多的游客和留住来客。

③　规划树种选择

a. 乔木：枫香、乌桕、杜英、甜槠、樟树、楠木、木荷、麻栎、丝栗考、榕树；

b. 灌木：鸡爪槭、山胡椒、野漆、野柿；

c. 湿地植物：垂柳、水杉、池杉；

d. 观花植物：茶花、杜鹃、紫薇、木槿、广玉兰、桂花、月季、扶桑、腊梅、荷花、睡莲、石榴、木芙蓉、槿子、桃花、紫鹃、紫荆、木香、金银花、迎春、凌霄、梅花、含笑、紫玉兰；

e. 果树类：龙眼、荔枝、枇杷、柑橘、橡胶等。

④　苗木基地　考虑到旅游区的绿化需要，应在花果茶园内划出 5 公顷的用地，用于培育苗木、花草及外调入的临时转运假植物的场所。

（6）环境保护

环境保护主要包括大气保护、声保护和水体保护以及山林防火，以创造优良的环境质量。

①　大气保护　在旅游区及其控制范围内，严禁建设有污染的工矿企业，严禁以煤为燃料，并控制生活烟尘的排放，燃放鞭炮应设专用设施，并加强管理。在旅游区内应尽量减少汽车行驶，凡进入旅游区的汽车应确保尾气排放达到国家容许的标准。旅游区内不得任意丢弃垃圾，在每个景点均应设垃圾站，在主要游览路线和景点还应设置废弃物果皮箱，垃圾收

集后由专用车辆送往垃圾消纳场统一消纳。力求使旅游区的大气质量达到国家大气质量GB 3095—96所规定的一级标准。

② 防止噪声污染 旅游区内不得大声喧嚷，不可播放高音喇叭，卡拉OK、夜总会等游乐场所要注意隔声，不可彻夜营业，除特殊节目外，夜间10点至次日早上6点之间不得燃放鞭炮。加强车船控制，在旅游区行驶的车船禁鸣喇叭、严禁打猎，以清除各种噪声污染源。旅游区的声环境按国标GB 3096—93的一类标准（昼间50dB，夜间40dB）执行。

③ 水体保护 九叶莲湖的修建，使得旅游区水体面积较大，水体的保护也就显得更加重要，水体应执行国标GB 3838—88所规定的Ⅰ类水质标准。水体的保护措施：

加强生活污水的治理，防止生活污水直接排放，所有的生活污水均应经过处理，达到国家排放标准后，方可排入水体。

a. 加强对公共厕所的粪便管理和处理，未达到排放标准的不得直接排入水体。

b. 清理湖区的枯枝树桩，减少固体污染源。

c. 合理进行水上养殖，改善湖水富营养化状况，避免出现水华现象。

d. 主要水源要严加保护，并保护好植被。

e. 禁止往湖中抛弃杂物，不得在湖岸边堆放杂物及垃圾，以免雨水将杂物冲进水体。

f. 加强环保宣传，以法治理环境，设专人专款用于旅游区的环保工作。

④ 旅游区水土流失的综合防治措施 在区内应多种植深根性的固土植物。使其在起到固土性作用、挡住从山上下滑的流失水土的同时，又可美化环境。

禁止在旅游区及其控制范围内砍伐森林或进行挖山采石、修墓等破坏地形地貌的非法活动。

在容易滑坡的地方，可适当做些护坡，防止水土流失。

⑤ 山林防火 在旅游区及其控制范围，除经管理部门批准，并采取有效的防火措施者外，禁止进行有明火的活动。以防山林火灾，保护生态环境。

（7）道路交通规划

① 对外交通 南少林旅游区的对外交通主要依靠公路交通，首先通过新修旅游区至西天尾镇的少林路与福厦公路（324国道）相连，经福厦公路与新近开通的福泉、泉厦高速公路衔接。

本省游客主要通过高速公路、公路到达旅游区。省外游客可乘飞机、轮船或火车到福州、泉州、厦门，随后转乘汽车沿福泉、泉厦高速公路或324国道到达莆田西天尾镇，再进入专用公路。

② 内部交通 少林路自旅游区入口至南少林寺前的7m宽混凝土路已修通，规划中以少林路为主干道，增修绕过鲤鱼头至九叶莲湖北岸再到少林览胜的7m混凝土路，使其形成环湖公路。另外配置4m宽的车行道或步行道各至主要景区和景点。为了便于游客参观览胜，还配置一些2.5m宽的步行道，从而形成以环湖公路为主干道的内部交通网。道路的布置也为今后发展花果茶园及山林休闲做了规划。在九叶莲湖上布置了3个游船码头，为游客提供水上活动服务，同时还将乘坐游船组织到一些游览线路之中。

（8）游览路线（图7-131）

在旅游区的道路交通和景点组织的规划时，尽量为组织环状的游览线路创造条件，避免走回头路，努力让游客多参观一些景点，让旅客在旅游区多停留一段时间，多享受大自然的美景。除特殊车辆外，所有外来车辆一律均停放在旅游区大门外的停车场，进入旅游区大门后，可改乘游览专车（电动车或人力车）或步行至各游览线路的起始点。

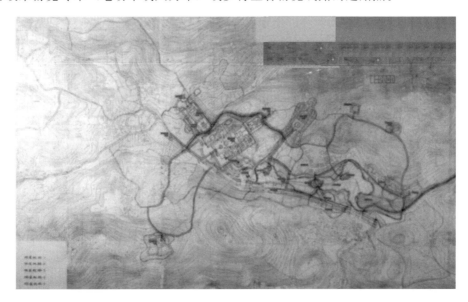

图 7-131 福建莆田南少林寺旅游区规划游览线路图

（9）给水排水

① 给水 经严格处理，使水质达到国家饮用水标准的生活给水经变频恒压给水装置送入各个景点的用水点，以满足用水要求。需要满足的用水要求有：生活饮水及食品用水；洗浴用水；厕所用水；消防用水；绿地用水；洗车用水（见表 7-2）。所有给水管在景区内沿路边埋地敷设，管径≤300mm 时采用给水铸铁管；管径≥300mm 时采用钢筋混凝土管。

表 7-2 给排水估算表

景 点	生活用水 /(m³/d)	绿化及洗车用水 /(m³/d)	消防 /(L/s)	排水 /(m³/d)
红花亭景区	30	10	25	24
林泉院景区	10	5	15	8
少林览胜景区	4	2	15	3.2
杏帘在望景区	10	2	15	8
稻香农舍景区	80	10	10	64
武校景区	20	10	10	16
习武养生景点	20	10	10	16
南拳禅院景点	10	5	10	8
停车场	20	20	10	16
合计	204	74	120	163.2

② 排水 原则：所有污水经过处理达到 pH＝6～8.5；色度≤40；BOD≤30mg/L，COD≤100mg/L；SS≤80mg/L 后方可排入九叶莲湖或浇灌土地。

根据景点大小，在每个景区需设置 1～2 个公共厕所。每个公共厕所配置一个化粪池。大景区统一将废水集中在一起，经 WSZ 设备处理，达到排放标准后，就近排放；小景区废水量较少，就近与其他位置废水汇合后，经 WSZ 设备处理，达到排放标准后，就近排放；景区之间，沿路 2～3km 设置一个公共厕所，便于游客使用；入口停车场设置一个洗车场及一个厕所，并设废水回收装置。所有排水采用重力回流方式由高向低流动。采用钢筋混凝土管，沿路边埋地敷设。

③雨水　沿道路两边及绿地外边设两条雨水明沟，雨水顺山坡由高向低就近排入人工湖或水渠。需要过路处，采用钢筋混凝土管埋地穿越。

（10）电力电信

旅游区内规划大、小景区13处，按规划估算用电负荷约1000kW，电话约400部。

①供电　电源由附近变电所引来，电源电压10kV，景区外架空布线，进入景点后改为电缆埋地敷设。为了尽量缩短低压线路的供电半径，同时又考虑便于今后发展，规划中考虑在每个景区适当位置设一箱式变电站，小景区100kVA，大景区160～240kVA。

供电系统的接地方式为10±2×2.5/0.4/0.23KVYN-1，接地方式TN-SN、PE严格分开。

②电信　通信设施有附近电信部门引来的两路200对电话电缆，在各个景区的适当位置设电话分接箱，干线部分类似链式接地，支线部分采用放射式引至各个电话插接孔，公用电话全为卡式。

整个景区设一个邮电所。

（11）保证规划实施的措施

①统一规划、统一建设、强化管理　建议成立旅游区管委会，负责旅游区规划、建设的组织工作，制订各项管理制度，以使旅游区的建设和管理能够保证达到规划提出的目标。

②因势利导、广泛绿化、保护环境　加强旅游区的绿化工作。对暂未开发的地方进行封山育林，在整个旅游区的控制范围内，加强植被抚育工作。在规划的指导下，有计划地扩大旅游区绿化面积，创造优美的生态环境。

③大力宣传、多渠道吸引资金、加快建设步伐　旅游区应大力加强宣传，利用各种宣传渠道，如电台、电视、报纸、图片和邀请名人等。加强对外宣传，以提高旅游区的知名度，吸引更多的游客到旅游区游览。同时也应加强与各旅行社和各旅游团体之间的合作，组织好客源，使旅游区游客量增加。在对外宣传的同时，积极争取外部资金，以各种名义、各个渠道吸收资金，用于旅游区的建设。

④尽快培养专业人才，提高旅游区管理队伍素质　建议旅游区管理部门采用各种渠道和方式积极培养人才。除向有关院校要专业人才外，可考虑选送在职职工到专业院校学习深造，使之成为旅游区的管理骨干。

⑤加强经济观念，努力拓展扩大游客来源　旅游区的开发建设必须以生产最好的经济效益为主要目的之一。为此，应努力探讨吸引游客，留住来客，招揽回头客的各种方法，以促进旅游区的开发建设。

⑥加强安全保卫工作，切实保障游客安全　应采取必要的防护设施，包括通信、交通、医疗等。保证游客安全，做好抢险救护（包括陆上与水上）工作。

7.7.5　福建龙岩市新罗区江山风景名胜区石山园景区总体规划

设计：孙硕、顾雅贞。指导：骆中钊

（1）项目概况

江山风景名胜区石山园景区位于福建省龙岩市新罗区西北部。国家A级自然保护区梅花山南麓，江山乡政府所在地的铜钵村，距龙岩城18km，交通、通信极为方便（图7-132～图7-134）。

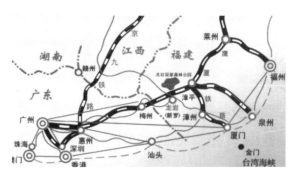

图 7-132　龙岩市对外交通示意

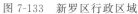

图 7-133　新罗区行政区域

图 7-134　新罗区旅游景区

　　龙岩市新罗区位于福建省西南部，东临厦门、漳州、泉州，北靠三明，南接广东潮州、汕头、梅州、西连江西赣州。境内有漳龙、龙梅铁路贯通。有漳龙高速公路、319国道、福三线省道、围乐线省道等公路系统。梅坎铁路、韶赣龙铁路和龙赣高速公路以及连城机场正在动工兴建，区域大交通十分方便。

　　本区地处中亚热带与南亚热带之间的过渡带，属亚热季风气候，年平均气温在 15.8～20℃ 之间，冬无严寒，夏无酷暑，全年均适宜旅游。

　　江山乡，起伏的山峦，蜿蜒的溪流构成了千姿百态、色彩斑斓的大自然壮丽景观，素有"龙岩胜景出江山"和"小武夷"之美誉。江山风景名胜区石山园景区，以石为主，因石取胜。景区内沿线或怪石嶙峋或壁立千仞，令人感叹无石不奇。而潺潺的溪流，蜿蜒的跳跃，又给游人以无限活力和生机。景区将建成为龙岩市市区的后花园。但要把它建成对外开放的一个不仅服务于龙岩市区，而且服务于更广泛地区，有经济价值的有一定知名度的风景区，尚必须通过分析研究，通过规划设计，在保护和充分发挥这一自然景观优势的基础上，花大力气努力探索，营造特色，以提高其知名度。为此，本次规划重点将放在景点的组织上（图7-135）。

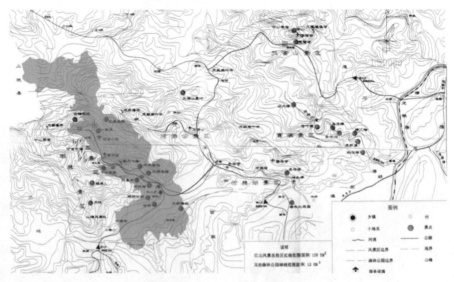

图 7-135　龙岩森林公园

（2）风景资源评价

石山园景区是以自然山水为主要特色的风景区，它的价值在于它所拥有的自然资源，在于山山水水、岩石峭壁、林木花草、原始森林和野生动、植物。同时还有着丰富的人文景观资源。

① 自然景观资源

a. 地形地貌。石山园景区呈带状分布，主要地段沿溪流展开、曲曲折折、峰夹两岸、

图 7-136　江山睡美人山

时开时合、风格迥异，到"铁门关"大有"一夫当关，万夫莫开"之势，过了这个关隘，便可见巨型石壁，其陡度几乎与地面垂直，呈弧形，略无缺处，酷似平地竖起的一座巨大屏风。游人置身于此，抬头仰望山顶浮云飞动，犹如悬岩也在移动，又像渐渐倾斜欲倒非倒，使人惶恐，令人胆战。定神之后，石屏风依然屹立，什么危险也无。于是可得有惊无险之满足感。石山园背倚龙岩最高峰岩顶山，上有一公里台地，如若登

上峰顶，就可领略到"王府点兵"的气派，在约 1600m 海拔之上，99 个山峰浮于云海，时隐时现，"霓为衣兮风为马"的感受油然而生，天气好时，极目四望，数十里外景色尽收眼底，比岱顶之上"一览众山小"毫不逊色（图7-136）。

b. 水流景观。石山园景区的水，清澈甘洌，闻名遐迩，人道是："江山的溪水最好"。

它是风景区内宝贵的资源。这里的水已确定作为龙岩市区生活用水的第二水源。

c. 动、植物景观。石山园景区地处中亚热带，地带性植被为常绿阔叶林，景区植被主要是马尾松林，常绿阔叶针叶混交林及灌丛、竹丛等，均为丛生植被。由于保护，良好的风景区内四季如春，一片翠绿，山花烂漫，生机盎然。风景区内有望不尽的绿影婆娑，看不够的春华秋实。千亩竹林，野花野果，为游人送来美好的享受。难怪清代有人隐居于此，在独丘上建了"彩吊楼"，楼外对联上书"莫扫落花，暂作庭前锦绣；休惊啼鸟，留为园地笙簧"。竹篱茅舍，诗情画意。

石山园景区背倚梅花山南麓，野生动、植物资源十分丰富，是闽西野生植物种基因库之一。这里有国家保护动物华南虎、云豹、金钱豹、黑熊、猕猴、锦鸡、草鹗、穿山甲、大灵猫和大蟒等；有国家保护的珍稀植物梭椤、三尖棚、红豆杉和柳杉等；竹类品种繁多有毛竹、绿竹、石竹、桂竹、紫竹、箭竹、观音竹、佛肚竹……近年来，由于加强生态环境的保护，野生动物也迅速繁衍，在岩顶山南麓黑熊、梅花鹿时有出现，至于野猪山獐等则更是司空见惯，俨然是一座天然的野生动植物园。

② 人文景观资源　相传为唐末江始人至平畲林山腰落籍而称名。原以古代产铜而名铜城，元初以避讳宋末铜城久攻未下而改名为铜钵。江山历史悠久，时有古生物化石发现。据史料记载，远在唐以前就有数座寺庙，今存有耸池岩（宋代）文物古迹有铜钟（后唐天成二年即 927 年铸，属国家一级保护文物），铜城墙基二三百米长（宋景炎二年即 1277 年）。现存的东寨遗址据传可能建于铜城之前。明正统年间（即 1436 年）挖的古井以及民族英雄文天祥及其左右先锋郭铉、郭炼两兄弟的众多史迹都表明石山园景区有着较为丰富的人文景观资源。

香林庙中供奉的民族英雄郭公两兄弟还是当地群众祈求子孙健康成长，前途远大的信仰对象。苏州古佛则又是信奉者礼佛朝拜的好去处。

③ 环境质量评价

a. 气候：石山园景区气候属亚热带，湿润季风型，温暖多雨，冬暖夏凉，无霜期达 290天，年平均降雨量 1839.8mm，无显著旱、涝、雨、风灾，全年皆宜旅游。

b. 地震：龙岩市境位于东南沿海地震亚区的政和——海丰地震活动亚带与河源——邵武地震活动亚带之间，闽南弱震活动的北缘，历史文献中，尚无遭受强地震震害的记载。

c. 环境污染状况：石山园景区位于梅花山自然保护区南麓，森林覆盖率达 85%，地表水质纯净无污染。周围均无工业区和生活居住区，均无大气、固体废弃物和噪声的污染。景区内植被和环境保护良好，少遭破坏，环境优美。

（3）发展前景

① 现状　石山园景区虽然尚未正式开放，但近年来已陆续整治了一些景观，并修建了一些服务设施。因此，每逢节假日总有各方人士结伴而来，进山游玩。根据估算，现在年游客量约为 3 万人次。

石山园景区属江山乡铜钵村管辖，从前曾有过一些古迹，如史皇阁书院，苏州佛寺庙，独丘彩吊楼，铜城香林庙等已被损坏，不复存在，仅留下的宋代古城也因街区改建，设计人员的规划意识和文物保护意识淡漠而遭拆毁，所剩无几，明代古井在街道扩建时虽保留下来，但也失去了当年的风采。东寨遗址虽尚保存完好，但也缺乏维修和保护。耸池岩虽得到保护和修缮，并被列为龙岩市文物保护单位，1991 年的规划中也已提出应将小学搬迁，恢复耸池岩优雅的环境，然而这个规划非但未能执行，更为令人发指的是近期又在紧邻耸池岩的左侧，加速兴建小学新的三层教学楼，这种无视文物保护的恶劣行径，应引起各级领导的重视，追究责任。并即令拆除，以告诫后人。值得庆幸的是史皇阁尚得以保存。铁门关的碑刻也得到保护。出于对民族英雄的崇敬，乡人也自发地在石山园"狮形隔"上重修了香林庙，并保存了原有的碑刻。乡人郭达旺为庆祝其母黄二姑华诞还在香炉上建造了"双爱亭"。

1991 年委托同济大学规划系完成了石山园风景区的规划。在这之后，江山乡陆续在石山园内修建了车行道，兴建了少量的竹楼，木屋度假村，小型旅游饭店和游泳池，但由于游客未成规模，这些竹楼，木屋也都残缺不全不能使用，旅游饭店也较陈旧，游泳池虽有游客光顾，但也是寥寥无几。

石山园景区的开发起步虽然较晚，但伴随着龙岩市提出"旅游兴市"的决策，龙岩市新罗区区委、区政府十分重视石山园景区的建设，特别是 2001 年全国溶洞会议在龙岩召开，新罗区建委在资金十分紧缺的情况下多方集资，在千米屏障上凿石开道、修建了自溪边至石观音的近千米栈道。沿溪边修筑步行小道和休息平台。为沟通千米屏障与溪对岸的联系，还修建了颇具特色的索桥和拱桥各一座。在拱桥附近建造了水冲公共厕所和临时停车场，并设置了一些废料箱和指示牌等小品。

"千米屏障"下的涓涓溪流，清澈宜人，可供儿童、老年尽享溪涧野趣。保存完好的巨型石壁，无论是艳阳高照还是云里雾中都各有动人的风采。它对面有一山包，形如"回回弄狮"的香炉峰，站在上面回望石壁，又会令人生出无限的遐思。与此同时，铜钵村的旧镇改造和街道、广场建设正在加紧进行。

鉴此，事实上只要加强组织和管理，从铜钵村至石山园已初步形成了正式对外旅游的条件。为了充实旅游活动内容的分景区和景点可以在开放的同时逐步补充完善。

② 存在的问题

a. 石山园景区内，基本不见荒山秃岭。但有些地方刚开始种植植物，还不成气候。野生花卉中，杜鹃种类明显单调。一些地方乔灌混杂，视觉效果欠佳，而大量的野生动物由于种种原因现已很少见到。

b. 石山园景区其自然景观虽然山清水秀、石奇林茂。但景区的定位不明确，客源市场不明确。分景区和景点都缺乏组织，基本上仍停留在原始状态，谈不上吸引游客的重要分景区和景点。也缺乏知名度，甚至不少龙岩本地人都不知道有一个江山风景名胜区，更不知石山园景区。

c. 景区内秩序混乱，交通繁杂，基本上属无政府状态，在景区里一些极其重要的位置，乱搭乱建，极其缺乏文化内涵，时有如惊雷的鞭炮声，垃圾成堆，严重破坏自然景观和环境。

d. 基础设施薄弱，旅游路线和交通组织不完善，把停车场设在景区的腹地，不仅大大缩短了旅游线路，同时喇叭声四起，还占据了大片具有开发价值的景区用地。

e. 缺乏住宿条件，未能向游客提供富有地方特色的饮食服务和旅游纪念品。

f. 严重缺乏规划意识和文物保护意识。规划是立法，一旦得到批准，就必须严格执行，违背者就是犯法。文物是不可再生的宝贵资源。铜钵村仅存的文物古迹屡遭破坏，十分典型地说明不但这里的管理人员严重缺乏规划意识和文物保护意识。更为可悲的是规划和设计的技术人员也不懂得执行规划和保护文物。

g. 原始资料缺乏，不少有历史价值的文物古迹，地方主管部门都没文字记载，甚至无人知晓，更为严重的是，连可供作为规划依据的现状地形图都没有。即便是暂作代用的 20 世纪 80 年代测绘的地形图也是残缺不全，这将给进行规划编制带来极大的困难。

③ 发展前景　通过自然景观资源、人文景观资源和环境质量的评估，以及对现状和存在问题的分析。使我们看到尽管石山园景区有着不少可供开发的旅游资源，但要真正使其成为能够吸引游客、留住来客、招揽回头客具有一定知名度的风景区，难度极大，但我们还应该看到，旅游业是实现物质文明和精神文明相结合的最佳产业，随着我国经济（尤其是龙岩市）经济的飞速增长，双休日和两节长假的实施，人们对加快各种风景区的建设要求更加迫切。随着龙岩市铁路、高速公路、快速路、机场和通讯设施的建设，大大加强了其与周边城市，甚至国内各大城市、港台澳和东南亚国家的联系。客流、物流更加便捷，只要我们紧紧抓住以自然景观为主导，以良好的自然生态环境为基础的设计理念，还是有成功的可能。针对目前龙岩市和周边地区的情况，不少地方的青少年教育部门的负责同志都建议能在这里建设青少年的活动基地，由于青少年人多面广，青少年是未来的希望，各级领导、社会各界以及父母家长都寄以期望。因此，开展各项适应青少年的活动内容，有着无尽的潜力。为此，如果能把定位首先放在建设青少年的教育基地，并兼顾旅游观光，休闲度假和科考科普等活动上，在分景区和景点的规划构思中，激活分景区和景点的文化内涵，把无用的变为有用，把死的变成活的，把活的变成神的，努力开发一些具有特色的景点，通过各方面的共同努力，是有可能提高其知名度的。同时合理地组织旅游路线，加快基础设施和各种配套服务设施的建设。在新罗区区委、区政府的极大推动和支持下，可以深信这种愿望是一定可以实现的。

（4）景区的性质

为了提高石山园景区的知名度，必须通过规划开发具有特色的项目，针对青少年有着求新、求知、求乐的强烈愿望，前辈们又都特别重视对青少年进行分阶段的持续教育和超前教育的现状，根据石山园景区的风景资源特色，主要游览内容、区位条件及景区的位置，把青少年作为服务对象来带动不同层次的旅游者。为此，石山园景区的性质可定为：以自然景观为主导，以良好的自然生态环境为基础，以组织广大青少年教育活动为主要内容，并集旅游观光、休闲度假、科考科普等功能为一体的景区。

（5）景区总体规划结构、分景区划分和景点组织

① 景区总体规划结构　景区的规划范围基本呈线型，其中一端的江山乡铜钵村，它与自然风景部分形成了不可分划的整体。在总体规划结构上划分成两大部分。

a. 地方民情风俗村落——以铜钵村为主的铜城寻遗景区。同时作为风景区的旅游服务中心。

b. 自然山水的风景片——苍山碧水，竹涛橘香等以自然风貌制胜的石山园，此景区又从其自然风貌的不同形态分作两个部分，八个分景区。第一部分为从进山到内寨的水瀑山啸、独丘奇观、千米屏障、石山觅径、天水佳境、青竹绿浪和昊天胜迹等七个分景区的自然风景区。第二部分为从内寨向里纵深的黛山闻涛分景区的次生林野趣区（图7-137～图7-139）。

② 分景区划分和景点组织　分景区的划分以自然风貌的特点为依据，各分景区的现有景观特色为基础，加强保护，使特色更加显著。为便于有效地保护好景区，合理地在分景区内组织游览活动，并便于分期分批进行建设管理，规划将景区划分为 9 个分景区，并组织 41 个景点（见表 7-3 及图 7-140）。

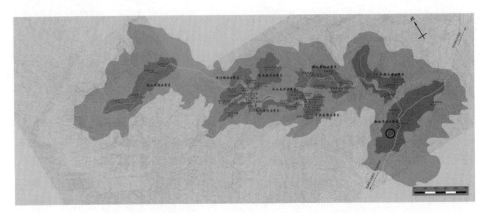

图 7-137　江山风景名胜区石山园景区总体规划

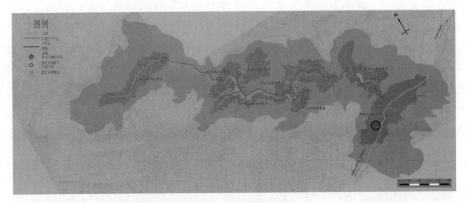

图 7-138　道路交通规划

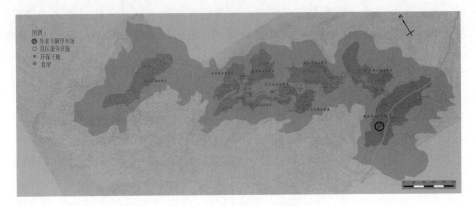

图 7-139　服务设施规划

表 7-3　石山园景区分景区和景点一览表

分景区	景　　点
1. 铜城寻遗	①宋城古迹　②寨遗址　③笔池夜月
2. 水瀑山啸	④史皇风月　⑤仙袋长啸　⑥田园牧歌　⑦铁爪飞瀑
3. 独丘奇观	⑧冲天蜡烛　⑨岩框关隘（铁门关）　⑩苏州古佛 ⑪罗汉驻足　⑫吊楼丽影　⑬花果飘香　⑭彩蝶纷飞
4. 千米屏障	⑮岩壁蛛侠　⑯石崖聚圣　⑰千米栈道　⑱宝阁凌云（凌云阁）

分景区	景　　点
5. 石山觅径	⑲香林祀古　⑳成语碑林　㉑双爱情怀　㉒天堑飞越(滑索)
6. 天水佳境	㉓溪涧野趣(涉水)　㉔幽谷听泉　㉕荷塘观鱼　㉖闲情垂钓　㉗平湖泛舟　㉘傍溪幽居 ㉙水寨篝火　㉚流水情趣
7. 青竹绿浪	㉛翠竹风韵(包括桃红竹绿、疏影荷香、碧竹丹枫、岁寒三友)　㉜百竹寄情　㉝竹坞鸟语 ㉞筤筑荟萃　㉟艺海竹趣(竹艺博览)
8. 昊天胜迹	㊱天开一线　㊲王府点兵
9. 黛山闻涛	㊳山野木屋　㊴动物天堂　㊵森林品氧　㊶梦幻山车

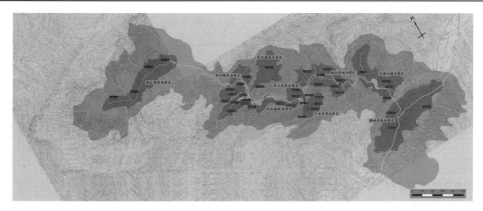

图 7-140　分景区景点组织

③ 分景区和景点的规划构思　石山园景区虽然缺乏知名度较高的自然景观，但其水瀑、涌泉、林涛、竹韵如加工整治，突出主题，强化特色，是可以为游人提供一个流水之声可以养耳，青竹绿浪可以养目，逍遥杖履可以养足，静坐调息可以养筋骸的旅游风景区。

a. 铜城寻遗分景区。包括宋城古迹、东寨遗址和筥池夜月三个与文物古迹为主要景观的景点。它展现了这里悠久的历史底蕴和人文景观，是一个进行历史传统和爱国主义教育的好场所。同时，它还是9个景区旅游线路的起始点，并作为景区的服务管理中心。布置停车场和一些住宿、娱乐服务设施。并利用旧城街道和广场举办各种民间庆典活动，使景区的活动内容更加丰富，从而带动铜城的经济发展。由于龙岩市市区拥有条件较为完善的旅游住宿条件，本景区距离市区又较近，为此本景区的食宿应以民居为主，不应设置大中型宾馆、饭店。

（a）宋城古迹。铜钵村原名铜城，于宋景炎二年（1277年）文天祥屯兵抗元，由当地人文天祥的左右先锋郭铉、郭炼兄弟带领村民垒石而成，环城约1千多米，厚度有3米多，石城外有壕沟，至今还留有"寨门兜"的东城门一处两三百米的城壕旧基。据考证，当时的铜城规模还大过龙岩古城。其与汀州城合称闽西最古老的城池。城内旧房鳞次栉比，多座明代的建筑，还有古井两口，其中六角井为明正统年间（1436年）郭功佑新挖，已历经560多年，仍为上百户群众汲水使用（图7-141和图7-142）。

规划中把铜城城墙，城内的明代民居、古井以及周围的古寨均列入保护范围，在进行修整的同时应加强对其周围环境的统一规划和整治。

（b）东寨遗址。铜城周围有4寨，今东寨保存完好，垒石成城，高10m，垣宽2m。寨内面积约10亩，旧时驻有寨军。寨堡主要用于防御匪祸兵变，可瞭望上下10多里的山塘、村美。一有外敌动静，可鸣锣告晓村民疏散，也可供躲难。村民称此寨为蝌蚪形，寨建于蝌蚪头上，两巨石左右为眼尚存。建筑年代待考，据传先有寨后有城的建筑规律，因此可能建于铜城之前（图 7-143）。

图 7-141 宋城古迹

图 7-142 古井

(a)

(b)

(c)

图 7-143 东寨遗址

（c）耸池夜月。耸池岩始建于宋，是一座宫殿式建筑风格的寺庙，清末太平军在此作战而焚毁。同治年间（1862 年）重修至今。现属龙岩市文物保护单位。寺内金碧辉煌，画栋雕梁，蔚为壮观，门板、前廊、正殿天井等处雕刻着各种图案，其神态各异、形象逼真、色彩鲜明、处处展露出古代工匠的精湛技艺，显示着深厚的中国传统文化底蕴，寺庙地势高耸"有泉注而为池"，池上建有多层石级的雕栏画阁，上有斗拱殿堂。旧为"耸池夜月"名景，后辟为社学，厅内存有铜锌合金的古钟，重 75kg，叩声浑厚悠远，上镌后皇天成二年沙县工匠铸。经考证距今已有 1163 年的历史。现已被龙岩市博物馆收藏保护（图 7-144 和图 7-145）。

图 7-144 铜钟

图 7-145 耸池夜月

筸池岩寺庙前，有一株大桂花树，干粗花盛，每年中秋花开香溢数里，专家测定该树树龄在 250 年以上。

对于这一极具影响的景点必须严加保护，特别是应立即停止在其左侧正加紧扩建的小学校舍，并尽快做好小学的搬迁，把其周围开辟为景点的绿化用地，并对筸池岩加以修葺，供游人参观。因此，可以把筸池岩开辟为文天祥纪念堂，以用为爱国主义教育基地。

b. 水瀑山啸分景区。这里以独特的自然景观诱人，增设的田园牧歌更使得景区充满活力，登阁四望，颇富诗情画意。它包括以下 4 个景点。

（a）史皇风月。"文昌阁"（史皇阁）坐落在鹊畲山腰，在铜钵通往内寨公路入口处的右侧，为一座红色、三层、六边形砖木结构建筑。这里依山环水，景色秀丽，环境幽静，登高远眺，万般美景尽收眼底。

沿石径登数十级台阶，便达此阁。阁的周围绕以石砌围墙，阁门上书"文昌阁"三个颜体楷书。阁前有一天然磐石，可坐十余人，沿梯登上二层，左右各有一个圆窗，上面写有"吟风弄月"四字，中间有一长方形窗户，两侧对联"一水护田将绿绕，两山排闼送青来"，这联是从宋朝王安石《书湖阴先生壁》诗里摘录来的。因为阁前田畴交错，阡陌纵横，夏秋之时，稻浪起伏，一条溪流沿山麓东去。双峰对峙，青翠山色似乎迎面扑来，把这两句诗用在这里，写景状物，很是贴切。

欲穷千里目，更上一层楼。第三层也有个长窗，在此凭窗向南眺望，一座座民房，鳞次栉比，缕缕炊烟，袅袅升空。

向北眺望，群山起伏，蓝天与山峰相接，偶尔还可以见到鹰击长空，此情此景会使你襟怀大开，惊叹大自然的博大精深。

阁对面的仙袋山，孤峰耸立，巍峨挺拔，陡峭险峻，有如刀削斧劈。峰中石缝间，青松挺立，姿态万千，风景如画，小峰底下一弯流水，蜿蜒曲折有如一条长蛇，环绕山麓，水势湍急，与阁交相辉映，美不胜收。

文昌阁所在原为一书院，现建有造纸厂，规划中应拆迁破旧的造纸厂，修建山门，恢复书院旧址，使其形成一个有一定规模，内容更加丰富的景点。并对其周围环境加以整治，恢复其如诗如画的田园风光。史皇阁是已毁的史皇书院的一部分，规划中建议恢复书院的建设，以展示铜城的历史文化并为游客提供服务。

（b）仙袋长啸。"仙袋长啸"位于铜钵通往内寨公路入口的左侧，高约七八十米，绿树覆盖，形如一系口之袋。因其山形似布袋，且每遇东南风，山中裂缝便会发出吹箫之音而得名。现有山径可及顶，可在登山始处立碑题刻景名、典故。修整石径，供游人登顶远望（图7-146 和图 7-147）。

（c）铁爪飞瀑。"铁爪飞瀑"位于石山园铁门关外约 150m 处的石壁上，由于飞瀑形似"铁鸡爪"而得名。

"铁爪飞瀑"是山泉汇集成的一条小溪经顶端飞泻直落形成天水溪，纤尘不染、清澈无比，近看真像一幅丝帘悬挂山顶。在夕阳斜照下，落雾轻笼或霞虹飞转，或云蒸霞蔚或霍然如松涛鸟鸣，或如拨弦铮铮。近临即阴袭衣透，草木湿润，仿佛是冬天雪影飘洒飞珠，雷鼓喧鸣。落水处与溪流汇聚，顺山势蜿蜒而去，给人一种美不胜收的感觉，犹如心中郁闷一挥而去，有诗云：铁爪飞瀑霄冲汉，烟霞障幔自云梯，九叠横黛清辉远，一泓泉水自天来。

其特色是银河落世，隔岸落霞。可在隔河修建观瀑亭，在瀑布边的岩壁上题写石刻以增加景点的文化内涵，供游人观赏（图 7-148 和图 7-149）。

图 7-146　史皇风月

图 7-147　仙袋长啸

图 7-148　铁爪飞瀑

图 7-149　观瀑亭

（d）田园牧歌。在仙袋山山脚的小溪边有块突出的滩地，可开发为牧鹅养鸭的场所，天上放飞百鸽。游客可以通过喂食而增进与动物之间的感情，看那自由飞翔的白鸽和悠然自在的鹅鸭成群，获得无限的乐趣（图 7-150）。

c. 独丘奇观分景区。这里的"冲天蜡烛"是石山园的胜景之一，登上彩吊楼，眺望那如火如霞的山峰，令人叹为观止。在这分景区内，应修复小庙，供奉苏州古佛，不仅可供信仰者朝圣礼佛，还可增加其古风遗韵。在这块较为平缓的山坡上开发花园、花果园、建立蝴蝶园，饲养土鸡、孔雀等食用珍禽，形成花果飘香、彩蝶纷飞的分景区，使游人不仅可以观赏到大自然的美景，还可以参加自助的花果采摘，自取其乐。

（a）冲天蜡烛。"冲天"有高峻秀挺、直插云霄之意。"冲天蜡烛"之名，即因山峰竣峭挺拔，形似蜡烛而得。

（b）岩框关隘。岩框关隘即铁门关或狮象把关（狮象把水口）。"冲天蜡烛"右毗接另一景点"铁门关"，左临深涧沟壑，天水溪环绕其间，其秀挺峻峭，两岸石山到此猛然收口，真是"一夫当关，万夫莫开"的天然屏障。护林所建的城墙和大门，应拆除以恢复铁门关的自然景观（图 7-151 和图 7-152）。

(a)   (b)

图 7-150　田园牧歌

图 7-151　冲天蜡烛　　　　　　　　　　图 7-152　岩框关隘

（c）苏州古佛。在铁门关的另一侧的石峰上，原有旧庙，现存遗址石基，旁有大树，应清理山体，修复小庙，并严格按照伽蓝七殿的佛教建筑的形式进行建设，以增加游览内容和石山园景区的古风遗韵。

图 7-153　罗汉驻足　　　　　　　　　　图 7-154　吊楼丽影

（d）罗汉驻足。现有一株罗汉松古树，周围有土台，恰与郭公庵形成对景。可以利用地形筑台设亭，以做饮茶休息、眺望周围景色之用。

（e）吊楼丽影。重建彩吊楼。清代曾经有人在石山园隐居，并在独丘建了"彩吊楼"，楼外对联上题写："莫扫落花，暂作庭前锦绣；休惊啼鸟，留为园地笙簧"。是一处进行环保教育的好地方，这是先人们崇尚天人合一的反映，也是我们当代人保护环境的追求（图7-153和图7-154）。

（f）花果飘香。在缓坡处结合开辟柑橘园广种花卉果木和饲养土鸡、孔雀等珍禽，形成自助果园和百花园，使其与满山遍野的奇花异果相映成趣，供游客观赏和自助采摘（图7-155）。

（a）　　　　　　　　　　　　　　　　（b）

图 7-155　花果飘香

（g）彩蝶纷飞。引种繁殖彩蝶，建设蝴蝶园，形成彩蝶纷飞的蝴蝶王国和百花齐放的迷人景色（图7-156）。

图 7-156　彩蝶纷飞

d. 千米屏障分景区。千米屏障是一全长约1000m，高达200多米的石壁。其陡度几乎与地面垂直，从高处往下看呈弧形。酷似平地竖起的一座巨大屏风，它的高大和陡峭令人惊叹。游人置身于斯，抬头仰望山顶，浮云飞动，犹如悬岩在移动，又像渐渐倾斜欲倒非倒，使人惶恐，令人胆战。会神之后，石屏风依然屹立，什么危险也无，于是可得有惊无险之满足感。这里更是攀崖爱好者的理想去处。这座大石屏成竖纹状，还嵌有各自独立，栩栩如生的立体形象石观音，太公钓鱼……为了便于攀登，现已修建了千米栈道，气势雄伟。规划中建议继续开拓至山顶，并在山顶上建一凌云阁，使其成为整个风景区的制高点，登阁远望，整个风景区尽收眼底，令人心旷神怡（图7-157和图7-158）。

（a）岩壁蛛侠。在"千米屏障"的左侧宽约15m，高约30～50m，岩壁的平均坡度为85°左右，岩体结构完整稳固，不构成滑塌趋势，经专家鉴定可开发出三条高度为30m道、宽3m的人工攀登线路及两条高度为50m的自然岩壁攀登线路，建一座长18m、宽10m的活动平台，可供举办不同等级和档次的攀岩比赛，以提高本区的知名度（图 7-159 和图 7-160）。

图 7-157　拱桥

图 7-158　钢索桥

图 7-159　千米屏障

图 7-160　岩壁蛛侠

（b）石崖聚圣。这座大石屏成竖绞状，长短不一，凹凸错落，面壁而立，嵌有各自独立，栩栩如生的立体形象，依其神似取名为"石观音"、"太公钓鱼"，还有火眼金睛的齐天大圣，更有呼之欲出的文官武将。如一幅天然石雕，宛如群圣聚会，你可思绪飞扬，去猜测，去描绘。这鬼斧神工的天然景象给人以无限的遐想。

（c）千米栈道。2001 年修凿的千米栈道，直至半山处的石观音，其工程十分艰巨，形成的栈道曲折萦回，气势雄伟，极其动人。为增加情趣提高其文化内涵，应沿栈道较为合适的地方邀请名人题写诗字，并将栈道继续向山上延伸（图 7-161 和图 7-162）。

（d）宝阁凌云。这拔地而起的千米石壁，险石如削，岩间灌草横生，乱云飞渡，景色绝佳。半山处那座 3m 高酷似观音的石像，安居于石座内守护着一方热土，更添迷人的色彩。现已自岩下开石凿道，修建了一条通往石观音的登山栈道，规划建议继续往上修，再在山顶建一"凌云阁"，游人登上宝阁，豁然天开，万里晴空，如梦如幻。登高远望，满园秀色可尽收眼底，令人心旷神怡，拥有无限风光在险峰之感。

e. 石山觅径分景区。石山觅径分景区位于石山园的香炉峰。现已建成的香林庙供奉着南宋民族英雄文天祥的左右先锋郭铉、郭炼两兄弟。乡人捐建的双爱亭立于峰上，这里已成为一个很好的爱国主义教育场所。峰上森林茂盛，地势平坦，可借助这里的环境条件建设国内第一座汉语成语石刻影雕碑林，为青少年提供一个寓教于乐的场所，可大大提高风景区的知名度，吸引更多的游客。同时可利用香炉峰和千米屏障之间的高差修建滑索，不仅可以沟通天水溪两岸的联系。也可为广大青少年提供新的活动内容，其景点包括以下几点。

图 7-161　石崖聚圣

图 7-162　千米栈道

　　（a）香林祀古（香林庙）。香林庙又名"郭公庵"，明朝万历十六年建的香林庙，原址在铜城东门外，是为纪念南宋民族英雄文天祥的左右先锋郭铉、郭炼两兄弟而修建的，原庙有一副对联云"宋室勤王兄及弟，铜城世祀古犹今"。明万历十六年（1588 年）刻 180 字的五言郭公歌和清嘉庆十六年（1831 年）700 余字的重修碑文均保存完好。碑文记载：文天祥屯兵龙岩，率郭铉、郭炼兄弟为左右先锋，兄弟随征闽粤赣间，骁勇善战，敕封为惠，济二候。文天祥被俘后，兄弟赴广东护驾，至崖山帝……七日后尸浮海上，兄弟葬帝于高岸，归铜城奉宋朝，抗战前后 8 年，文天祥赴柴市，北向泪血而卒，邑人感其忠义，立庙永祀。原庙毁于 1958 年，20 世纪 80 年代迁建至石山园的狮形隔，后倚岩顶上，隔天水溪前瞻千米屏障，苍松修竹翳掩其间，环境秀美，二候塑像建于堂上，有明清旧联及今人林忠照将军题字，是一处理想的爱国主义教育基地（图 7-163、图 7-164）。

图 7-163　宝阁凌云

图 7-164　香林祀古（香林庙）

　　（b）成语碑林。借助香林庙前面较为开阔平缓的山冈，在苍松之下，成群成组地布置汉语成语故事石刻影雕碑林，为广大游客，尤其是中小学生和广大青少年提供一个寓教于乐的场所，通过学习，举办各种成语故事的竞赛游戏，以提高其趣味性，使其形成一个内容丰富的青少年教育基地（图7-165）。

（c）双爱情怀。在香林庙南面的香炉峰上，由乡人郭达旺为庆祝其母黄二姑华诞而捐建。于存其源，于母爱而感召，故曰"双爱亭"。正联为"双手擎孝道人人称赞，爱心及游人个个欢欣"。此亭为人们树立了母子情深的高尚美德，也是值得赞扬的（图7-166）。

图7-165　成语碑林示意

图7-166　双爱情怀

（d）天堑飞越。经专家现场踏勘，认为可以利用石山觅径和千米屏障分景区的自然高差，设置人工塔架，两根固定的钢丝绳、滑动小车和吊具20辆，建成水平距离250m，高差22m，倾角5°的高空滑索，沟通天堑两侧的分景区。

f. 天水佳境分景区。水是生命之源，人的亲水性使得人们对水有着极其深厚的感情。天水溪发源于深山狭谷，山灵水秀，未受任何污染，溪水清澈。规划中建议利用较为开阔的石山园依地势高差，分段以原石筑斜坡为堤，切忌使用钢筋混凝土建设大坝，分级分段蓄水，形成天水湖和天水溪的天水佳境，建设以水为主题的景点。特别是流水情趣这一景点的构思，它以水往低处流的特性和多种让水往高处流的科学技术使青少年从参与活动中得到启迪。并努力创造人水交融其乐无穷的欢快气氛。为确保龙岩市市区生活用水第二水源不被污染。建设天水佳境，必须确保水体不被污染，同时清除与环境十分不协调，甚至是造成环境污染的违章建筑。

（a）溪涧野趣。可让游客，特别是小孩子，直接到山涧小溪中去涉水，抓鱼摸虾，其乐无穷（图7-167）。

(a)　　　　(b)

图7-167　溪涧野趣

（b）幽谷听泉。泉水叮咚响，是人们（尤其是城里人）回归大自然的向往，可以选一山谷建造竹亭，为人们提供一个饮茶听泉的清静幽闲场所（图7-168）。

（c）荷塘观鱼。开辟荷花鱼塘。养殖鲤鱼等观赏鱼，供游人喂养，看金鲤争饵、群鱼跳跃，异常活跃，极其动人（图7-169）。

图 7-168　幽谷听泉　　　　　　　　图 7-169　荷塘观鱼

（d）闲情垂钓。在幽静处设钓鱼区，供爱好者垂钓，并可开展垂钓竞赛等多种活动（图7-170）。

(a)

(b)

图 7-170　闲情垂钓

（e）平湖泛舟。利用平静的湖面，设置大小不同的竹筏，供游人划船穿梭于旅客水景之间（图7-171）。

（f）傍溪幽居。在石山园西侧旁溪处的山坡地建设小木屋或者以船屋停靠溪边，供少量游人住宿，以大片水面隔离，环境幽雅，可供静养（图7-172）。

（g）水寨篝火。在大片水面的中间建设能游动的囤船，水寨可以由若干不等的囤船组成，举办规模不等的篝火晚会、山歌对唱活动或供游人烧烤。既避免了火灾的危险又可为游客提供一个可以开展集体活动的别具一格的场所（图7-173）。

（h）流水情趣。既有可以看滴水穿石，水到渠成的小品，还可以利用水往低处流，进行计时、水车推磨、小型发电……同时可以创造条件让游客参与各种水往高处流的活动，这里既有最简单的提水、挑水，也有古老的戽水，手摇水车，脚踏水车（坐或立），近代的手压抽水机，脚踩抽水机。更有现代的抽水机、喷灌设施及各种喷泉，还可建设小型的室内戏水园使孩子们在游戏中得到科学的启迪，在这里不但可以体验到先人们的聪明才智，又可在参与中得到欢乐。

在天水佳境的规划构思中，既有适合中老年人休闲的闲情垂钓，也有专供儿童或老年与儿童同乐的溪涧情趣，荷塘观鱼，也有供青少年参与的流水情趣，动静结合，老幼均能得到水的亲情（图7-174）。

图7-171 平湖泛舟

图7-172 傍溪幽居

图7-173 水寨篝火

图7-174 流水情趣

g. 青竹绿浪分景区。在石山园于天水溪的下半部的两侧山坡上，分布着近7000亩郁郁葱葱的毛竹林。当山风掠过，高大的毛竹林如潮水般此起彼伏，如同滚滚绿浪，游人在林内可感觉到最自然悦耳的天籁之声。

竹林在我国的南方遍地皆是，但都难有诱人之处，在石山园景区里有大面积的竹林，这就要求规划设计中必须做好竹的文章，只有把竹的文章做大，做全、做活、做好才能为提高石山园景区的知名度创造条件。

为了提高品位，增强观赏价值，规划中除了进行林地开垦和施肥、留笋养竹外，在毛竹林内（尤其是天水溪两侧）套种枫香、乌桕、紫树、鹅掌楸、卫矛等色叶植物以构成气势磅礴、季节变异，绮丽缤纷的植物景观。与此同时，还布置了如下景点。

（a）翠竹风韵。它以夹种在绿竹中的桃树形成桃红竹绿的春天，傍水植荷形成了疏影荷香的夏天，栽植枫香而形成碧竹丹枫的秋天景象，而与松、梅同植形成了岁寒三友的冬景。这四组小品形成了四季的变迁，使千亩竹海以诱人的风韵增添无限的活力（图7-175）。

（b）百竹寄情。利用繁多竹类的各种色泽斑痕和气势，除了题写竹名、习性，外配以名人石刻诗题，寄托无限情思，提高其耐人寻味的文化内涵。举办诗文竞赛，收集精华、扩大影响（图 7-176）。

图 7-175 翠竹风韵

图 7-176 百竹寄情

（c）竹坞鸟语。于石山园西南侧 400m 处，地势较为平缓的竹林内，在一公顷的范围内，采用悬网围合和构筑鸟巢，于套种色叶植物的同时，进行场地整理和林下绿化，依鸟类生活习性分区，圈养孔雀、八歌、画眉、鹧鸪、飞龙、杜鹃、鹦鹉、黄莺、鸵鸟、猫头鹰、秃鹫等鸟类，为游人提供莺歌燕舞的欢乐景象（图 7-177）。

图 7-177 竹坞鸟语

（d）篁竹荟萃。借助竹之特性，构筑以竹为材料的各种亭、台、楼、阁、榭、廊、桥、架、篱、门，使其形成竹建筑的世界大观，不仅可为景区提供各种供游人休闲使用的小品，也可以提高人们对竹认识的兴趣，进而通过不断完善努力使其形成全国乃至世界最大最全的竹建筑群。以提高石山园景区的知名度（图 7-178）。

（e）艺海竹趣。竹除了可以用作各种建筑的结构材料外，也还可用于举办竹趣竞赛，收集竹艺精华，扩大其知名度和影响力，制作诸如桌椅、板凳、床、柜等家具，还可以制作各种各样的工艺品。在这里可以设立一座竹艺博览馆和加工厂的竹建筑，既可以供游客学习制作和了解各种竹材的利用，培养人们的艺术兴趣，也可提供旅游纪念品以及举办各种竹艺大赛，是一个一举多得的景点（图 7-179 和表 7-4）。

图 7-178 篁竹荟萃

图 7-179 艺海竹趣

表 7-4　竹的多种用途及竹工艺品一览表

分类	用　途
竹建筑	亭、台、楼、阁、榭、桥、廊、架、篱、门
竹筏	
竹工艺品	竹镜框,各种竹编(竹筒花瓶,提袋,竹根雕、竹雕等)
竹家具	竹床、竹躺椅、竹安乐椅、竹靠背椅、竹沙发、竹凳、竹桌、竹柜、竹书架……
竹席	竹条席、整竹席、麻将席、竹编席
竹帘	各种竹编门、窗帘
竹灯	各种竹编灯罩、台灯
竹乐器	笙、笛、箫、簧、京胡、钱棍等
竹玩具	竹马、小孩摇篮、小推车、风筝
竹餐具	竹筷、竹碗、竹铲、竹瓢、竹匙
竹食品	竹叶粥、竹笋、竹苏、竹粽子、竹筒食品
竹工具	竹扫帚、竹耙、竹绳、竹扁担、竹拐杖、背箩、竹篮……
竹武器	竹弓、竹箭、竹剑、竹纤
竹衣具	竹斗笠、竹衣、竹拖鞋
竹文具	竹笔、竹笔筒、竹笈、造纸

h. 昊天胜迹分景区。它以天然的地形地貌为游客称绝,包括天开一线及王府点兵两个景点。

(a) 天开一线。"一线天",在石山园东北方的群山上有一道天然形成的裂缝,宽从 1m 到 3m 不等,高约 50m,长约 100m,其内山泉潺潺,崖壁上更有数道小飞瀑洒洒飞落,人置于其间可感清爽无比,更因水滴掠下,有漫步雨中的幽幽惬意。在春季的晴天里,许多的小红花绽放于石壁上,水珠因阳光的照射而形成小彩虹,天之狭长、景之秀美、令人心旷神怡。规划中建议在一线天的末端,通过凿石拓宽峡谷通道,设高度为 15m 的钢制天梯,以沟通山体的上下联系,则山顶美景可一览无余,且可为进一步沟通与石佛公风景名胜区的联系创造条件。并在"一线天"上建一座"南天门"牌楼,以增加景观,给人予以登上天堂的遐想 (图 7-180 和图 7-181)。

图 7-180　天开一线

图 7-181　南天门

(b) 王府点兵 (图 7-182)。在分景区的东北部,位于龙岩最高峰岩顶山前,这一片莽莽山塬,共有 100 个小山墩,99 个山头齐平中有一石峰突出,犹如将点万兵。

现有山径可达顶,可通过修整山径,开辟休息点,提供服务和管理,但应注意防止垃圾污染。

i. 黛山闻涛分景区。天水溪上半部两侧分布着 300 公顷的栲树,青冈栎、米槠、闽粤栲等树种组成的碧绿如黛的天然阔叶林，林地平均坡度12°，林内古木参天，藤附蔓依，时有猴群、山獐、野猪活动其间，原始色彩十分浓重，是一处未经污染和破坏的处女地。山风吹来，林涛阵阵，碧波万顷，惬意舒畅。

图 7-182　王府点兵

（a）山野木屋。内寨原有森林小屋 8 幢，因年久失修，现已有所毁坏，计划中建议重新修建。并在内寨西侧40m 处的天水溪畔，以石木、草为材料，修建若干幢依坡而建，形式各异，与周围环境相协调的山野木屋，虽为人作，宛如天开。以供游人休息或住宿（图 7-183）。

(a)　　　　　　　　　　　　　(b)

图 7-183　山野木屋

（b）动物天堂。在内寨西侧 400m 的林内，开辟面积为 4 公顷的林地，做林地清理和林下绿化，通过一段时间的人工驯化，放养猴类、梅花鹿等性情温顺的动物。针对动物的生活习性，由游客进行喂养，以建立人与动物的友善关系，还可通过专业成员的训练，定期举办各种丰富多彩的动物表演（图 7-184）。

图 7-184　动物天堂

（c）森林品氧。天水溪源头的天然阔叶林古朴原始，枝叶繁茂，盘根借节，极富山野情趣，选择内寨西侧 1100m 处，坡缓林秀的山地，面积约为 2 公顷，林中设悬网、秋千、躺椅、带美人靠的凉亭、游廊。游人或坐或站或漫步其间，尽享森林氧吧，清新空气，荡气回肠。同时，拟于林内沿溪建人游步道，溪道中或建小桥或设点步石或建漫水桥，以沟通两岸，选数处平缓坡地，经林地清理，供游人赏景，尽情戏耍，嬉水，怡情健体，体验回归大自然的乐趣（图 7-185）。

　　(d) 梦幻山车。在内寮西侧 1600m 处的南坡,利用坡度 25°的林地,高差 35m,于阔叶林内修建一条 700m 长的滑道,在弯道及两侧设观赏小品,购买山车 10 辆,供游人自云顶山穿云破雾,下滑至天水溪旁,可一览山林秀色,又可沟通云顶景区与本小区的联系,颇富激情,驱除疲劳 (图 7-186)。

　　风景名胜分布如图 7-187 所示。

(a)　　　　　　　　　　　　　　　　　(b)

图 7-185　森林品氧

(a)　　　　　　　　　　　　　　　　　(b)

图 7-186　梦幻山车

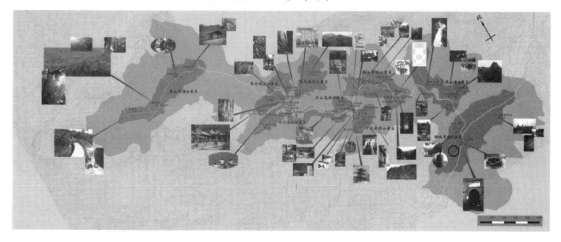

图 7-187　风景名胜分布

7.7.6 北京倚林家园住区庭院景观设计

设计：无界景观工作室

(1) 概况

倚林家园位于北京市北郊洼里乡，总占地面积为 10 万平方米，绿化面积为 31604m²，绿地率为 31.6%。小区与 5000 亩奥运森林公园相毗邻，生态环境十分优越。

小区总体规划将东侧森林公园的绿色引入区内，沿东西方向组成绿轴，在小区中心的住区庭院内形成具有一定宽度的带状绿地。同时，小区划分为 A、B、C 三个居住组团，根据各组团建筑布局差异，形成不同形式、面积的宅间庭院绿地。规划的住宅建筑是复合式别墅的设计，建筑容积率为 1.8。

(2) 总体构思

倚林家园的住区庭院景观设计充分利用了周边良好的自然生态环境，并通过深化总体规划的合理布局结构，适当调整庭院的分区与位置，力求最大限度地发挥住区庭院绿地的生态与景观作用。

住区庭院景观体现"户户倚林"的环境设计主题，中心庭院以及宅前庭院的绿地种植中 50% 为成树，使这里的居民提前 10~20 年享受成熟绿地的庭院环境；庭院除平面种植外，同样重视垂直绿化，增加绿化覆盖率，并精心选择植物材料，使住区庭院的四季景观变化丰富。

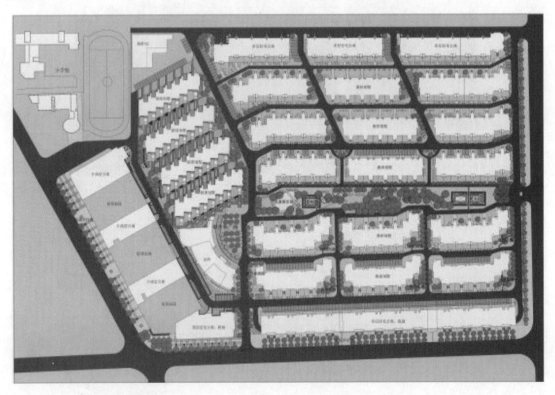

图 7-188　倚林家园居住区平面

居住区的宅间庭院植物种植体现疏朗、明快的风格，以落叶乔木和花灌木为主。精心选择植物种类，突出植物的季相特征产生的强烈景观效果，营造现代北方庭院风景（图

7-188～图 7-193）。

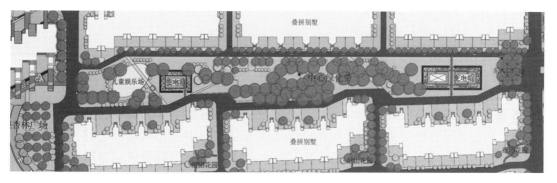

图 7-189　倚林家园中心庭院平面

图 7-190　住区庭院水池景观

图 7-191　树池与水池

图 7-192　住区中心庭院景观

图 7-193　庭院中的石凳

7.7.7　无锡高山御花园住区庭院景观设计

设计：无界景观工作室

高山御花园的住区庭院创造出了舒适、宁静、优雅、现代的别墅区中心环境。项目景观设计在 2006 年全国人居经典建筑规划设计方案竞赛中荣获"人居经典规划、环境"双金奖。项目于 2008 年 6 月开始动工。

　　高山御花园住区位于无锡市惠山区，占地 3.8 公顷，背靠吴文化公园。一些特定因素使该居住区内的公共环境建设用地面积较小，中心景观区也仅集中在入口门区和几栋别墅间的狭小范围内，因而如何更好地处理局促空间显得尤为重要。

　　设计师考虑将住区庭院景观处理成由数个院落组成的空间形式，旨在使原有空间得到一定程度的延展。首先，入口门区庭院空间主要由两组水池构成。通过水池东侧的廊架、北侧的玻璃屏风、竹林与水池中的树阵，西侧海棠"花树屏风"和南面居住区围墙进行围合，共同形成第一组庭院的院落空间。该空间利用两个巨大而平静的水池创造水中经过的新奇体验并使空间得到延伸。第二组庭院空间由莲池、两侧的水幕墙及墙后的樱花树阵相围合组成，舒缓地表达出优雅平静的特点。第三组庭院院落空间则利用木格栅、石材、玻璃等材料对空间进行收放以表达太湖石柔美而丰富的内部空间，让人们体会到穿梭在太湖石内部的奇妙体验。通过不同的植物配置方式形成的三个不同特征的庭院空间为人们创造了舒适的观赏、休憩空间，同时这些庭院又与建筑、私家底层庭院互为借景，相互联系。第四组院落位于第一组庭院的东侧，用地面高差和木廊架界定出一个开阔的湖畔休闲空间，人们通过坡道和木廊架时有一种透过太湖石向外观看"小中见大"的空间体验。住区的外围景观利用环绕的山体以及种植的乔灌木混交林形成住区庭院的绿色屏障。

　　在住区庭院的整个设计过程中，设计师对现状场地进行了深入的了解与分析，在设计进程的初期，景观师将脑海中与该项目内容和地形有关的景观意向的朦胧片段提取出来，并描绘成一个个场景。而后以蒙太奇手法将这些场景连接起来，融入景观创造中，借助植物丰富的季象变化，使整个庭院环境充满诗意，不经意间将这些富含诗意的场景表露于现实当中。

图 7-194　高山御花园别墅区平面

图 7-195　住区庭院俯瞰效果

　　住区庭院的另一大特色是景观小品的中国传统韵味。庭院选用太湖石点缀景观空间，同时参与功能空间的塑造。从太湖石丰富趣味的空间、柔美的线条、灵秀飘逸的气质及瘦、漏、透、皱等特征中获取空间创造的设计灵感，进而抽象并提取元素规范为合理的二维空间结构，而后再利用撕、拉、提等手法将其转化为集功能性、连续性、趣味性于一身的三维空间，同时将借景和框景等传统造园手法，融入其间，最终创造出富于变化而舒适并能提供多种奇妙体验的活动空间（图 7-194～图 7-200）。

图 7-196　庭院座凳

图 7-197　庭院廊架

图 7-198　庭院廊架内部

图 7-199　庭院廊架的台阶和栏杆

图 7-200　庭院景墙的局部景观

7.7.8 无锡赛维拉假日花园

设计：无界景观工作室

无锡赛维拉花园位于无锡锡山区，居住区占地面积约 12 公顷。住区定位为中低档居住区，通过景观的塑造，形成简约朴素具有江南意境的中心庭院。

住区中心庭院的景观设计利用地块内原有河道，保留了地块内宽约 300m 的现状河道，修砌驳岸，对现状水体进行净化处理，形成小区内的滨河中心绿地景观。住区庭院充分利用岸边现状的水杉林和姿态优美的合欢树，形成水边独特的风景。河东岸片植竹林，林中分布休闲空间，设小路穿越，使得景观空间丰富具有戏剧性；河西岸种植成片的樱花，并点缀梅花、海棠等春花灌木以延长春季花期，花灌木背后衬以高大的银杏枫树等秋季彩叶树，并合理配植了冬季常绿有观赏价值的植物，如桂花、橘树、石楠、海桐等，这使得河西岸的景观四季如画。河西岸 300m 长的木栈道串联了 4 座小型主题庭院。木栈道覆盖在硬质驳岸上既防止了水土流失，又可作为水边的散步道，一举两得。木质材料的使用结合产品模数进行设计，达到节约成本的目的。河上 4 座步行"亭桥"中的两座桥之间是深池净水设施，桥面遮盖了拦水坝。"亭桥"设计是从中国传统建筑中的廊桥、亭榭、美人靠等形式中获得灵感。"亭桥"除了具有通行功能之外，还隐藏了深池净水设施，桥面则美化了拦水坝，工程结合造景。

赛维拉花园的中心庭院面积较大，充分利用了现状的水体，创造出居住区独特的中心景观。对现状的改造以及生态效益、经济效益的考虑使住区庭院的景观设计独具一格（图 7-201～图 7-205）。

图 7-201　无锡赛维拉花园平面

图 7-202 俯瞰中心庭院

图 7-203 住区庭院的桥亭

图 7-204 住区庭院竹林景观

图 7-205 住区庭院的水岸植物景观

7.7.9 南安市水头镇福兴小区

设计：福建村镇建设发展中心

水头镇是南安市对外开放和经济发展重镇。作为镇区总体规划第一期工程的福兴商贸小区，占地面积约 11 公顷，拆迁 148 户，16 个单位，拆迁面积 5.8 万平方米。新建总建筑面积 16 万平方米，分两批实施，首批工程建 4 幢商住楼及一条步行商品街；第二批工程建 20 幢商住楼及一幢商贸大厦。小区容积率 1.49，建筑密度 30%，绿化率要达 36%（图 7-206～图 7-211）。

7.7.10 北京回龙观 F05 区景观设计

设计：北京市园林古建设计研究院 李松梅

经济技术指标：总面积 20345m²；其中广场面积 9010m²，绿地面积 62230m²；绿化停车位 1049 个。

经济技术指标
总用地:10.81ha
总建筑用地:32300m²
总建筑用地:161400m²
建筑密度:29.88%
容积率:1.49%
绿化率:35.89%

图 7-206　总平面

(a)

(b)

(c)

图 7-207　住宅小区实景

图 7-208　住区庭院鸟瞰

图 7-209　住区中心绿地景观

图 7-210　住区地下车库入口与中心绿地庭院

图 7-211　住区庭院的植物种植

在总体布局上，建筑采取的是行列式布局，规则整齐。一条南北方向的中央休闲绿色走廊和两条东西向的楼间林荫休闲步道，以及中心的休闲绿地、几何形的入口对景树阵广场共同形成了很好的绿化景观效果（图 7-212 和图 7-213）。

在道路规划中，采用的是外围环行道路，停车位布置在南北端区域，采用的是尽端设置回车场的方式，很好地实现了人车分流的思想。

小区的公建布置在西侧主要入口处，并与小区的中心休闲绿地进行了很好的有机结合，中心休闲绿地的布置位置很好，方便了最大量居民的使用（图 7-214 和图 8-215）。

在种植设计上，遵循适地适树的原则，选用大量乡土树种，如垂柳、榆叶梅、八仙花、国槐、紫薇、桧柏、千头椿、木槿、油松、小叶白蜡、丁香、洋槐、金银木、紫叶李、棣棠、合欢、馒头柳、法桐、碧桃、华山松、栾树、海棠、毛白杨、连翘、泡桐、白皮松、火炬树、雪松、银杏、玉兰、锦带花、金叶女贞、月季等，这些树种在北京长势很好，能够形成很好的景观效果，同时降低养护管理难度，减少养护成本。在植物的配置组合上，常绿和落叶、乔木和灌木地被相结合，营造出丰富的植物景观层次（图 7-216）。

7.7.11　云霄县滨水景观设计

设计：中国中建设计集团有限公司海西规划院 刘蔚等

云霄县滨水景观设计的有关内容和相关图例如图 7-217～图 7-233 所示。

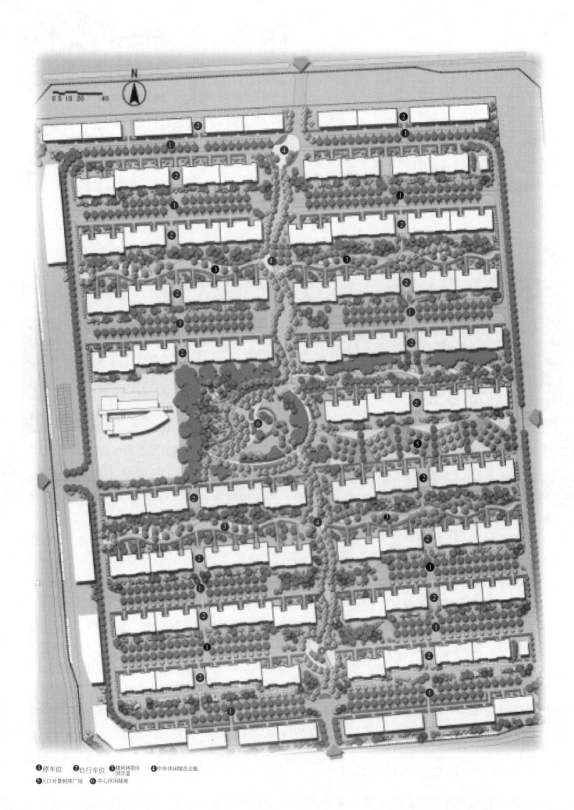

❶停车位 ❷自行车位 ❸楼间林荫休 ❹中央休闲绿色走廊
闲步道
❺入口对景树阵广场 ❻中心休闲绿地

图 7-212 总平面

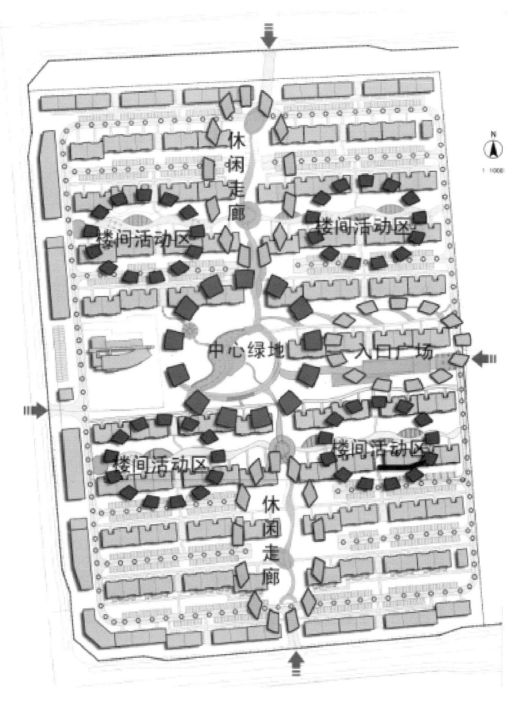

技术经济指标：

建筑总面积：20345m²

绿化面积：71240m²

其中广场面积：9010m²

绿地面积：62230m²

绿化停单位：1049 个

图 7-213　景观结构分析

图 7-214　中心绿地景观

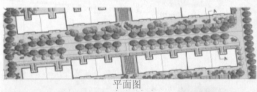

平面图　　　　　　　　　　　　绿化停车场

A-A 剖面　　　　　楼间绿化　　　　楼间自行
车停车位

图 7-215　楼间景观

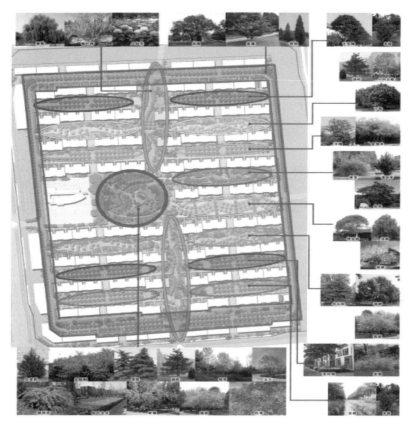

图 7-216　绿化景观

一、设计理念：

止流一顺　其自然也

古时堪与学者将山川谓"龙"，将水系河流亦喻为"龙"，皆因山脉起伏围合与河流曲曲婉转之势，犹如龙腾一般，此《水经注》以有记载。

此滨水景观分为六节点，也为六区域特色景观。从山停水聚到龙脉传承再到隐喻无限再到融入自然天人合一再到山环水抱最后到山水自然，水系将六点穿成一串形成龙形水，各节点打造不同理念、不同文化、不同风格的特色景观。

二、设计目标：

颂赞人文与生态和谐共处　塑造水岸风采

设计体现出云霄的精神与特色：利用自然素材创造环境标志物；创造一个区域水岸文化特色；提供不同的水岸活动体验；籍以提高水岸周边城市文化内涵与经济发展速度；强调河流本事的亲切的人性尺度；创造生动的亲水空间。

三、设计原则：

通过合理的、可持续性发展的土地开发策略提升河岸土地价值。

加强开放空间的基础建设。

加强城市与水岸之间的联系。

加强每一个水岸空间的个性特征与丰富性。

四、区域划分：

1. 生态山水展示区：(山清水锈、人杰地灵)；2. 历史展示区：(唐朝盛世、陈元光开漳圣王)；3. 文化展示区：(闽南文化)

4. 科技展示区：(中国电光源之都、光电之都)；5. 生态农业展示区：(水果之乡、楷杷之乡、闽南荔枝第一镇)；

6. 绿色屏障区：(生态湿地区)

图 7-217　云霄县滨水景观设计的设计理念、设计目标、规划原则和区域划分

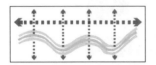

塑造河岸城市景观

——将河岸作为城市景观路网的一种延伸

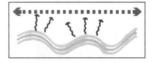

塑造城市文化景观

——将河岸作为城对外的形象体现

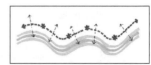

塑造滨水观赏景观

——将河岸作为可触、可赏、可习、可闻的空间场所

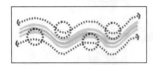

塑造滨水人文景观

——将河岸作为人们的休闲、娱乐、健身的场所

塑造滨水生态景观

——将河岸作为城市的一片绿洲,可持续发展的生态结构

图 7-218　设计理念

图 7-219　场地分析图

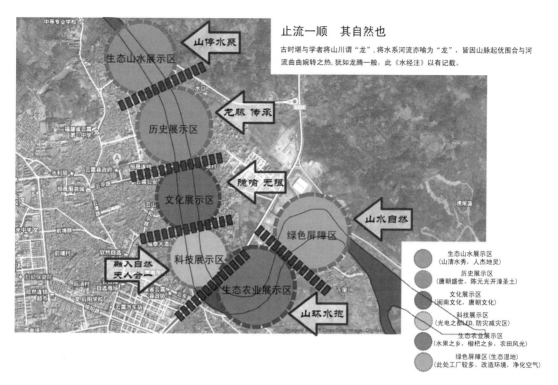

图 7-220 功能分区图

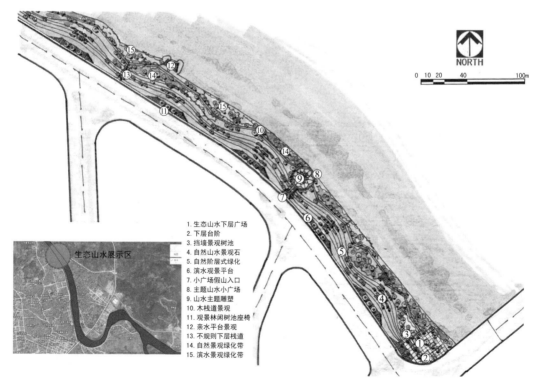

图 7-221 生态山水展示区总平面图

图 7-222　生态山水展示区效果图

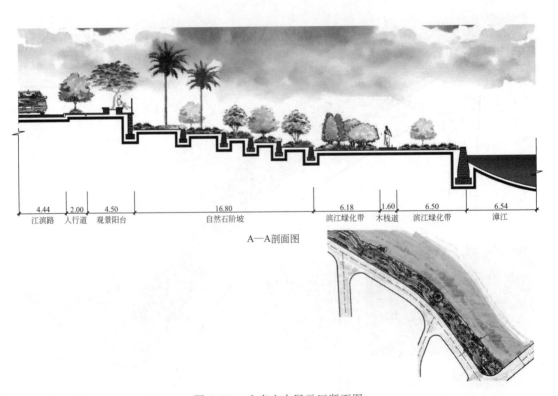

4.44	2.00	4.50	16.80	6.18	1.60	6.50	6.54
江滨路	人行道	观景阳台	自然石阶坡	滨江绿化带	木栈道	滨江绿化带	漳江

A—A剖面图

图 7-223　生态山水展示区断面图

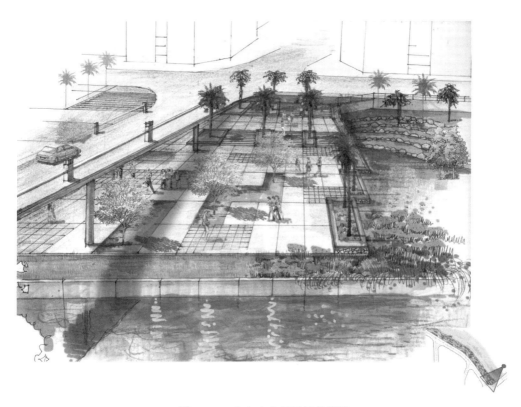

图 7-224　生态山水展示区效果图

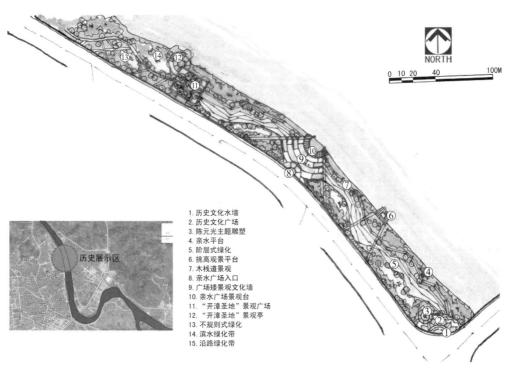

1. 历史文化水墙
2. 历史文化广场
3. 陈元光主题雕塑
4. 亲水平台
5. 阶层式绿化
6. 挑高观景平台
7. 木栈道景观
8. 亲水广场入口
9. 广场矮景观文化墙
10. 亲水广场景观台
11. "开漳圣地"景观广场
12. "开漳圣地"景观亭
13. 不规则式绿化
14. 滨水绿化带
15. 沿路绿化带

图 7-225　历史展示区总平面图

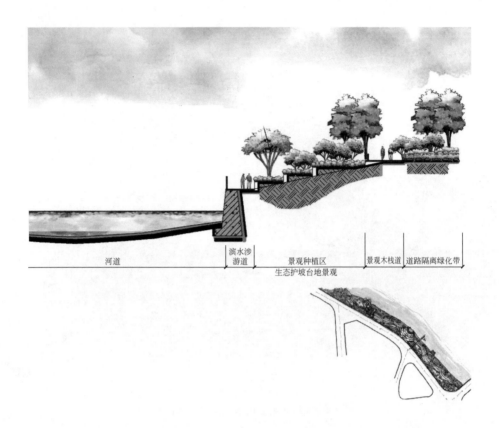

图 7-226　历史展示区景观断面图

图 7-227　文化展示区景观效果图

水果之乡、枇杷之乡、闽南荔枝第一镇。

云霄历史上以农业为主,在漳南居举足轻重的重要地位。主产大米、大麦、小麦、甘薯、甘蔗、花生、大豆、蔬菜、水果及饲养鸡、鸭、猪、牛等,沿海兼有海洋捕捞和埕、蛏、牡蛎等养殖。

经过产业转型和培训的提高审美素养,可以种出"色彩田":春之麦最先给大地带来绿色;金灿灿的油菜花渲染着春的风采;夏之荷、稻'秋之荞、葵;花红时柳树吐翠,稻麦黄处绿荫成行。"色彩田"如同绘在大地上美丽图画,会吸引更多游客流连其中。

图 7-228　生态农业展示区意向图

图 7-229　生态农业展示区景观效果图

图 7-230 景观鸟瞰图

图 7-231 下层广场景观效果图

图 7-232　主题广场景观效果图

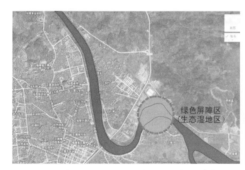

生态湿地景观：

　　此处工厂较多，改造环境，净化空气也是此次设计的重要理念之一。通过生态湿地设计的景观改良方案，通过环境处理措施系统，植栽系统，景观视觉系统等一系列来打造文明，环保，生态景观。

图 7-233　绿色屏障区（生态湿地区）意向图

7.7.12　寿宁县滨水绿道设计

设计：中国中建设计集团有限公司海西规划院刘蔚等

寿宁县滨水绿道设计的有关内容和相关图例如图 7-234～图 7-249 所示。

1. 前期解读：

自古以来，人之于水就一直有着一种双重的情感。人们既"爱之般般"又"恨之切切"。水，孕育了人类文明，人们将对水的物质依托转化为感激、欣赏、赞美的精神情感。

2. 设计愿景：提升城市品位 展现人与自然

木栈道是城市滨水区独特的景观要求，也是城市绿道的经典之作，它的存在对整个城市滨水区的生成条件、空间构成以及景观要素起着很大的影响，它能提高整个滨江的品质，其设计的优劣决定着整个滨水区的空间环境塑造的成败。

3. 设计探索

满足人们亲水、近水、戏水需求为中心，再现并提升滨水环境质量与景观特色，形成水、绿结合，水、景交融的注满活力与生机的环境景观，创造人文与自然共舞的公共休闲水空间，创造人工与生态环境整体协调的怡人空间、在建设自然环境与城市环境之间的渗透和过度等方面做出了探索：

人与自然的和谐——考虑到环境及生态的可持续发展。最大限度的保留现状基地自然生态环境；

人与人的和谐——提供充足舒适的开放空间，注重空间布局与公共参与性，控制标准尺度，创造传统和谐的人际交系。

4. 设计思路

木栈道观景平台既可提供休憩的场所，又能使游人获得美的视觉享受，是功能与艺术的结合体，同时，观景平台的空间特点还具有帮助游人判断所在位置的功能观景平台作为构成景观环境的一个要素，其选址、布局、造型、用材等方面在设计时都应该统一综合考虑，充分尊重原有的生态资源，在保持原有乡土文化的基础上，力争使观赏者从多角度、多方位获得愉悦的视觉享受和美感体验，产生驻足于此、流连忘返的感觉。

5. 具体设计

人与自然应该和睦相处，在设计中采用生态设计的手法，尽量保留原来的自然景观，蜿蜒延伸的滨水绿道，错落有致的植物搭配，通过与现状河岸及木栈道的融合，创造出一个适合大众活动、健身、观景、交流的木栈道观景平台。

图 7-234　寿宁县滨水绿道设计前期解读、设计意愿、设计探索、设计思路与具体设计

寿宁县，福建省宁德市辖县，地处闽东北部，洞宫山脉南段，全县素有"九山半水半分田"之称。全县东临浙江省泰顺县，北靠浙江省景宁畲族自治县、庆元县，东接祖国建省福安市，西傍政和县，南邻周宁县，位居闽浙两省交界，素有"两省门户，五界通衢"之称。全县夏季均温只有20~25℃，被誉为福建夏季最凉爽的避暑胜地，同时该县拥有6座国家级文物保护遗产——贯木拱廊桥，因此，被誉为"世界贯木拱廊桥之乡"。又因该县还盛产花菇，且产量居全国首位，也由此被誉为"中国花菇之乡"。

图 7-235　区位分析图

寿宁县蟾溪滨水绿道景观规划设计

总规划

总长：3951.9m　　栏杆：3070m

其中　一期：2.5m架空木栈道长：367.4m 2m架空木栈道长：431m 2m落地木玫瑰长：471m　2m落地绿道长：481m　1.5m登山绿道长：1187m

二期：2m落地绿道长：451m

三期：1.5m落地绿道长：46m　1.5m登山绿道长：162.5m　2.5m落地绿道长：106m　2.5m落地木栈道长249m

休憩平台：3个　景观亭子：1个　天桥：1个　眺望平台：1个

图 7-236　总平面图

做法一　景观木桥　做法二　做法三　做法四　做法五　做法六　做法七　天桥

注：颜色一样为做法相同

图 7-237　景观断面做法标号示意图

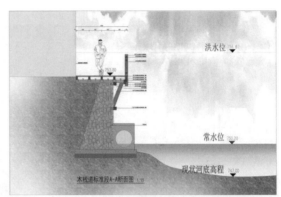

意向图

该断面位于河流南岸，栈道宽度为2.5m，该架空栈道长度为367.4m。

该段木栈道在原有基础上进行设计，工程造价估算为60万元

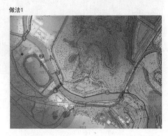

图 7-238 A—A 断面图

现场照片　　视线位置

图 7-239 鸟瞰图

意向图

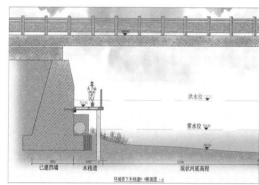

该断面位于河流北岸，栈道
宽度为2m，该架空栈道长度为
431m。

做法2

现场照片

图 7-240　B—B断面图

鳌虹桥段

视线位置

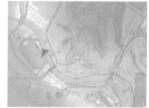

图 7-241　透视图

意向图

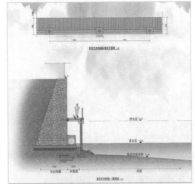

做法3

现场照片

该断面位于河流北岸，栈道宽度为2m，该架空栈道长度为431m。

该处施工做法需提供该处地勘和挡墙的做法。工程造价含人工费估算为130万。

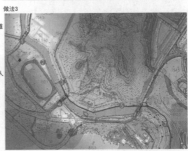

图 7-242　C—C 断面图

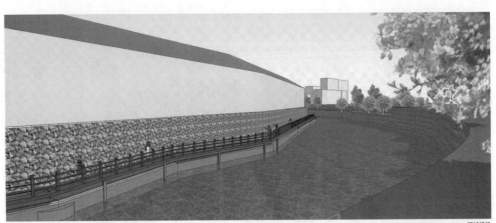

环城桥段

现场照片

视线位置

图 7-243　透视图

意向图

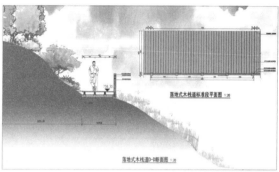

落地式木栈道标准段平面图 1:20

落地式木栈道D-D断面图 1:20

该断面位于河流北岸,村尾桥旁。木栈道
宽度为2m,该落地式木栈道长为471m,工程
及人工造价估算为70万元。

现场照片

图 7-244　D—D断面图

村尾桥段

视线位置

现场照片

图 7-245　透视图

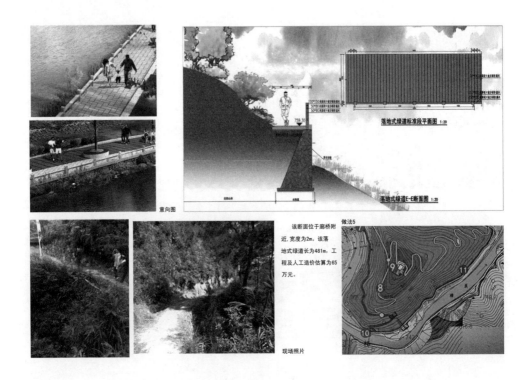

图 7-246　E—E 断面图

图 7-247　G—G 断面图

图 7-248　景观展示 1

图 7-249　景观展示 2

7.7.13　南安金淘文化公园创意方案

金淘镇位于南安市西北部，面积 116 平方千米。金淘交通四通八达，省道 307 线、泉三高速、厦金高速、金仙高速、四线交汇，是福建内陆腹地联系泉州、厦门、福州的重要通道

（图 7-250）。

千金庙坐落在沈海、泉三高速大互通西侧二公里处的金岗山下（福建省南安市金淘镇下圩街西端），庙宇依山傍水、群山环抱、山明水秀、地灵人杰。千金庙始建于五代禧宗后梁开平二年（公元 906 年），古称泉州府西岳，与厦门南普陀、泉州开元寺并列称之为闽南三大名刹。

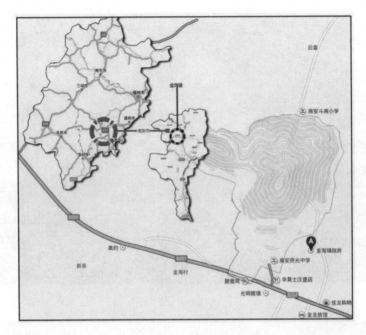

图 7-250　区位图

（1）规划创意

千金庙现存建筑，乃清代重修，现存"千金桥"碑文，据南安县志记载为清嘉庆二十年南安县令慈溪圣雄手书。民国十九年（即 1930 年），闽南军阀陈国辉毁神像办学，千金庙成为学校。至 20 世纪末，千金庙闲置数年，由于年久失修，破损严重。改革开放以来，海内外人士纷纷出谋献策，由林仲谋、陈培元、黄种欣等十二人带头组成筹建组，王秋霞女士乐捐巨资，功德无量，广大热心人士、善男信女慷慨解囊，经过多方努力，千金庙得以重建。规模宏大、气势雄伟，殿堂金碧辉煌、精雕细刻、巧夺天工。

1998 年，南安市人民政府将千金庙列为南安市文物保护单位，2000 年将其列为旅游景点。

金淘是泉州的著名侨乡，港、澳、台同胞的祖籍地和红色革命根据地。广大侨胞和外出乡贤深怀故乡情思，于 1950 年在千金庙旧址背后的山坡上，由广大侨胞捐资建成了颇负盛名的"侨光中学"。千金庙为千年古刹，富有宝贵的文物价值和旅游价值；"侨光中学"迁址兴建新校园后，旧址校舍虽已成为废墟，但却为游子留下深深的乡愁。南安金淘文化公园规划范围包括千金庙、金淘书院、"侨光中学"旧址、金淘小学原有旧校舍以及周边连片的山地和林木，规划创意将金淘文化公园建成见得到山、望得见水、留得住乡愁的集旅游、朝圣、休闲为一体的景区，形成充分彰显千金庙、金淘书院、"侨光中学"旧址的儒道释国学文化价值、颂扬游子思乡爱乡的情怀、缅怀革命英烈丰功伟绩和倡导生态宜居环境营造理念

的文化公园。图 7-251 是金淘文化公园创意方案鸟瞰图，图 7-252 是金淘文化公园创意方案
多视角鸟瞰图。规划对今后金淘地区的文化事业的发展，经济的繁荣，起着举足轻重的作
用。也必将为历史文化名城——泉州增添光彩。

图 7-251　金淘文化公园创意方案鸟瞰图

（2）规划结构

一心、六轴（一纵五横）、四区的规划结构如图 7-253 所示。

① 一心—春晖阁。

以集登阁览胜和地标灯塔立意的春晖阁为南安金淘文化公园的空间组织核心，统揽
全局。

② 一纵—龙魂轴（纵向主轴）。

以供奉开闽王的千金庙（道教）、供奉孔孟等圣贤诩名贤圣殿（儒教）、供奉佛祖及观音
菩萨等的慈航禅修（佛教）为代表的中华文化和春晖阁、表彰金淘名贤的乡贤广场和展现淘
溪美景的水趣广场等空间节点共同组成龙魂轴，自南至北贯穿整个文化公园，形成南安金淘
文化公园主体纵轴的空间系列。

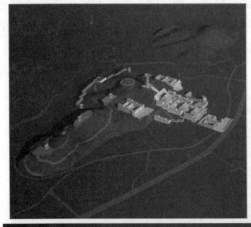
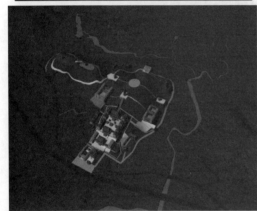

图 7-252　金淘文化公园创意方案多视角鸟瞰图

③ 五横—侨光轴，在"侨光中学"旧址修建展示"侨光中学"变迁历史的风云苑、名贤圣殿（儒教）和展现游子怀乡的侨光轴。

修德轴，由颂扬师德的园丁苑（以老校长住宅为主体进行营造）、慈航禅修（佛教）和赞扬侨光学子报效祖国的桃李苑组成修德轴。

春晖轴（横向主轴），由展现金淘红色革命风采的新建合院式红色文化区、春晖阁和利用原金淘小学旧校舍作为讲授国学文化的国学文化区共同组成横向主轴的春晖轴。

乡情轴，这是一条充分利用山地地形较为平整的条状地段开辟为居民的户外活动场地，由休闲广场、乡贤广场、健身广场（三场）和文化碑林园、奇瓜异果园（两园）共同组成留住乡愁乡情轴。

乡土轴，由栽种金淘名贵乡土树种的古树名木园、水趣广场和展现金淘地方特色花卉的四序花海园共同组成供居民赏花观木的美丽乡土轴。

以五条横轴构成南安金淘文化公园横向主体空间序列，覆盖激活南安金淘文化公园整体空间的文化意境。

④ 四区（图 7-254）　a. 集休闲旅游为主体的休闲文化区；b. 以弘扬国学文化为主体的书院国学文化区；c. 以宣传金淘红色革命文化为主体的红色文化区；d. 以重铸民族精神的乡魂文化区。

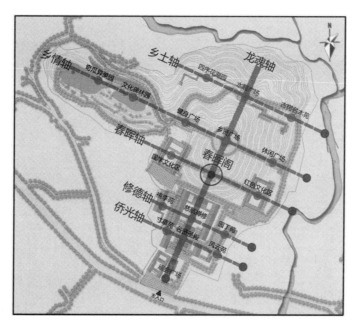

图 7-253　规划结构分析图

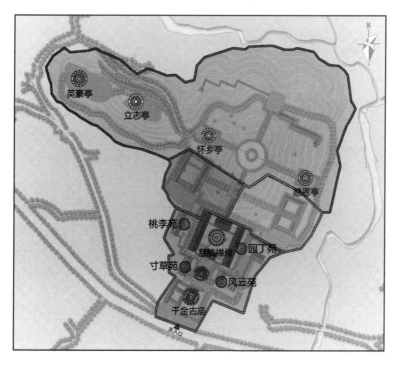

■ 休闲文化区
■ 国学文化区
■ 红色文化区
■ 乡魂文化区

图 7-254　功能分区图

（3）景观结构（图 7-255）

多中心、多节点，点、线、面结合的景观结构。

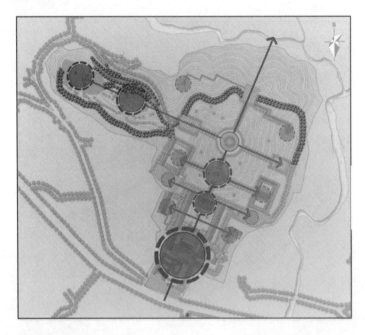

○ 过渡景观节点
● 次要景观节点
● 主要景观节点
⇒ 次要景观轴
⇒ 主要景观轴
⇒ 连续景观轴

图 7-255　景观结构分析图

○ 景观过渡节点
● 主要景观节点
● 次要景观节点
⇝ 绿化渗透
〰 绿化主轴线
┅ 绿化次轴线
▒ 外围集中绿化带

图 7-256　绿化系统分析图

① 景观主轴串联文化书院各个中心。

② 景观次轴串联文化中心各个节点。

③ 线性绿化带联系休闲文化区。

（4）绿化系统（图 7-256）

一纵、多心的绿化景观系统。

文化公园以栽种乡土树木为主体的绿化结构，由绿化纵轴整体联系贯穿，并由纵轴节点分出各个绿化横轴联系周边绿地景观，得以形成纵横交错的全方位绿地景观格局。

8 城镇园林景观建设的保证措施

8.1 园林景观用地系统规划是一个法律文本

8.1.1 园林景观用地系统规划是城镇总体规划的重要组成

园林景观用地系统规划是城镇总体规划的重要组成部分，它根据城镇总体规划要求选择和合理布局城镇各项园林景观用地，用以确定其位置、性质、范围和面积。根据国民经济计划、生产和生活水平及城镇发展规划，通过研究城镇园林绿地建设的发展速度与水平，而拟定城镇绿地的各项指标，进而提出园林景观用地系统的调整、充实、改造、提高的意见，同时提出园林景观用地分期建设与重要修建项目的实施计划等。它是由领导、专家、技术人员以及群众参加，经过研究、分析、规划和充分论证，集思广益而形成的绿化发展大纲，是一本法律文本，具有法律效力。因此必须加强其编制与实施的严肃性。

8.1.2 园林景观用地系统规划是城镇园林景观建设的重要基础

城镇无论在物质层面还是信息流动、园林景观层面都不是一个与城市群隔绝封闭的系统。城镇的景观特征表现在城乡结合部、城乡一体化上面，它是环境脆弱、生态系统不稳固的区域。城镇园林景观建设中，首先就要以景观用地的系统规划为基础，一方面保证城镇与城市之间园林景观的连续性和流畅性，另一方面也要保证城镇内部园林景观建设的有序性和系统性。城镇园林景观用地的系统规划直接影响城镇的整体形象特色和风貌特征。每一个城镇及其周边区域的自然条件和历史文化都有所不同，园林景观的用地系统规划是对区域城镇风格和景观体系的协调，是对区域自然文脉与历史文脉的把握。在城镇的整体发展策略中，要制订城镇园林景观用地的系统规划，严格划定各类绿化用地面积，科学地进行绿地布局，加强城镇绿化隔离带建设，形成乔、灌、草相结合，点、线、面、环相交叉的整体性园林景观系统。

8.2 城镇园林景观是一项基础设施

8.2.1 城镇园林景观建设是提高城镇整体风貌的重要手段

城镇园林景观设计在保护与合理利用城镇的山、水、河流、湖泊、海岸、湿地等景观环境的基础上，协调城镇的总体建设与生态环境之间的平衡关系。例如，确定农田与城镇适宜的比例，保护城镇的历史文物古迹，合理布置城镇各类公共活动空间等等。城镇园林景观建设的内容直接控制着城镇的整体风貌。城镇的天际线是重要的形象基础，也是城镇留给人们的重要的第一印象，它是城镇整体风貌的轮廓线，决定着景观形态；城镇的园林绿化是基础的网络之一，是城镇系统的重要组成部分，也是城镇环境质量的重要评价指标；滨水环境也是很多城镇中重要的形象空间，也是市民的休闲娱乐场所，有时甚至是一座城镇的形象标志。所以，要保持城镇的整体风貌特征必须从园林景观建设着手，从建筑风格到园林绿化，从公共广场到滨水码头都是城镇展现特色形象的重要基础（图 8-1 和图 8-2）。

图 8-1 优美的园林景观建设能够
提升城镇的环境品质

图 8-2 自然的景色包裹着建筑

8.2.2 城镇园林景观是舒适的城镇生活环境的基本框架

加快城镇基础设施的建设，创造良好的投资环境，是发展城镇经济的重要基础。目前城镇基础设施水平低，远跟不上经济发展水平的需要，已成为城镇建设和发展中的突出矛盾。城镇园林景观作为城镇基础设施之一，在形成优美的镇容镇貌，创造良好的投资环境方面起着重要的作用。因此，城镇园林景观应以科学的规划设计为依据，与主体工程及其他基础设施的建设同步进行（图 8-3 和图 8-4）。

图 8-3 城镇园林景观建设能够打造
优质的居住环境

图 8-4 城镇园林景观能够创造具有艺术
气息的整体环境

8.3 从城镇的实际出发制定指标

8.3.1 充分利用城镇独具优势的自然环境

城镇不同于城市，也不同于乡村，它拥有乡村的田园风光与自然美景，但要承担远远多于乡村的人口居住、活动，并进行着与城市发展相似的运行程序，这就要求城镇的园林景观建设既要保护生态自然环境，又要满足人们的休闲享受需求。在城镇园林景观建设中，提高绿化水平是改善城镇生态环境的基础性工作。虽然很多城镇的山地、水系都比较丰富，但城镇的园林景观建设仍然要鼓励采用节水和废水利用技术，尽可能减少绿地养护的水消耗，以生态的方式利用现有的自然资源。同时要结合城镇产业结构调整和旧区改造，增加镇区的绿地面积。

城镇具有得天独厚的自然条件，同时经济发展又是城镇的重中之重，所以妥善处理好城镇经济发展与自然保护问题是至关重要的。要严格控制城镇建设对自然环境和乡村环境的负面影响。对依赖本地自然资源较多的山区城镇，要以保护自然环境与地势地貌为主，进行开发建设。

城镇的耕地系统也是重要的自然资源，园林景观建设要加强耕地的保护和合理的利用，注意节约用地，做好资源开发和生态统筹规划（图8-5和图8-6）。

图 8-5　城镇丰富的植物资源

图 8-6　城镇优美的山水自然环境

8.3.2 以城镇发展现状为基础进行园林景观的建设

城镇公共绿地的人均拥有率普遍较低，规划要达到国家规定的指标难度较大，根据城镇居民比较接近自然环境，到达城镇公园的距离也不很远，在资金比较紧缺的现状与特点下，可以从实际出发，在保证绿化覆盖率和绿地率两个反映城镇绿化宏观水平指标的前提下，酌量降低公共绿地指标，或延长达到国家规定指标的年限，是切合实际的措施。而不顾实际情况，盲目硬性地规划实施，往往会欲速则不达。

城镇的园林景观建设要建立并严格实行城镇绿化管理制度，坚决查处各种挤占绿地的行为。同时鼓励居民结合农业结构调整发展园林绿化，引导社会资金用于园林景观建设，增加绿化建设用地和资金投入，尽快把城镇绿化建设提高到新水平。

8.4 城镇园林景观建设的重点是"普"和"小"

8.4.1 以建设城镇的基础绿化为前提

城镇园林景观建设，普遍存在着基础差、底子薄、起点低、投资少的矛盾，有的城镇至今尚无公园绿地，有的单位、居住区绿化还几乎是张白纸。当前城镇绿化的重点要放在普遍绿化上，通过宣传与教育，强化全民绿化和国策意识，采取行政与经济手段，从宏观上改善绿化面貌。城镇公共绿地建设，应以开辟小型公共绿地为主，为群众创造一个出门就见绿，园林送到家门口的环境，能就近游乐、休息、观赏和交往（图8-7和图8-8）。

图8-7　城镇的基础绿化是园林景观建设的前提　　　　图8-8　绿化院落

8.4.2 以小型城镇绿地为主要建设模式

小型的城镇绿地开发建设是符合城镇的发展现状与景观定位的，小型的绿地不仅节约投资，而且具有分布广、见缝插针的效果，是城镇园林景观建设初期的最有效手段。小型的城镇绿地既包括位于城镇道路用地之外相对独立的绿地，如街道广场绿地、小型沿街绿地、转盘绿地等，也包括住宅建筑的宅旁绿地，公共建筑的入口广场绿地等等。它们的功能多样化，形式丰富，既可以装饰街景、美化城镇、提高环境质量，又可以为附近居民提供就近的休闲场所。小型的城镇绿地散布于城镇的各个角落，靓丽而生动，是城镇重要的绿色基础。

城镇除了天然的山水自然环境之外，城镇中心区往往绿地率及绿化覆盖率都相对较低，景观效果较差。在中心区绿地面积严重不足的情况下，建设小型城镇绿地是提高城镇绿化水平和提供足够休闲绿地的有效手段。

另外，加强小型城镇绿地建设是提高城镇绿化、改善生态环境的重要手段之一。小型城镇绿地主要分布在临街路角、建筑物旁地、市区小广场及交通绿岛等。加强小型的绿地建设，能有效增加城镇的绿化面积，大大提高绿地率及绿化覆盖率，使城镇的自然环境更加舒适（图8-9和图8-10）。

图 8-9　围墙绿化　　　　　　　　　　　　图 8-10　建筑周边绿地建设

8.5 多渠道筹措资金，促进园林景观建设

8.5.1　城镇园林景观建设的管理方法

《城镇绿地系统规划》的编制是城镇园林景观建设的重要保障之一，通过园林景观的系统化建设，合理安排绿地布局，形成合理的布局形式。城镇绿地系统的布局在城镇绿地系统规划中起着相当重要的作用。就算城镇的绿地指标达到要求，若布局不合理，也会直接影响城镇园林景观的整体发展和风貌特征，并很难满足居民的休闲娱乐需求。所以，根据城镇的现实情况，采取不同的点、线、面、环等布局形式，是切实提高城镇绿化水平的关键所在。同时，严格实行城镇绿地的"绿线"管理制度，明确划定各类绿地的范围控制线，这样才能形成一个完善的、严谨的绿地系统。

城镇园林景观建设应切实加强对绿地灌溉以及取水设施的管理，大力推进节水、节能型灌溉方式，例如微喷、滴灌、渗灌等。同时，推广各种节水技术，逐步淘汰落后的灌溉方式，建设节水灌溉型绿地。还可以充分利用雨水资源，根据气候变化、土壤情况和不同植物的生长需要，科学合理地调整灌溉方式。

城镇园林景观建设要因地制宜，优选乡土植物，这样可以有效地降低管理成本。乡土植物对当地环境具有很强的适应性，相对于其他植物种植成本低、成活率高、管理成本低，有利于营造城镇自然的风貌。

8.5.2　城镇园林景观的维护措施

园林景观建设需要投入，而且是投入多、产出少的社会公益事业。城镇城市维护费很少，70%～80%要用于人头费开支，将其中百分之十几投入到园林景观建设中实为杯水车薪。因此，要国家、集体、单位、个人多渠道一起上，筹措资金，进行绿化建设，这是十分有效的措施。凡一切新建、扩建、改造的基建项目，要按规定缴纳一定标准的保证金，确保绿地率，方可发放施工执照，如在限定期限内达到绿化，绿化保证金（包括利息）全部退回，否则，保证金不再退回，转为绿化基金。临街建筑门前绿地，可采取责任到人，谁经营，谁绿化，谁管理的办法。一些公共绿地（如公园、游园）的建设，在国家尚无足够资金的情况下，可采取就近集资筹建的办法进行建设，谁投资，谁受益。这样既筹措了资金，又促进了园林绿化工作。这些做法在一些城镇已取得了较好的效果。

城镇园林景观建设要以科学的养护方式来扩大园林绿化的综合效益，不仅要把绿地建设好，而且要重视绿化的养护。要坚持建设、管养并举，积极推行绿地养护标准化、精细化的流程。

参 考 文 献

[1]   骆中钊，林荣奇，章凌燕主编. 城镇时尚庭院住宅（1）[M]. 北京：化学工业出版社，2004.

[2]   张惠芳，骆中钊，施金标，城镇时尚庭院住宅（2）[M]. 北京：化学工业出版社，2004.

[3]   骆伟，骆中钊，何卫明主编. 城镇时尚庭院住宅（3）[M]. 北京：化学工业出版社，2004.

[4]   骆中钊，骆伟，陈雄超著. 城镇住宅小区规划设计案例 [M]. 北京：化学工业出版社，2005.

[5]   骆中钊，袁剑君编著. 古今家居环境文化 [M]. 北京：中国林业出版社，2007.

[6]   骆中钊，张仪彬，住宅室内装修设计与施工 [M]. 北京：中国电力出版社，2009.01.

[7]   骆中钊编著. 风水学与现代家居 [M]. 北京：中国城市出版社，2006.

[8]   骆中钊编著. 城镇现代住宅设计 [M]. 北京：中国电力出版社，2006.

[9]   骆中钊，骆伟，张宇静编著. 住宅室内装修设计 [M]. 北京：化学工业出版社，2010.

[10]   骆中钊，张野平，徐婷俊等编著. 城镇园林景观设计 [M]. 北京：化学工业出版社，2006.

[11]   骆中钊，张仪彬，胡文贤编著. 家居装饰设计 [M]. 北京：化学工业出版社，2006.

[12]   中国大百科全书出版社编辑部，中国大百科全书总编辑委员会《建筑·园林·城市规划》编辑委员会. 中国大百
       科全书——建筑·园林·城市规划 [M]. 北京：中国大百科全书出版社，2004.

[13]   阳建强等. 最佳人居城镇空间发展与规划设计 [M]. 南京：东南大学出版社，2007.

[14]   严钧，黄颖哲，任晓婷. 传统聚落人居环境保护对策研究 [J]. Sichuan Building Science，2009.

[15]   缪敏，黄建中. 快速城市化地区中小城市发展——江阴城市规划 [J]. 理想空间，2005（12）.

[16]   王晓俊. 园林设计论坛 [M]. 南京：东南大学出版社，2003.

[17]   张杰. 村镇社区规划与设计 [M]. 北京：中国农业科学技术出版社，2007.

[18]   朱建达. 城镇住区规划与居住环境设计 [M]. 南京：东南大学出版社，2001.

[19]   徐慧. 城市景观水系规划模式研究——以江苏省太仓市为例 [J]. 水资源保护，2007（05）.

[20]   赵欣，陈丽华，刘秀萍. 城镇河道景观生态设计方法初探 [J]. 安徽农业科学，2007（06）.

[21]   王士兰，游宏滔. 城镇城市设计 [M]. 北京：中国建筑工业出版社，2004.

[22]   王士兰，陈行上，陈钢炎. 中国城镇规划新视角 [M]. 北京：中国建筑工业出版社，2004.

[23]   [美] 道格拉斯·凯尔博著. 共享空间——关于邻里与区域设计 [M]. 吕斌等译. 北京：中国建筑工业出版
       社，2007.

[24]   杨鑫，张琦. 基于领土景观肌理的城郊边缘空间整合——解读巴黎杜舍曼公园 [J]. 新建筑，2010（06）.

[25]   谢晓英. 唐山凤凰山公园改造与扩绿工程，河北，中国 [J]. 世界建筑，2010（10）.

[26]   张晋石. 乡村景观在风景园林规划与设计中的意义 [D]. 北京：北京林业大学. 2006.06.

[27]   张光明. 乡村园林景观建设模式探讨 [D]. 上海：上海交通大学. 2008.06.

[28]   陈玲. 园林规划设计中乡村景观的保护与延续 [D]. 北京：北京林业大学. 2008.06.

[29]   张志云. 城镇景观规划与设计研究 [D]. 武汉：华中科技大学. 2005.05.

[30]   钱诚. 山地园林景观的研究和探讨 [D]. 南京：南京林业大学. 2009.06.

[31]   刘健. 基于区域整体的郊区发展：巴黎的区域实践对北京的启示 [M]. 南京：东南大学出版社，2004.

[32]   张晋石. 格勒诺布尔新城公园 [J]. 风景园林，2006（06）.

[33]   陈威. 景观新农村：乡村景观规划理论与方法 [M]. 北京：中国电力出版社，2007.

[34]   郭焕成，吕明伟，任国柱. 休闲农业园区规划设计 [M]. 北京：中国建筑工业出版社，2007.

[35]   王浩，唐晓岚，孙新旺，王婧. 村落景观的特色与整合 [M]. 北京：中国林业出版社，2008.

[36]   李百浩，万艳华. 中国村镇建筑文化 [M]. 武汉：湖北教育出版社，2008.

[37]   骆中钊，张惠芳. 南少林寺禅缘古今叙语 [M]. 香港：中国民族文化出版社，2002.

[38]   骆中钊，刘泉全. 破土而出的瑰丽花园 [M]. 福州：海潮摄影艺术出版社，2003.

[39]   骆中钊. 中华建筑文化 [M]. 北京：中国城市出版社，2014.

[40]   骆中钊. 乡村公园建设理念与实践 [M]. 北京：化学工业出版社，2014.